# 舌尖上的演化

## 追求美食如何推動人類演化、開啟人類文明

# DELICIOUS

The Evolution of Flavor and How it Made us Human

羅伯·唐恩 Rob Dunn
莫妮卡·桑切斯 Monica Sanchez
著

方慧詩
饒益品
譯

人為什麼要吃？

是為了追尋食物的美味。

——林相如與廖翠鳳[1]

專文推薦

# 別有風味的科學

清華大學生命科學系助理教授　黃貞祥

多年前，我在法國初次邂逅了藍紋起司，當時得知藍斑原來是黴菌的老媽極力勸阻，唯恐我英年早逝。但是，我趁她不察時配紅酒偷吃後，馬上愛上了藍紋起司的滋味，後來在歐美留學和旅行時，口味越來越重地嘗試一個比一個還臭的起司，有些上面甚至長滿了毛茸茸的菌絲。直到嚐到法國一種臭不可聞的羊奶起司後才投降，老婆反而吃上了癮。

臭起司可能不是唯一令人困惑的人類美食，其他腐爛發臭的魚蝦，也是東南亞的珍饈，許多台灣人對東南亞傳統市場避之唯恐不及，大多是因為裡頭那些濃濃的魚露、蝦醬飄香，可是這些氣味對我來說卻是異香撲鼻。對了，當然還有榴槤，這可是許多東南亞人舉債都要買來吃的食物，許多台灣人也退避三舍；不過台灣的臭豆腐也不遑多讓啊，我曾帶過幾位號稱什麼都敢嚐鮮的老外到台灣夜市的臭豆腐攤前，他們面有難色地裝飽；不過以上食物，在遇到瑞典人的鯡魚罐頭、或格陵蘭一帶的因紐特人在海豹腹腔發酵的醃海燕時，可能都要甘拜下風吧？

每當我在課堂中介紹真菌的多樣性和醱酵的重要性，只要提到以上經歷，一定會有相當數量的學生皺著眉頭追問我，究竟是在什麼情況下，當初會有人覺得那些長著五顏六色黴菌、聞之欲嘔的食物能夠入口，甚至還冒死吃下肚，然後再誘拐其他鄉民共襄盛舉？老實說，我一直無法回答這個大哉問，甚至我懷疑有誰能夠，直到我讀到了這本《舌尖上的演化：追求美食如何推動人類演化、開啟人類文明》。

這本好書是演化生物學家羅伯・唐恩（Rob Dunn）與愛妻人類學家莫妮卡・桑切斯（Monica Sanchez）合著的，結合了動物生態學、演化生物學、心理學和人類學等領域的知識，讓我們瞭解人類如何被鼻子牽著去覓食，乃至癡迷於美食的各色風味。

當然，我們早就清楚烹飪的威力，大幅提高熱量的攝取效率，讓我們得以演化出更精簡的腸道和更複雜的大腦。儘管火的重要性不言而喻，唐恩和桑切斯卻更進一步指出，生而為人的演化改變，早在人類已知用火前就發生了，雖然醱酵的化石證據比起火來說，更難以留存，可是他們卻合理推論，我們的祖先可能利用了醱酵這個過程，來讓食物更容易消化，同時也更好保存下來。他們甚至提到一個駭人聽聞的沼澤馬肉實驗，非常令人腦洞大開。

醱酵的食物除了能散發各種氣味，也在口中令人回味無窮。因為人類的鼻子，少了一塊把嘴巴和鼻子分開的「橫盤」（transverse lamina）這種骨頭，讓我們產生了「鼻後嗅覺」（retronasal），也就是我們口中除了口感和味覺，也有嗅覺上的刺激，綜合起來就是所謂的「風味」（flavor）。那些臭不可當的食物，有時候吃下去的感受可以讓我們很快忘記它們原來有多臭。而嗅覺這個古老的感官感受，已知和記憶有相當強的連結。

他們也在書中提出，有些動物常食用的植物風味，也留在牠們的肉中。於是，品嚐那些聞名遐邇的絕佳風味，對人類來說是更特殊的體驗，甚至因此到處冒險獵奇，許多野生動物因此被人類趕盡殺絕；有些文化也利用辛香料調製出各種讓人回味無窮的獨特風味，人類甚至為了追逐香料的體驗而出海探險，開啟了人類歷史的全新篇章。

儘管口味是很個人的，但是我肯定，你讀完這本好書後，對任何到口的美食，將會更能用心感受其中津津有味的風味！

# 目次

*內文註釋符號說明：
直接標示數字者為作者原註
[]標示者為參考文獻

# 序言
# 生態演化下的美食

人類對於味覺的熱愛，是個一直以來少有人重視、探究的歷史驅力。

——艾瑞克．西洛瑟（Eric Schlosser），
《速食共和國》（*Fast Food Nation*）

好幾年前，在我們最愛去的克羅埃西亞小島上的一處步道旁，我們意外發現了一座座廢棄的人造建築。我們後來才知道，那是人們過去用來豢養羊群的石砌羊圈。在那些巨大的圓形建築間，我們還發現了一間廢棄小屋，有過往人家居住的痕跡。這些廢墟的歷史很可能有上千年之久。這座島嶼過去曾有伊利里亞（Illyrian）放牧者長期居住：有些人推測，就是這些放牧者啟發了荷馬的《奧德賽》（*Odyssey*）史詩中所描述的獨眼巨人賽克洛

普斯（Cyclopes）。他們睡在石砌房屋或是洞窟裡，以羊群所提供的羊奶、羊肉甚至羊毛等等維生。我們發現的那些建物，有可能是伊利里亞人所留下的，也有可能是更晚近的遺跡。新舊建築在這座島上交雜錯落，並不總是容易分辨。在遇見這些建築前，我們稍早還參觀過位於島上低處、遠古狩獵採集者曾在約一萬兩千年前居住過的洞窟。而在來到這座島之前，我們也在克羅埃西亞本土參觀過另一座尼安德塔人及人類祖先共同居住過的洞窟（那幾天的旅程十分充實）。每到一個景點，我們總是帶著兩個孩子短暫駐足、欣賞遠古人類曾經身處的環境景致。

我們在享受風景之餘吃東西果腹：像是在那巨人工法*建築環繞的風景中，我們小口啃著麵包配新鮮無花果蜜餞，同時啜飲友人自釀的普拉瓦茨馬里（Plavac Mali）葡萄酒。與此同時，我們也一邊思索古代人在觀看眼前這片風光時，心中在想些什麼。可以想像，不少我們今日覺得優美的景色，他們當時大概也同樣覺得優美。而當我們享用食物，也開始好奇起另外一件事：古代人品嚐的食物是什麼樣的風味呢？打造巨人工法建築的放牧者有特別愛吃的乳酪嗎？舊石器時代的狩獵採集者有特別愛吃的莓果嗎？尼安德塔人會為了尋

* 譯註：巨人工法（Cyclopean masonry）：不使用黏著劑或焊接、直接堆砌大型岩塊的建築工法。名稱源於古希臘神話中的獨眼巨人，比喻只有獨眼巨人才有力氣搬移如此巨大的岩塊。

找最美味的獵物而跋涉多遠的距離？這些有趣的問題，很容易讓人在一整天的參訪後一頭栽入、久久著迷。

後來，我們找了更多資料來讀，研究舊石器時代以及其他較晚近的社會中，人們有什麼飲食習慣及愛好，這才發現，儘管有許多的研究分析討論過去人類的飲食習慣，但是它們討論的角度，跟我們今日談論食物的角度幾乎都大相逕庭。在理想狀況下，我們吃東西是為了享受。但是古代人吃東西，理所當然是為了生存果腹，不是嗎？在科學家和其他學者筆下，過往的食物，竟變成了一件如此索然無味的事[1]。

我們兩人中，一位是生態演化生物學家（羅伯）、一位是人類學家（莫妮卡），我們猜想：總該有人的專門領域曾經探討過「美味」的感受，在人們祖先的行為決策上扮演什麼樣的角色吧？結果實際上，兩邊都沒有。演化生物學家研究的是動物該做什麼行為決策最有利，但並不細究牠們是怎麼做出那些決策的。他們研究的傳統傾向假設動物就像機器人一樣，能夠精確測量環境條件後做出適當回應。有些研究狩獵採集時代人類的學者也是這樣。去查查關於「狩獵採集者」與「最佳覓食」的學術文獻，查到的結果夠你讀上好幾小時；但你要是搜尋「最佳覓食」「狩獵採集者」與「風味」這三個關鍵字的話，查得到的就只剩下少數看起來有點古怪的文章。另一方面，文化人類學家常常強調文化因素那難以預測的特性。諸多文獻似乎都暗示：「文化就是會驅使人們去醃製鯊魚肉或吃螞蟻等等。別費力氣找解釋了。」但是，每當我們前往世界各地旅遊、接觸各種文化背景的人們，總是發現大家幾乎都會談論食物、談論風味、談論各種食物美味與否。不論在玻利維亞亞馬遜地區的茅草屋裡，或在葡萄牙的皇宮中，都是如此。

我們越來越感覺自己彷彿是意外發掘了某種激進思想——人類和其他動物如果有選擇，就喜歡吃好吃的東西。我們在撰寫這些章節時，都覺得要稱這個想法為「新穎」都太言過其實，更別說是激進了。然而事實上，這個想法確實一直受到忽略。不過並不是所有人都忽略它。

有個領域離生態學、演化生物學以及人類學都十分遙遠：那就是「美食學」（gastronomy）。美食學的濫觴，是一本名為《美味的饗宴》（*Physiologie du goût*）的書，在一八二五年由法國美食學家布西亞—薩瓦蘭（Jean Anthelme Brillat-Savarin）所出版[2]。雖然布西亞—薩瓦蘭當過律師、市長，後來也擔任過法國最高法院的審判委員，但歷史會將他記上一筆，是因為他談論、描寫飲食一事的高強功力。這本書的書名雖然可以直譯為《味覺生理學》（*The Physiology of Taste*），但它既不只拘泥於生理學、也不只談論味覺。「味覺」（taste）這個詞彙現在是用來描述由舌頭上的味蕾偵測到的知覺，但布西亞—薩瓦蘭並不是這樣定義。他想表達的，我們今日可能比較適合用「風味」（flavor）來形容，也就是飲食時包括味覺、氣味、口感以及其他種種感受的總和。所以這本書可能更適合命名為《風味及飲食享受的歷史、哲學和生物學背景》[2]。

人們所享受的食物就是「美味」：食物美味，代表它的風味絕佳，能帶給人愉悅、美感、甚至肉慾[3]。在布西亞—薩瓦蘭的書剛出版時，對於「美味」感受的研究仍屬於麵包師、釀啤酒師、釀葡萄酒師、乳酪生產商、廚師、老饕以及美食家的地盤。對哲學家和科學家來說，口腔是個凡庸粗俗、牙齒唾沫及舌頭縱橫的境外之地，不值得認真看待。不過布西亞—薩瓦蘭對口腔格外認真：當時拿破崙被迫退位後剛過十年，法國正經歷全面改造，恰好適合宣告世界性的重大發現。身為老饕，布西亞—薩瓦蘭決定要宣告的事關乎享受、更關乎美味的感受。他融合了廚師老早就知道的常識、科學家才正開始學到的新知識，以及他自身的先機洞見。這本書既出色又大膽、同時也荒謬而古怪（書裡有份清單，列出了布西亞—薩瓦蘭最愛的一些諺語，像是「沒有乳酪的一餐，就像少了一隻眼的美女」之類）。儘管有這些古怪之處——也許正是因為有這些古怪之處——這本書所提出的假說和問題，最終催生了無數新發現及知識，埋下了日後美食科學發展的種子。

在布西亞—薩瓦蘭之後，開始陸續有人從各個領域汲取靈感，撰寫關於美食科學的書籍，包括化學、物理學、心理學，還有最近的神經生物學。理查・史蒂文森（Richard Stevenson）寫了《風味的心理學》（*The Psychology of Flavour*），專門探討潛意識、意識以及食物交會之處[3]。戈登・薛普德（Gordon Shepherd）寫了《神經美食學》（*Neurogastronomy*）（也大可取名為「風味的神經生物學」）和《神經釀酒學》（*Neuroenology*）（葡萄酒風味的神經生物學）[4]。查爾斯・史賓斯（Charles Spence）寫了《美食物理學》（*Gastrophysics*）（風味的物理學），而歐雷・莫西森（Ole Mouritsen）和克拉夫斯・史帝貝克（Klavs Styrbæk）則撰寫了《口感科學》（*Mouthfeel*）（深入探討風味的物理學）[5]。但是，還沒有一本書是直接從人類演化、生態及歷史的角度，來探討美食和美味感受的演化歷程。於是我們便決定來做這件事——希望這本書有成功達到目的。

在接下來的章節中，我們將以人類生態學、人類學、生態學、演化生物學等領域的發現為基礎，結合物理學、化學、神經生物學以及心理學的發現，嘗試爬梳風味的來龍去脈、演化歷史及重要性。我們將融合廚師所知的人類飲食經驗、生態學家所知的動物生理需求（特別是人類這種動物），以及演化生物學家所知的感官演化歷史。雖然有些時候我們提出了新的假說，但通常我們所做的，不過是將過去零散瑣碎的知識串連起來罷了。藉此，我們娓娓道來一段關於演化及歷史的故事，將飲食與享受推上它們應得的、在舞台中央的地位，成為鎂光燈的焦點。我們希望這本書可以給人們啟發，也希望能提供一些實用的觀點，讓人們能更清楚認識自己廚房裡的食物，了解它們為何美味（又為何有時不甚美味）。

這本書大致上遵照時間先後順序。在第一章，我們首先探討味覺受器在過去數億年間，如何導引動物滿足需求、遠離危險。我們也探討不同物種的脊椎動物之間，味覺受器在演化上的差異：蜂鳥、海豚、狗，品嚐到的是全然不同的世界。味覺受器的演化，帶領著不同的動物追尋各自的美味、滿足自身持續變動的生理需求。

人類祖先在演化歷史中的絕大多數時間，並沒有辦法決定能在環境中找到什麼樣的食物。但到了大約六百萬年前，我們的祖先們發明工具之後，一切就改觀了。我們對這段史前時代的演化歷史知道得還不多，但是現代的黑猩猩提供了我們管道，得以一探可能曾經上演的情景。黑猩猩會使用工具，取得平常無法取得的食物，這樣的行為，代表牠們開始會料理食物了。不同族群的黑猩猩有不同的料理方式，說白了就是有不同的烹飪傳統。但是牠們的料理有個共同特徵，那就是牠們在使用工具時選擇的食物，會比不使用工具時最容易取得的食物更甜、更有味道、更能帶來享受。有時候，牠們所選的食物是生存所需；但也有些時候，那些食物似乎無關緊要、只像是單純吃爽的零食而已。我們那些酷似黑猩猩的祖先，六百萬年前很可能也是過著這樣的生活。在發明工具後，風味和烹飪傳統可能扮演了關鍵角色，給人類演化歷史帶來了重大改變。在第二章，我們主張人類演化歷史中發生的幾個重大轉折，近因有可能是人類祖先學會了如何使用工具，去尋找並享用風味更佳的食物。那些食物所提供的營養及能量，最終改變了人類祖先的演化方向，但最初這些轉變會發生，主要還是因為人們想吃好料、想追尋各種風味。接著在第三章，我們討論靈長類的頭腦、尤其是人類的頭腦在演化上的改變，如何讓口腔中所感受到的味覺（風味的一部分）變得日益重要。

隨著我們計較風味的祖先們發明越來越多新工具、腦部演化得越來越大、發展出日益複雜的文化，他們也開始越來越常狩獵。也因此，某些物種開始遭到過度獵捕。歐洲的尼安德塔人和他們之後的智人（*Homo sapiens*），還有在美洲、澳洲以及地球上幾乎每一個島嶼的智人，總共造成了數以百計世界上最巨大、最獨特的動物滅絕。五呎高（譯註：約一點五公尺）的貓頭鷹、迷你象、巨大樹懶、掠食性袋鼠、還有其他上百種生物，全都消失了。有大量文獻探討人類的狩獵行為對這些生物的滅絕造成了多大的影響（爭點在於：人類狩獵是唯一的因素、主要因素、還是次要因素）。但是幾乎沒有文獻討論過人類祖先是否曾基於風味而選擇獵食哪些物種。在第四章中，我們以美洲克洛維斯（Clovis）文化的狩獵採集者為證，主張風味是人類祖先決定獵捕哪些物種的判準之一。大部分克洛維斯獵人偏好的獵物如今都滅絕了，而且很多似乎曾經是很美味的物種。

遠古狩獵採集者愛吃的物種紛紛滅絕，後果之一就是今日我們再也吃不到那些物種了。猛瑪象的腿肉似乎非常美味，但是嘛，你已經沒機會品嚐到了。不過也許令人驚訝的是，這些物種滅絕的另一個影響跟水果有關（第五章）。水果之所以會演化出來，是因為它們能吸引動物前去取食，但是在人們最愛吃的水果之中，有許多種當初的演化方向並不是要吸引人類，而是要吸引那些如今已滅絕的動物去吃。在水果之後，我們接著探討人類祖先開始使用香料（第六章）、開始製作發酵的肉類、水果和穀物時（第七章），風味是如何扮演要角。我們可能會覺得人是由眼睛和耳朵所主宰，但是在香料和發酵食品等方面，無疑是鼻子和嘴巴在做主：是鼻子和嘴巴協助開啟了香料貿易，也是它們讓人學會製作（並且喜愛）啤酒、葡萄酒或是臭掉的發酵魚肉。

在歷史以及史前時代的長河中，人們有時主要是基於味覺而選擇製作某些食品；但有些時候，人們不只會考量味覺，也會考量到風味的其他面向，例如口感、香氣等等。亞洲各地可見的臭豆腐、印度的咖哩、以及歐洲的洗皮乳酪（washed-rind cheeses）都是如此。在第八章中，我們嘗試去弄清楚，為何有時候明明有其他更容易製作（而且一樣富含營養）的食物可以吃，但人們還是會想製作手續繁複又費工的食物：我們認為風味是原因之一。我們特別以一群修道士為例，說明他們的工作（和娛樂）是如何改變了歐洲的飲食。最後，作為總結，我們在第九章討論人們共聚一堂，端出美食、享受食物和彼此陪伴的場合，不管是在火堆邊，或是在節慶盛宴。藉此，我們試著為風味的研究提出新的展望，期待一個讓科學家、廚師、農夫、作家和牧者們共聚桌邊，搞不好還能一邊烤麵包一邊切著臭豆腐的未來。

一言以蔽之，人類的演化歷史，與風味和美味的感受息息相關，而風味和美味的感受又與物理學、化學、神經科學、心理學、農業、藝術、生態學和演化等面向都息息相關。闡述風味的演化及其重要性，可以讓我們對日常生活中享用的食物全面改觀。

整體來說，這些故事都是我們兩人一同述說：在過去二十年間，我們早已互相分享過無數關於食物的經驗與對談。但有些書中提到的聚餐或活動，只有羅伯在場體驗，那時便會以第三人稱描述他（「羅伯怎樣怎樣……」）。不過大部分時候，這項計畫都是我們攜手共同進行。我們經常拿這計畫的事去煩孩子們（但他們也常常覺得有趣：他們兩人都讀完了整本書）。我們造訪過一間又一間市場、參加過一場又一場會議、一次又一次地吃了又喝、喝了又吃。這本書就是這樣由我們兩人——羅伯・唐恩（Rob Dunn）和莫妮卡・桑切斯（Monica Sanchez）共同撰寫。你可能會不時在字裡行間注意到某個人的口吻比另外一個人更搶戲。（如果是好笑的段落，那就是莫妮卡寫的。如果是嘗試搞笑卻不怎麼好笑的段落，那就是羅伯寫的。）

這本書中的各種想法，並非我們兩人憑空生出。當我們開始嘗試描述食物風味的種種面向，很快就發覺我們並不像布西亞－薩瓦蘭等美食家那樣充滿才情。此外，跟別人談論這本書的經驗也讓我們發覺，用全新的角度探討食物，一大樂處就是能夠跟不同視角的人交流、互通想法，並一起享用美食。和那些工作上成天與食物為伍的人交流，更是格外有趣的經驗。羅伯跟酵母生物學專家安妮・麥登（Anne Madden）及一群比利時麵包師傅合作，嘗試搞懂麵包師傅的生活方式如何影響他們做出的麵包的風味。我們倆也曾跟在松露

**圖P-1　在克羅埃西亞達爾馬提亞地區的一座島嶼上，以巨人工程興建而成的羊圈牆頭，以及背景中其他古老的建築。**

農人和他的狗身後，踏上找松露的尋寶之旅。我們在一間丹麥釀酒廠結識了一位釀啤酒師，聽他花了幾乎整整一下午高談蜜蜂的自然史和利用蜜蜂發酵的方法。我們為了拍攝一部紀錄片，前往拜訪匈牙利東部的一座千年老酒窖，結果卻聊起長在酒窖地下室的真菌聊到忘我。這眾多經驗之中，屢次深入的對談讓我們思考更加明晰、共享的食物分外美味，而且老實說，也讓我們的身心都充實又飽足。

我們在書中列出了眾多幫助我們完成這項計畫的人。這些同桌夥伴們的名字，有時是在文中直接提及，有時則是列在每章末尾的註釋。這些人是我們試水溫的好幫手：他們拋出各種意見想法，像是「喔你知道嗎，黑猩猩喜歡吃的那種堅果味道像核桃，但是帶一點百里香的香氣」、或是「日式高湯（dashi）聞起來就像海帶一樣：那就是大海的味道」，或是在我們想到的點子太過天馬行空，遠遠超出我們能夠完整闡述的能力範圍時，單純說句「別鬼扯了」。因此，跟穿梭於森林中的科學家、或是揉捏黏土的藝術家所完成的作品相較，這本書更像是我們主持舉辦的一場晚宴。書中故事是透過我倆而發聲，但是其靈感都是來自這些參與晚宴的同伴：我們非常榮幸能有機會跟這些同伴分享知識以及飲食的樂趣。

# 1 舌尖上的世界

告訴我你平常吃什麼，我就能說出你的故事。

味覺的用途大概有兩種：一、它讓被日常生活消磨的我們找到療癒自己的方式；二、它幫我們從自然界中找到具有營養價值的物質。

——布西亞—薩瓦蘭《味覺生理學》

當舊石器時代的第一群哲學家圍在火堆烤肉，一邊聊天聊到「為什麼我們會感到愉悅或厭惡？」或「我們為什麼、以及會在何時讓自己感到愉悅或厭惡」時，愉悅與厭惡的感受早已主導了人類。羅馬詩人盧克萊修（Lucretius）在公元一世紀時給出了答案，他認為這個物質世界是由原子所構成的，所以原子構成了月亮，構成了欄杆，也構成了欄杆上的貓兒，原子更構成了那隻貓兒準備拿下的老鼠。老鼠被貓捕食後，構成老鼠肉體的原子將重新排列組合，成為貓兒身體的一部分而延續[1]。在這樣的物質世界，愉悅感其實是為了滿足身體對於原子的需求而生，並促使貓攻擊老鼠。愉悅感或厭惡感都是天生反應，盧克萊修認為這樣與生俱來的反應並不是為了享受而存在，但如果能順應天性享受愉悅的事物，並且避開令人不快的事物，確實可以提高人類的生活品質。盧克萊修將他的論點記錄在他動人的長篇詩作《物性論》（*De rerum natura*），這部著作通常意譯為「論萬物本質」或「論宇宙本質」。而它也讓更多人認識了盧克萊修的理論，雖然不是什麼原創的理論，因為盧克萊修改寫了希臘哲學家伊比鳩魯的理論，但讓這些思想以更清晰的方式呈現給大眾。然而，當西羅馬帝國隕落時，盧克萊修的著作也逐漸佚失，甚至到中世紀時，人們一度不能直接證明盧克萊修是否真有其人，只能從其他學者的著作中尋得來自《物性論》的吉光片羽。

西羅馬帝國滅亡後，許多源自古羅馬與希臘的文學和學術性的偉大著作便失傳了。這些經典被燒毀、壓碎，或更可能是直接被忽略。有些著作就此亡佚，但有些倖存下來，這些留存的著作中有許多被拜占庭帝國的穆斯林學者複印與研讀，其餘則被收藏於修道院中。盧克萊修的詩作手稿很幸運的被保存下來。一四一七年，一位孜孜矻矻的修道士波吉歐・布拉喬利尼（Poggio Bracciolini）在一所德國修道院[2]中發現了《物性論》的抄本。

波吉歐一開始被盧克萊修優美的文字所打動，但是一陣子後，他卻發現盧克萊修所描繪的那個充滿自然愉悅的世界，與他這位中世紀基督教徒的世界觀處處齟齬，於是他最終選擇批判這部詩作。不過在這之前他早已聘雇一位抄寫員來抄謄《物性論》，使其得以流通。後來幾十年內將有獨具慧眼之士將盧克萊修詩作中的論述精髓視為鑑往知來的重要理論，然而對其他人而言，這些思想卻可能會威脅西方文明。我們對於愉悅感與物質世界的觀點依舊如過去一樣分歧，這些不同的觀點也可能出現在一些極度政治化的辯論當中。我們在本書無法定奪這類的辯論，但我們可以補充缺漏的背景論述，也就是為什麼愉悅感與厭惡感會存在。

愉悅感源自於大腦中特定的化學物質組成，而美味的感覺也是同樣的來源，因為美味的感覺是與味覺相關的愉悅感。使動物產生愉悅感的化學物質，是為了獎勵動物做出提高存活率或是增加繁殖成功率的行為。盧克萊修認為這些適用在老鼠或魚身上的事實，也適用於人身上[3]。厭惡感則相反，它是一種懲罰，懲罰動物做出不利於存活或繁殖的行為。下個簡單的結論，產生愉悅感或不快感，都是大自然法則中幫助動物存活、並傳遞基因給後代的簡單機制。

每一種動物都需要吃對食物，但吃哪些食物可以帶來愉悅？這就要靠生物化學計量學（biological stoichiometry）這門科學來為我們解答了。在所有解答世界背後龐雜運作法則的研究領域中，生物化學計量學大概是名字最無聊的一個學門了，這個領域也確實很晦澀，如果你不研究生物化學計量學，你很有可能根本就沒聽過這名字。

生物化學計量學的內涵，就是為了要解釋不同情況，而用各種方式去平衡一條化學方程式。以簡單的案例來解釋，方程式左邊是被捕獵的動物的身體組成，想想你這輩子吃過的動植物、真菌還有細菌吧！方程式右邊就是掠食者的身體組成，加上他所製造的所有廢物以及他所花費的所有能量。用盧克萊修的話來講就是「動物的生命在個體之間流動」[4]，像接力賽跑者一樣「傳遞著生命之火」。生物化學計量學就是研究這個接力棒傳遞的機制。

化學計量學的核心規則，就是方程式兩端必須平衡，左端的食物營養素和右端的進食者（其製造的廢物與吸收的能量），兩端總和必須一致。但平衡方程式的過程正是棘手之處，你可能會遇到國小功課習題會出現的天馬行空情境：一邊河岸是一個男人與兩隻狗，另一邊則是一個女人跟一條獨木舟。如果一個掠食者的身體含有很高濃度的氮，那他的獵物也理應如此，這麼直白的道理好像根本不值得記錄。布西亞—薩瓦蘭告訴我們：「人如其食，且需食如其人。」但連結獵物與掠食者的化學方程式不單純只有氮或碳，還包含掠食者自己無法合成的各種物質，所以要平衡這個方程式，就要考慮鎂、鉀、磷、鈣等動物細胞內重要的物質。

我們現在可以實際寫出不同動物體內的各種元素分子比例，所以我們大概可得到方程式右端的掠食者，也就是消費者那端的內容。舉例來說，一般的哺乳類組成，可以用這一長串的化學元素，以及它們在體內的比例來表示，如下：

375,000,000 氫
132,000,000 氧
85,700,000 碳
64,300,000 氮
1,500,000 鈣
1,020,000 磷
206,000 硫
183,000 鈉
177,000 鉀
127,000 氯
40,000 鎂
38,600 矽
2,680 鐵
2,110 鋅
76 銅
14 碘
13 錳
13 氟
7 鉻
4 硒
3 鉬
1 鈷

哺乳類（如人類）體內的氫（H）原子含量，是鈷（Co）的三億七千五百萬倍之多。

如今，科學家已可以精準計算出人體與其他動物體內的元素組成，但野生哺乳類在自然界中要如何得知哪裡可以獲得身體所需的所有元素，以平衡這串生物化學方程式[5]？動物怎麼可能會知道呢？說起來，你會知道嗎？

對於習慣食用獵物的肌肉、器官或骨頭的掠食者，飢餓感（或飢餓感被滿足後產生的愉悅感）可能可以驅使他們獲得所需元素，並平衡這個化學式，例如海豚只需要飢餓感與對食物的大概印象（只要可以區分出非食物的東西，讓牠們不會吃到石頭就好）[6]。要平衡方程式兩端並不難。

然而，對於飲食內容較多元的動物，這個方程式就很難解了，例如對於吃植物的草食性動物、或動植物都吃的雜食性動物，生存還真是大不易。從圖一之一就能看出這點，很多元素在動物體內的含量遠高於植物，所以當一隻雜食性動物偶爾吃一些植物、偶爾吃一些動物，牠的飲食可能會缺乏鈉、磷、氮與鈣；對草食性動物來說，這事也沒有比較容易。那麼，草食動物與雜食動物要如何平衡牠們的方程式呢？在大多數情況下，牠們的飲食選擇取決於食物的風味，風味就是動物口腔內所有感官體驗的綜合結果，包含香氣（aroma）、口感（mouthfeel）以及味道（taste）[6]，這三項要素都能幫助動物決定要吃哪些食物，但味道的角色又更為特別。

味道的英文字taste來自通俗拉丁文*tastare*，在有些字典裡寫成*taxtare*，意指掌握或理解。這當中的差異可能來自另一個拉丁文*gustāre*，意為品嚐。當我們品嚐時，我們用舌頭理解食物。舌頭上佈滿了乳突（也就是你在鏡子裡看到的小疙瘩），上面的味蕾則帶有如花瓣般排列的味覺細胞[7]，這些細胞更新的週期為九到十五天；即便脊椎動物變老了，他的舌頭依舊會不斷代謝更新。在味覺細胞的末端，有觸手般的味毛伸出，味毛頂端有味覺受器，在口腔裡的波濤中舞動著。

不同類型的受器像是只能被特定鑰匙開啟的鎖，插入對的鑰匙就能啟動味覺細胞，將味覺訊息沿著周圍的神經元傳遞下去。味覺訊息會傳到許多不同分支的神經路徑，最終傳到多處大腦部位。其中一條路徑傳到大腦裡在演化上最古老、與原始脊椎動物同源的區塊，主司呼吸、心率、以及其他無意識中維繫身體運作的必要功能。如果是鹽、糖這類必要營養物質所引起的味覺訊號，則會在這個原始的大腦區塊促進多巴胺的分泌，多巴胺又會激發一波高濃度腦內啡，使你感到一陣隱約的愉悅，這個感受是動物在找到生存必須的食物時的一種獎勵，這種感受會讓動物上癮：「我愛死這個了！我需要這個！」這個味覺訊息也會經過另一條路徑，傳遞到大腦裡負責意識的部分，也就是皮質，在此觸發與食物相關的認知，例如「這是鹽」、「這是糖」[8]。

這個味覺系統之所以能夠成立，是因為動物的物質需求不難根據演化史來預測：動物所需要的食物，通常就和牠們的祖先一樣，所以動物的口味偏好可說是演化決定的。以鈉離子（Na）為例，包含哺乳類在內的陸棲脊椎動物，體內的鈉離子濃度是陸域初級生產者（如植物）的將近五十五倍。這部分是因為脊椎動物是從海生生物演化而來，所以其細胞自然需要海水中常見的成分，也因此需要鈉離子。為了解決陸域植物鈉含量極低的問題，草食性動物可能需要吃下實際熱量需求量之五十五倍的植物（然後再排泄掉多餘的食物）。或者牠們有時會找到植物以外的鈉來源，此時味覺細胞上的鹽巴受器會獎勵這些找到額外鹽分的動物，因為牠們努力平衡了生命中的那條化學計量方程式。

大部分哺乳類動物用來感應鹽分（NaCl）中的鈉離子（Na）的受器有兩種，其中一種受器，只要鈉離子濃度超過一定閾值就會出現反應，並傳遞味覺訊息到大腦，讓愉悅感隨之而來，腦中同時發出「這是鹽」的訊息。你可以想像這個過程發生在柏林的機場或車站小店裡（我們現在能想到的就是這類地方），就在你吃下一塊又大又軟的椒鹽蝴蝶餅的那一刻。這第一種鹽分味覺受器會帶領動物尋找鹽分，比方說，大象會千里跋涉到土壤鹽化的泥巴地，甚至踏出一條路徑，成為記錄牠們生理需求的地理資訊。

鹽分（鈉離子）攝取不足不是什麼好事，但吃太多鹽也會有問題。鹽分攝取過量的情況常發生在住海邊的動物身上，因為牠們常為了補充水分而喝下有鹽分的水。因此，哺乳類動物的第二種鹽分味覺受器，就是一種防呆裝置，可偵測高濃度的鈉離子並引發不適的

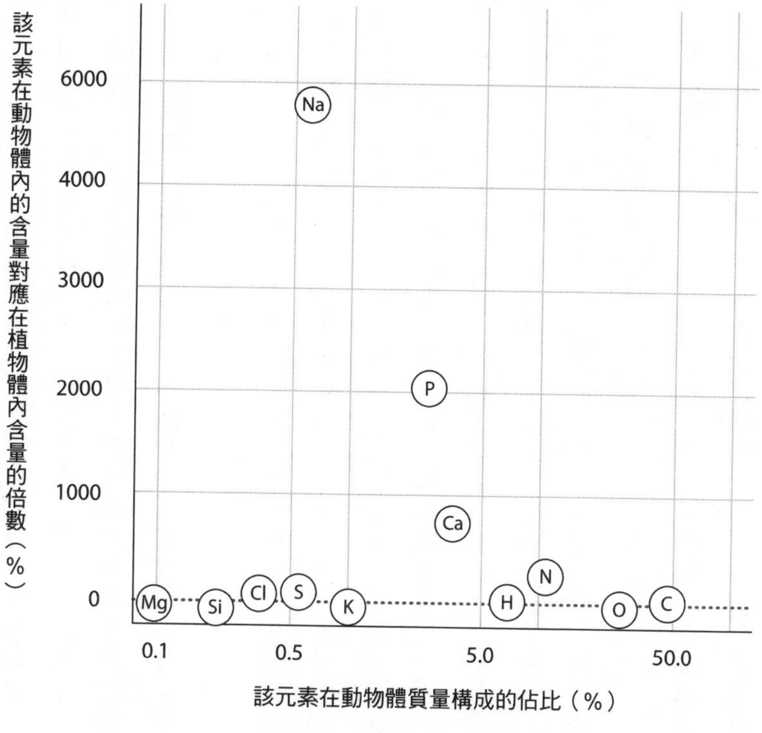


圖1-1　橫軸可見在動物質量構成上的重量比例最大（最豐富）且生理必要的元素，縱軸則可見這些元素在植物體的質量構成與在動物體內有何比例上的差異。若在縱軸上是正值，代表該元素在動物體內的濃度高於植物，例如鈉（Na）在動物體內的濃度是植物體內的50倍（或5000%）；相反的，矽（Si）在植物體內的濃度就稍微比動物高。

感覺，並且告訴大腦「太鹹了！」舉例來說，如果你繼續吃那塊蝴蝶餅，不巧吃到特別鹹的一口，你會下意識想把多餘的鹽巴撥掉，這就代表第二種味覺受器正在作用。無論是老鼠、松鼠還是人類，陸域哺乳類的鹽分味覺受器，會幫助牠們維持幾千萬年來陸生哺乳類動物平均所需的體內鹽分濃度，這些受器除了幫助動物攝取鹽分，也會幫忙排除多餘的鹽分。

在盧克萊修的想像中，油脂肥美的食物是由外形滑潤的原子所構成，而苦或酸的食物則由歪扭、粗糙又分岔的原子構成，但事實並非如此。任何動物對於食物的感受，其實是與味覺受器和大腦連結的方式有關，鹽分給我們的感官刺激，也就是「鹹味」，是無法去精準定義和描述的。我們知道其他動物也有跟人類一樣的味覺受器，這些受器也能激發口慾和愉悅感（根據以大鼠與小鼠為模式的詳細研究成果可知），我們甚至知道什麼濃度的鹽分可以激發這些感受，但我們就是無法描述其他動物對於鹽分的感受。我們不知道其他動物因味覺而觸發的愉悅感是什麼樣子，其實我們也不知道其他人的味覺經驗與愉悅感是不是跟我們自己相同，我們只是假設它們是一樣的。

就像圖一之一中看到的，鈉（Na）並不是唯一在脊椎動物（例如哺乳類）體內比在植物體內更常見的元素，氮（N）也是。在動植物體內，氮元素通常存在於胺基酸與核苷酸中，而胺基酸就是組成蛋白質的積木，核苷酸則是構成DNA（去氧核醣核酸）與RNA（核糖核酸）等基因物質的積木。

不論是豬、人還是熊，假如某種動物偶爾會吃植物，牠們的飲食就可能缺乏足量的氮。平均來算，動物體內的氮含量是植物的兩倍（以身體質量計算）。那雜食性動物與草食性動物要怎麼解決氮不足的問題？有些動物會吃下實際需求量兩倍之多的食物，然後再排泄掉多餘的部分。例如蚜蟲或介殼蟲會吸食植物葉脈韌皮部裡富含蔗糖的液體，同時吸收其中微量的氮元素，直到滿足需求，然後再排除過程中所吸收的多餘糖水，而牠們排出來的蜜露則成為螞蟻或某些人類的珍饈（據傳《聖經》中如珍珠般的神聖食物「嗎哪」〔manna〕就是吸食檉柳樹的檉柳嗎哪介殼蟲〔*Trabutina mannipara*〕所排出的蜜露）。但是對蚜蟲或介殼蟲可行的營養攝取策略，不見得適用於哺乳類，相較之下，使用一個對氮或含氮化合物有專一性的味覺受器，效果反而更好。然而一九〇七年以前，人類還不知道哪種味覺可以偵測到食物中的氮元素（或是含有氮的胺基酸或蛋白質）。

一九〇七年，東京帝國大學化學系的池田菊苗教授喝到了一碗改變他一生的日式柴魚高湯。池田並不是沒喝過柴魚高湯，但那一碗高湯的美味特別讓他驚豔，雖然整體是鹹的，但這碗湯微帶甜味而且，嗯，好像還有種特別的味道，讓湯汁更顯美味。菊田決定要研究這個特別的味道，並將它取名為「鮮味」（umami），其字根分別來自日語的「美味」（umai）與「精華」（mi），也意涵「一種美妙的味道與美味的程度」以及「一種巧奪天工、猶如藝術品的美味」。

柴魚高湯的成分表面上看來相當單純，不過就是經發酵過的柴魚片[9]、水、以及某些食譜會加一種叫做昆布的海帶。池田知道高湯的鮮味肯定不是水分造成的，一定是來自柴魚片或是昆布，所以他只需要分析柴魚片與昆布的成分，並鑑定出產生鮮味的化學化合物就好。用說的很容易，但是單單一碗昆布高湯裡就有上千種與味道或香氣相關的化學化合物，池田必須先分離出這群化合物，再一一鑑定。在強納森·席佛頓（Jonathan Silvertown）所著的《與達爾文共進晚餐》（*Dinner with Darwin*）一書中就曾提到[7]，科學家要從昆布中萃取出導致鮮味、且純度夠高的單一化合物，需要進行三十八個大大小小的實驗，才能獲得一些細沙般的化合物結晶，這些結晶是一種名為麩胺酸的胺基酸，算是構成蛋白質的基本單位，因此也是食物中含有氮的指標。鮮味，可以說是獎勵動物找到含氮食物的一種味道，可藉由麩胺酸啟動一連串的味覺訊息，幫助我們在食物中尋得必要的胺基酸；不過話說回來，麩胺酸並不是唯一能觸發鮮味味覺的物質。

後來，其他日本科學家繼續進行相關研究，發現另有兩種核糖核苷酸——肌苷酸與鳥苷酸——也會造成鮮味。這兩種核糖核苷酸並非昆布的成分，而是柴魚片的成分。當我們同時嚐到肌苷酸或鳥苷酸任一種分子與麩胺酸時，就會感受到一種「超級鮮味」，而柴魚高湯裡正同時有肌苷酸與麩胺酸，因此柴魚高湯充滿著超級鮮味，不僅令人愉悅，也傳遞著「食物富含胺基酸」的訊息。

在池田發表研究成果後的幾十年間，日本以外的科學家鮮少相信池田的實驗結果（當然也不相信肌苷酸與鳥苷酸會造成鮮味），但請不要為池田擔心，他在一九〇八年把製造MSG的方法拿去申請專利，而MSG就是把麩胺酸跟鹽一起反應後的成品，光是靠這個專利，就讓池田的生活無虞了[8]，即便科學界對於鮮味並沒有共識，大眾可是願意為了鮮味花大把銀子。至於為何池田的研究在日本以外的地方未能引起興趣，也許是因為他第一篇相關著作是用日文撰寫的，因此難以流通到歐洲或美國；而且除了語言障礙的因素，當時的研究並未深入談到科學機制的部分，雖然池田證實麩胺酸的結晶可以提升食物的風味，但他沒能研究出舌頭是如何嚐到鮮味的。事實上，還要再等到九十年後，鮮味的味覺受器才會被發現，肌苷酸或鳥苷酸所對應的受器則是更久以後的故事，直到這些謎團解開後，感官科學界才普遍認為鮮味確實存在。

我們回過頭來看圖一之一，另一個明顯在動物體內有較高含量的元素是磷（P）。動物體內的磷是植物的二十倍以上，缺少磷會嚴重影響動物的身體機能[9]。那麼為什麼動物沒有專門辨識磷的味覺受器，好幫助自己獲得含磷食物呢？原因之一可能出在肉食性動物的食物（也就是其他動物的身體），尤其是富含氮的整隻動物，通常也富含磷，所以掠食者的味覺受器只要能辨認兩種營養素的其中一種，即可一石二鳥，自然界中氮跟磷確實常常結伴出現。然而這個假說仍不足以解釋草食性動物或大部分雜食性動物是怎麼找到含磷食物的，因此另一個假說是：有些動物可能具有專門辨識磷的味覺受器。

美國蒙內爾化學感官中心（Monell Chemical Senses Center）的邁克爾・托多夫（Michael Tordoff）博士一直在鑽研這世上未被破解的味覺科學謎題（在味覺科學領域裡，蒙內爾就是最高的殿堂），磷的味覺研究也在他的守備範圍內。在一九七〇年代，有若干研究報告指出小鼠似乎嚐得出磷酸鹽，後來，托多夫更發現小鼠能分辨食物中磷酸鹽的低濃度（使小鼠出現愉悅的反應）或高濃度（會導致不適的反應）[10]。托多夫開始懷疑：會不會包含人類在內的多數哺乳類動物，都嚐得出磷酸鹽，甚至可以嚐出味覺上舒適的磷酸鹽濃度[11]？鮮味的研究告訴我們，鮮味被承認是一種味覺，是因為科學家發現了對應的味覺受器與相關神經傳導機制，而托多夫也打算如法炮製磷的味覺研究。近來，他更發現了小鼠體內疑似是偵測高濃度磷酸鹽的受器，可以幫助小鼠察覺食物中過濃的磷含量[12]。目前還沒有人找到可以判斷合適濃度的磷酸鹽的味覺受器，但也許有那麼一天，磷味終會被認為是新的味道。

你可能以為，在科學上一旦發現日常進食出現的新味道，就能吸引科學家產出上百篇相關研究、得個什麼獎、或是受邀上電視訪談。不不，差遠了。這個世界上需要解答的謎題太多了，光是一個口腔就有非常多值得研究的主題，所以只有非常少的幾篇論文引用了托多夫的磷味研究，其中一篇論文指出貓偏好磷含量較多的食物，就像小鼠一樣。現在市面上大多數的貓食都加了磷酸鹽以提高磷含量，為的就是吸引貓兒吃貓食。看來貓兒不需要費心煩惱托多夫的研究，就可以盡情享受磷的味道。另一方面，非肉食性動物的飲食當中較容易缺乏的另一個元素就是鈣；托多夫認為他可能也發現了鈣離子的味覺受器。

我們飲食所需的元素與化合物，大部分都是建構體內細胞或其他構造必要的物質，所以我們對於這些物質的需求量，會正好符合體內這些物質的組成比例（前面提到方程式必須平衡），然而除此之外，我們身體也需要能量去應付日常活動量，就好比大樓蓋好了，你每天還是要讓裡頭的燈開著。當一個動物的活動量越大，牠就需要越多能量，這對昆蟲或哺乳類皆然。舉例來說，最活躍且具有攻擊性的螞蟻，其熱量需求就會最高[13]。無論螻蟻還是大象，動物所需要的熱量，都是來自碳水化合物分解過程所釋放的能量。

小型碳水化合物，如簡單的醣類，是動物最容易分解的能量來源，包含單醣的葡萄糖、果糖，還有前兩者組成的一種雙醣——蔗糖。在動物吃到這些醣類時，甜味受器會傳遞獎勵動物的神經訊息[10]，也就是我們吃芒果、蜂蜜、無花果或花蜜時品嚐到的甜味。複合式碳水化合物如澱粉，許多哺乳類動物嚐起來也是甜的，除了舊大陸猴、猿與人因為甜味受器特異，而無法嚐出澱粉的甜味。不過，這些動物的口腔中可以產生一種叫澱粉酶的酵素，它沒辦法消化澱粉（那是在更後面的消化道發生的事），但據說它在口腔中可以解構部分澱粉，以幫助甜味受器偵測。史前人類口腔裡的澱粉酶並不多，就和現在的大猩猩或黑猩猩一樣；但隨著某些人類飲食中的澱粉量增加，他們也演化出製造更多澱粉酶的能力，這可能是為了使口腔中的澱粉加速釋放甜味。只要改變人類大腦辨認食物的方式，演化就可以讓平淡的食物變鮮甜，反之亦然。

正常運作的細胞獲取能量的另一個來源就是油脂（當然蛋白質也可以被轉化成能量，但那是動物體不得已情況下做出的最後選擇）。同樣重量的油脂可釋放的能量是簡單醣類的兩倍，所以不意外地，脂肪也會為哺乳類動物帶來味覺上的愉悅感。舉例來說，同樣來自蒙內爾化學感官中心的丹妮爾．里德（Danielle Reed）博士，過去常給她的實驗室小鼠投餵高脂肪的食物，依照里德的說法，這會讓小鼠出現「週末夜暴食」的行為：「牠們會吃掉這些油脂，還會用油脂理毛，整個非常熱衷於這些油脂，總之牠們愛死了。」[11]不過令人匪夷所思的是，我們還不知道是什麼機制使小鼠或其他動物這麼享受油脂，有可能是油脂帶來的口感，那令人著迷的口感（以烹飪的術語來說就是入口即化）。當你放一片酪梨到嘴巴裡，吃得津津有味，這並不是因為酪梨的口味（酪梨不怎麼甜，也沒有酸味或是鮮味），也不是因為酪梨有什麼醉人的香氣，事實上它的氣味通常被形容為「菜味」；酪梨的美味在於它帶來的感覺，也就是如絲綢般滑潤的果肉，就像嚐到了奶油或鮮奶油一樣，它為舌頭帶來的觸感是整個品嚐過程裡不可或缺的元素[12]。不過油脂的美味在科學上仍是謎題。

鹹味、鮮味、及甜味的味覺受器（可能還包含辨識磷與鈣的味覺受器）的演化意義，是藉由食物的美味程度，來幫助動物在身體需要生成新細胞的時候，判斷其是否缺乏某些營養成分，或者在身體同時需要細胞新生與運作的特殊情況下，判斷其組成是否缺乏簡單醣類。另一方面，味覺細胞也可以反向操作，使動物產生味覺上的不適，以避開危險的食物。例如在某些情況下，食物中的酸性會使動物感到酸味而不適，這部分的機制我們將在第七章深入探討（酸味是充滿謎團的味覺，但也在人類演化史上扮演重要的角色）。比較沒有爭議或例外的案例，是苦味的味覺受器，它幫助動物判斷哪些植物、動物、真菌或自然界中看似食物的東西，是吃了會危害身體的。在動物所有的味覺受器中，每種味道對應的受器幾乎都只有一種類型（鹹味則有兩種），唯獨苦味的味覺受器有多種類型。

每一種苦味受器可以辨識一種或多種化學物質，或甚至多種類型的化學物質。盧克萊修在著作中提到「噁心的艾蒿」，這種釀造苦艾酒的重要材料嚐起來「難吃到令人臉歪嘴斜」。現在我們終於知道是艾蒿裡的三萜內酯觸發了我們的苦味受器，也知道被觸發的是哪個受器（如果你非要知道名字的話，它叫hTAS2R46）。有一種苦味受器會辨識植物中劇毒的番木鱉鹼，還有一種可以辨識鴉片原料的罌粟花與相近植物中的諾司卡賓（noscapine），但也有一種苦味受器可以辨識柳樹樹皮（與阿斯匹靈）中的水楊苷。避開有毒化學物質的能力對動物至關重要（例如若吃到有毒的食物，可能就無法傳宗接代，因此無法把基因傳下去），所以苦味受器的演化速度很快。動物的苦味受器通常都可以辨識牠們所在環境最容易遇到的危險物質。例如人類與小鼠分別擁有二十五到三十三種苦味受器，但共同的部分非常少[14]。有些老鼠嚐起來苦的（演化上成為老鼠會主動避免的）物質，我們根本食之無味，反之亦然。苦味受器多樣性不僅存在種間差異，也有種內差異，例如不同族群的人類就會有不同組成的苦味受器，借用盧克萊修的話：「你甘之如飴的東西，卻可能是他人的苦汁。」因此，有些人可能比一般人能發現更多種具苦味的物質，所以一個地方對苦味物質會有三種認識：大家都覺得苦的（一定危險）、有些人覺得苦的（可能有些危險），以及沒有人覺得苦的（對人體安全）。

雖然大部分的脊椎動物都可以藉由多樣的苦味受器，去辨認多種可能有毒性的物質，而且不同個體能夠辨認的苦味物質也不盡相同，但是對於一隻動物來說，牠只能感受一種苦味，因為所有的苦味受器傳遞訊息到同一種神經、僅觸發一種意識知覺，那就是「苦啊」[13]。若在短時間內攝取高濃度苦味物質，可能會感到噁心，如果重複吃到高濃度的苦味物質（比如說連續吞了兩口），胃部肌肉就不會規律地蠕動，而是演變成混亂的抽搐；當這消化不良造成的肌肉運動夠劇烈，便會導致嘔吐。苦味受器教導我們哪些東西吃不得，而且會利用嘔吐反應一邊讓我們記住苦味不是開玩笑的，一邊把有害人體的苦物排出來。

動物嚐到苦味物質所感到的不適，就跟鹹味或甜味一樣，是無法以特定的標準或規則去定義的。苦味主要的用意就是讓動物感到不適，以幫助牠們去避免那些不嚐嚐看就無法辨認的東西[14]。不過身而為人，我們有時還是會選擇忽略味覺受器發出的警訊，所以我們喝咖啡、歡樂啤酒或是吃苦瓜，就算舌頭警告「苦、危險苦、危險……」我們依然故我，並且對舌頭說：「安靜！我的攝取量都在安全範圍內。噓！我知道我在做什麼，我有學過

## 人類的味覺閾值

| 味覺 | 調味物質 | 產生味覺刺激所需的最低濃度（百萬分之一） |
| --- | --- | --- |
| 鹹味 | 氯化鈉（NaCl） | 2000 ppm |
| 甜味 | 蔗糖 | 5000 ppm |
| 鮮味 | 麩胺酸 | 200 ppm |
| 酸味 | 檸檬酸 | 40 ppm |
| 苦味 | 奎寧 | 2 ppm |

**表1-1　不同味覺受器被觸發所需要的最小物質濃度（閾值）皆不同。要激發苦味受器只需微量的化學物質，例如植物產生的毒素：奎寧。因為苦味就是為了警告動物避免某些食物，所以在我們還沒吃進太多的時候就應該發出警訊；相反地，糖分是多多益善，所以濃度不夠高就沒辦法激發出甜味。其他受器的閾值則居於兩者之間。酸味受器是最不尋常的味覺受器，需要特別的分析與解釋，我們在第七章會細談。這張表的資料來自某些人的人體實驗結果，所以此處的閾值不僅跟其他種動物的數據不一樣，跟其他人也不同。**

的。」

目前為止，我們介紹的味覺感知系統通常適用於一般陸棲的脊椎動物，但動物在往陸棲的方向演化時，其生活方式也跟著改變，進而導致了味覺受器的變化（或在某些案例裡，則是味覺受器的演化改變了動物行為），因此，不同物種的動物以味道所認識的世界樣貌都截然不同，就如盧克萊修所說：「各種生命都有自己的感官方式，以他所能感受的物件建構這個世界。」[15] 有些演化影響的是化學物質能被味覺受器偵測到的濃度閾值大小，還有一些更劇烈的演化案例，甚至包含喪失整個味覺。

在較不劇烈的演化方式中，切割基因的突變屬於比較快速的演化。味覺受器的基因往往非常大（鹼基對很多），所以很容易因為突變而被切斷，因而失去原本的功能。經過了幾百萬年，可想像某個動物因為生理需求的營養不符合其飲食偏好，導致某個味覺受器的基因被切了又切。貓科動物，不論是美洲獅、美洲豹或家貓，都是完全肉食性的動物（雖然還是有例外，第四章會提到某些貓與酪梨的故事）。貓科動物的體型在演化學上就是專為狩獵而設計的，所以牠們擅長獵殺其他動物。如果回頭看看圖一之一，你會發現完全肉食性動物的飲食中的氮與磷濃度正好符合身體需求，牠們的獵物肉體細胞所供給的脂肪與糖分，也能提供日常活動的足夠能量。貓即便有了甜味受器，也不會更容易存活或繁殖，如果牠們花更多時間吸花蜜，吃獵物的時間就會變少，如此一來還可能會影響生存。因此，即便貓的祖先的甜味受器失去功能，牠依舊可以存活。時任蒙內爾化學感官中心研究員的李夏發現：這個演化對貓不僅有存活的意義，更是現代貓科動物的味覺濫觴，沒有任何一種現代貓科動物具有活化的甜味受器[15]，充滿花蜜與甘甜果實的森林對貓沒有一絲口慾上的吸引力。如果你給一隻貓一片糖霜餅乾，呃，牠也不會理你；就算牠吃了餅乾，也沒辦法感受到糖霜帶來的愉悅感，因為這個餅乾對牠來說沒有甜味。

圖1-2　大貓熊徜徉於牠此生唯一摯愛的美食。

除了貓以外，其他肉食動物如海狗、亞洲小爪水獺、斑鬣狗、馬島長尾狸貓以及瓶鼻海豚，牠們的甜味受器也沒有作用，只是這些甜味受器基因出現的破壞性突變都屬於獨立的演化事件，不過也共屬於一種基因功能缺失的趨同演化。有人可能會想問，為什麼其他肉食性動物的甜味受器沒有失去功能？例如貓的鹹味味覺受器，就跟其他肉食性動物一樣依舊安在，但牠們獵物體內鹽分的含量就足以應付生理所需，所以牠們的鹹味味覺受器喪失功能可能只是時間早晚的問題。海獅已經喪失了甜味跟鮮味的味覺，海豚也是，而且海豚的無味人生開始得更早，牠們根本無法嚐出甜味、鹹味或是鮮味[16]。對海豚來說，存在的只有飢餓感與飽足感，餓了就去吃飽，而牠們相信海裡任何長得像魚而且會動的東西都可以餵飽自己。有人可能也會好奇，到底海豚的獵物要有什麼特色才能為牠們帶來進食的愉悅感？我們不知道。海豚的愉悅感從哪來、是什麼，至少到目前為止都是科學謎團。

特定味覺受器失去功能的情況，並不單發生在肉食性動物身上，也發生在食物選擇非常專一的動物身上。大貓熊的祖先屬於熊科動物，也跟現代的熊一樣是雜食性動物，會狩獵，會吃酸酸的螞蟻，也會吃甜甜的莓果。但到了大貓熊身上，新的食物偏好出現了，就是愛吃竹子，牠們吃竹子就可以活。其實，當牠們才剛開始喜歡吃竹子時，竹子跟肉都是牠們愛吃的食物，但久而久之，仍然愛吃肉的大貓熊就變得難以生存或難以交配繁殖，或另一個機率較小的可能是，牠們的食物偏好無法符合生理需求，所以在覓食時無法專心致志。一段時間後，大貓熊的鮮味受器就失去功能了，就像貓兒的甜味受器[17]。現在就算你把肉端到大貓熊面前，牠們也不會碰上一口[18][16]。

即便在多年後的未來，貓、海獅或海豚的後代也不太可能會嚐到甜味，大貓熊也依然無法嚐到鮮味，雖然隨著竹林減少，大貓熊對吃竹子的執著也讓牠們的數量不斷減少[19]。從這些日常生活中的演化故事中我們學到：當某些東西成為需求時，比起破壞，建設是更困難的。但從頭做起雖然很難，也並非完全不可能。

以甜味受器為例，它在某些動物身上曾經失去功能，但後來又重新復活了。三億年前，現代鳥類、哺乳類與爬蟲類的祖先，應該可以嚐到食物中的鹹味、鮮味與甜味，然而現代鳥類的甜味味覺沒了，不知是什麼原因，牠們的甜味受器都失去了功能。因此鳥類無法嚐出甜味，至少大多數鳥類都無法。

蜂鳥是從古燕演化而來的，而古燕跟現代的燕子一樣專門吃昆蟲，喜歡品嚐蟲子體內會出現的鮮味，對於糖分則沒什麼興趣。但在大約四千萬年前，有一群燕子開始以花蜜與含糖物質為食，可能只是為了解渴。一般鳥類並無法嚐出花蜜的甜味，所以牠們吸食花蜜就像在喝水，但花蜜畢竟不是水，裡面可富含著糖分。因此有一假說猜測，那些喝到比較多花蜜的鳥可能獲得更多能量，因此更有機會將牠們的基因傳給後代，而牠們的鮮味受器在演化過程中，變成不只辨識原本的鮮味成分（像麩氨酸或是某些核苷酸），也可以同時偵測糖分。出現這種特徵的古燕就是最早的蜂鳥。蜂鳥跟一般鳥類不同，不僅能嚐出胺基酸，也能嚐出糖分。不過牠們只靠同一種味覺受器，所以胺基酸跟糖分對牠們來說，應該是同一種味道，一樣是帶來愉悅感的「鮮甜味」。[20]

動物吃下新食物而產生美味感受的同時，也滿足了營養所需，這類美妙的演化故事，正是生物藉由愉悅感以精巧調控的生化機制滿足需求的例子。只要持續研究味覺受器的演化，我們就會發現更多類似的故事。我們還可以預測這些演化事件會在何處發生。蜂鳥並不是唯一會吸花蜜的鳥，太陽鳥、刺花鳥和吸蜜鳥也會吃花蜜與其他帶甜味的食物，但牠們並非蜂鳥的近親。這些鳥似乎也可能演化出偵測含糖食物跟吃糖後感到愉悅的能力。有三種來自不同地方的沙漠動物都演化出吃泌鹽植物的能力，這種能力需要極為特殊的生理構造，例如嘴裡要有毛，才能刮掉植物表面的鹽分。這種依賴泌鹽植物為生的動物不需要額外找尋鹽分，所以牠們很可能已經喪失了鹹味味覺受器。[21]這些精巧調控的演化過程，也讓我們可以對自己提出有趣的問題。

我們屬於靈長目，所以我們的親戚包含狐猴、猴子跟猿類。在靈長目中，我們的分類屬於人科，所以與我們親緣更近的動物有大猩猩、黑猩猩、巴諾布黑猩猩、紅毛猩猩、以及一堆早已作古的滅絕動物。在人科中，我們又是人族（Hominini）裡唯一倖存的動物。放眼靈長目內，不同動物之間的味覺受器差異極大，這個差異不僅在於其味覺受器可以辨認的物質，也在於可觸發受器的物質濃度（閾值）。舉例來說，有些植物對我們來說是苦的（也有毒），但對猴子來說不苦也不毒；除此之外，我們可以品味某些低糖的食物，但狨猴則需要非常高的含糖量才能嚐出甜味。換言之，當我們跟靈長目裡的動物比較，可以看出許多差異，有些物種間差異極大。但有趣的是，如果和我們的超級近親比較，例如黑猩猩，我們的味覺受器跟牠們其實非常相似；所以我們會吃得津津有味的東西，大多對黑猩猩來說也很美味。這是很驚人的，因為在我們與黑猩猩的共同祖先存在的時代，我們兩者就發展出截然不同的烹調方式。黑猩猩棲息於森林裡，鮮少住在草原，牠們吃水果、昆蟲，偶爾也吃猴子的腿；我們人類則幾乎殖民了整個地球的陸域，因此在不同類型的棲地會吃到不同食物。問題來了，既然我們的飲食內容跟黑猩猩差那麼多，為什麼我們的味覺受器沒有演化出差異？當然如果我們研究得夠仔細，還是可以發現兩者味覺受器的細微差異，但這個問題的答案不只如此。

當我們的祖先發展出各種烹飪的文化與工具時，不管從哪種棲地取得的食物，他們總有辦法把食物變得更美味。也因此，天擇對人類味覺受器的影響並不大，因為味覺受器基因不會因為飲食偏好不同，就比較難或比較容易傳給下一代。我們的祖先不會因為比較不容易嚐出在地食物風味而營養不良，因此被天擇淘汰；即便是平淡無奇的食材，他們都能透過工具來彰顯風味，而這些風味通常（雖非百分之百）都是營養成分的指標。盧克萊修可能會稱之為「逆轉勝」，我們的祖先透過些許的悟性與自由意志，逆轉了整個局面，也改變了這個世界。在尋找美味的過程中，他們讓自己族群，也就是我們人類的故事出現轉機，我們在下一章會繼續討論它，這正是我們祖先演化過程關鍵的一步。他們發展出各種工具，以在能夠找到的食物中挑選出較美味的那些，他們也使用工具，讓自己居住的棲地產出更多美味的食物，接著他們就會改變所到之處的環境，創造出更美味的食物地景。如此一來，美味帶來的愉悅感便成了人類演化的驅動力[17]。

# 2 尋味者

唯有人類有能力調理出美味佳餚；而且不管是誰，每個人或多或少都是廚師，會為自己盤中的食物增添調味。

——詹姆士．博斯韋爾（James Boswell），《與山繆．約翰遜共遊赫布里底群島日誌》（*Journal of a Tour to the Hebrides with Samuel Johnson*）

你並不是黑猩猩：人類祖先和黑猩猩的祖先大約六百萬年前就已經分家，並在那之後的長久時間，各自朝不同的方向演化、改變。但是從各方面來說，黑猩猩的生活方式，似乎都跟我們的曾曾曾……曾祖父母的生活方式相差無幾[22]。因此，研究現代黑猩猩的生活，能幫助我們更了解過往人類生活的種種面向，包括他們曾品嚐過的風味。這個論調並不新奇：達爾文（Charles Darwin）早在一八七一年的著作《物種源始》中就已提出。但是一直要到一九六〇年代初期，珍．古德（Jane Goodall）開始與坦尚尼亞貢貝（Gombe）季風雨林中的黑猩猩族群為伍作伴、對牠們進行研究後，這個想法才逐漸獲得正視。

珍．古德剛開始研究黑猩猩時，科學家普遍認為，這種與人類親緣關係最接近的動物，其實跟大猩猩或猴子等其他靈長類沒什麼差別。在那個時候，黑猩猩尚未被視為窺探人類過去的窗口之一，只是另一群在森林中啃果實吃的靈長類動物罷了。但是，當時早有蛛絲馬跡，透露出黑猩猩的重要地位。

有一些線索，關乎黑猩猩使用工具的行為。一八八八年，達爾文寫道：「人們常說沒有任何動物會使用工具：但是在自然野外的黑猩猩，卻會利用石頭，將環境中一種貌似核桃的堅果敲碎。」[23]在達爾文做出這項觀察之後的多年間，陸續有其他旅行家提及黑猩猩用石頭敲碎堅果的行為。此外，還有人觀察到一隻黑猩猩拿樹枝戳進地底下的蜂巢、並舔食沾在樹枝上的蜂蜜。但是人們在描述這些現象時，字裡行間通常還是不怎麼看得起黑猩猩所能發揮出的能力，彷彿每次都只是觀察到獨立的個案、只是某些黑猩猩剛好意外表演出了小兒科的把戲。所謂的「給黑猩猩一台打字機，久了他們也寫得出《奧德賽》」——或是如人們所暗示的，久了他們也能學會使用樹枝。但是當珍古德開始與貢貝的黑猩猩們融洽相處，並開始觀察牠們的行為之後，很快便顛覆了我們普遍的認知。

珍古德特別注意黑猩猩吃什麼東西、如何取食。她馬上觀察到：黑猩猩們會一再重複使用工具。牠們會用樹枝去戳白蟻丘[24]：黑猩猩製作樹枝來採集白蟻的行為，珍．古德光是在一九六四年就觀察到九十一次之多。牠們也會用樹枝採集螞蟻：貢貝的黑猩猩要採集螞蟻時，總是將樹枝折斷成大致固定的長度，再將其戳進行軍蟻（*Dorylus* 茅蟻屬）或是樹棲的舉尾家蟻（*Crematogaster* 屬）的蟻巢中：螞蟻一傾巢而出攻擊樹枝，就正好被黑猩猩用牠們肥碩的雙唇一舉撥入嘴裡。黑猩猩運用這些工具，就好像它們是木製廚具——就算並不真的是奶油刀，也起碼可以跟奶油刀收進同一格抽屜裡。珍．古德在貢貝進行研究工作大約十五年後，克里斯多夫．伯施（Christophe Boesch）也開始研究象牙海岸的塔伊（Taï）森林中的黑猩猩：他認為這些工具就像筷子一樣，在不同的情境下可以有不同的用途。而它們的形狀也跟筷子一樣，有各種不同外型，但又彼此相關。

隨著珍古德、伯施和其他學者對黑猩猩的研究越來越深入，他們發現這些工具的使用方法非常多樣。日復一日，他們陸續觀察到黑猩猩把葉子作為工具舀水、把樹枝作為工具取食螞蟻、蜂蜜（還跟蜜蜂一起吃下肚）或藻類[25]，牠們還會還把石頭當作工具，砸開堅果頑強的外殼以享用內容物[1]。對黑猩猩研究越久，記錄到牠們使用的新型工具也就越

圖2-1 黑猩猩用石製鎚頭敲碎堅果。

多。另外意義重大的是，在不同的研究地點，黑猩猩所使用的工具、使用工具的目的也各不相同。有一些工具，似乎只有在單獨的地點、單獨的族群中，才有黑猩猩使用。舉例來說，在塞內加爾東南部的方果力（Fongoli）地區的莽原上，雌性和年輕的黑猩猩會用牙齒將樹枝尖端磨利、做成標槍，一舉刺入樹洞捕捉嬰猴（bush babies）。而睡在樹洞裡、有雙水汪汪大眼的嬰猴，毛茸茸的身軀頓時慘遭貫穿，就像是巨大的串燒。

不同族群的黑猩猩，使用工具的習慣有所差異，並不只是因為棲地不同的關係。即使兩個族群的基本環境相同，使用工具的目的依然可能很不一樣。舉例來說，我們先前提到貢貝的黑猩猩會使用工具抓白蟻，也會用工具採集舉尾家蟻和行軍蟻。而位於貢貝南方約一百四十公里處的馬哈萊（Mahale），是另一個長期研究黑猩猩的地點。那裡的黑猩猩也會吃螞蟻，但是牠們從來不吃在馬哈萊也找得到的舉尾家蟻和行軍蟻，而只吃巨山蟻（*Camponotus* 屬）[26]。這兩群黑猩猩在相似的環境中使用同樣工具，卻取得不同的食物。不同族群的黑猩猩，也常常會使用不同工具取得相同的食物，或是以不同方法運用同一種工具，以取得相同的食物[27]。這些族群各自選擇的食物和取食方法的差異，反映出牠們各自的飲食傳統。

在人類社會中，有關飲食的文化差異包含許多面向，包括一群人選擇將哪些物種當作食材食用、如何取得、處理食材，甚至包括他們如何看待、談論那些物種。但是對於研究黑猩猩的學者來說，文化和文化差異的定義比較狹窄：他們所說的「文化」一詞，專指不同黑猩猩族群使用不同的工具取得相同的食物、或者使用相同的工具取得不同的食物。為了避免必須花時間辯論什麼是「文化」、什麼不是，我們用「飲食傳統」一詞來泛指不同族群、橫跨世代的飲食差異的各種面向。某些飲食傳統的面向，可能需要透過年幼的動物觀察、模仿成年個體才能維持，但也有些面向不是有意識進行的行為。比方說，對於某些風味香氣的偏好，有可能無需任何教導，就從母親直接傳給子宮中的胎兒，我們會在第六章中詳細討論這種偏好。

我們將料理定義為「在將食物吃下肚之前，有目的地改變食物性質的社會性行為」[28]。在黑猩猩的飲食傳統中，會利用各種工具將諸如螞蟻、白蟻或嬰猴內臟等原本難以利用的自然資源轉化為食物，這便是一種野外的料理。料理是演化上極為重大的革新，在自然界十分罕見。在現存的物種中，沒有任何生物表現出跟黑猩猩或人類一樣繁複的料理行為。至於已滅絕的物種，我們現在的推測是，料理文化也可能也曾在我們共同祖先的生活中扮演要角。這個文化源自於對風味及美味的感受。我們猜想，人類跟黑猩猩在六百萬年前的共同祖先，就跟現代黑猩猩一樣曾分成多個族群，各自有不同的飲食傳統[29]。慢慢地，這種古代人猿中起碼有某些族群學會了現代黑猩猩使用的那些工具：用石頭敲開堅果、用不同的樹枝採集各種蜂蜜、甚至用一種或數種特製的樹枝採集白蟻和螞蟻。有時候還會用工具狩獵其他動物，雖然大概並不常見：那時尚未進入石器時代，還只是飲食傳統和料理文化都剛開始萌芽的「樹枝時代」[2]。

在樹枝時代，非洲的氣候開始逐漸轉涼。隨著氣溫下降，熱帶雨林的範圍開始縮小，逐步被灌木林取代。之後，灌木林的範圍也跟著縮小，新的草本植物演化出來，草原開始擴張[30]。為了因應這個變化，我們的老祖宗開始跋涉前往越來越遠的地方覓食，從一片森

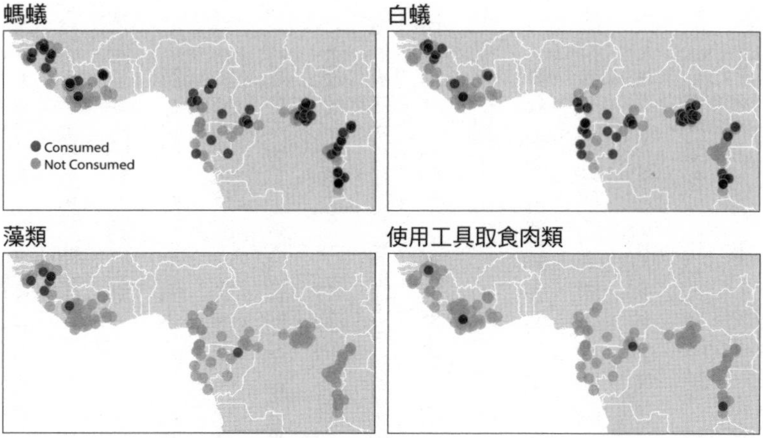


**圖2-2　這張地圖標示出有觀察到（深灰色圓點）或是沒有觀察到（淺灰色圓點）黑猩猩利用工具取食螞蟻、白蟻、藻類及肉類的地點。**

林穿越草原走到另一片森林（相較之下，現代黑猩猩的祖先當時顯然選擇了留在樹林中而不另覓他處）。於是，人類祖先之中誰能夠站得越直，就越有機會順利穿過這些森林之間的空曠地帶[3]。他們當時可能利用草原剛被大火燒過的時機，以便更安全輕鬆地通過（就像在塞內加爾方果力地區的黑猩猩一樣）[31]。我們目前只發現了來自這段年代的人類祖先及近親的少數遺骸，但它們全都顯示出他們的脊椎、臀部、腳掌的構造，比黑猩猩要稍微更適合用雙腳站立。外表上，這些物種看起來仍然比較像黑猩猩而非現代人類，但已經開始跟黑猩猩出現差距了。大多數古人類學家都認為，人類祖先就是在這段期間開始使用新型工具覓食，諸如可作為標槍的樹枝（像在方果力的黑猩猩一樣）、或是在林地裡或池塘河流旁挖掘植物根部的樹枝等等[4]。他們當時使用的工具，或許已隨著歲月流逝而灰飛煙滅，也或許至今還埋在地底某處，等待著人們發掘[5]。

距今約三百五十萬年前，我們的老祖宗賴以維生的林地變得更小、相隔更加遙遠。氣候一直轉涼、草原一直擴張、草食動物也越來越普遍。這樣的環境，代表若想蒐集到足夠果腹的果實，就需要跋涉更長的距離。大約就在此時，出現了一種稱為南方古猿（*Australopithecus*）的動物。南方古猿屬的物種，骨架結構比牠們的祖先更適合雙足行走。人們至今已經發現了十幾具南方古猿化石，分別屬於五六個不同的南方古猿物種[6]。這些物種的外表和生活型態差異相當大，但是牠們似乎都還是以森林中的果實、根部和樹葉為主要食物[7]。

雖然南方古猿外表看起來更像人類，而不像現代黑猩猩，也有較大的腦部和雙腳行走的行為，但牠們的身體所經歷的演化變異程度，跟過去六千萬年間其他靈長類動物所經歷的程度比起來，並沒有特別突出。一直到了大約兩百八十萬年前，人類祖先及其近親們才開始加速演化：這加速的演化過程與巧人（*Australopithecus habilis*，常常也稱為 *Homo habilis*）的起源有關，但是與其關聯更緊密的，是一種稱為直立人（*Homo erectus*）的古代人類物種，在一百九十萬年前隨著非洲草原持續擴張而源起的故事。

在此讓我們暫停一下，討論命名的問題。人屬（*Homo*）物種的命名規則瞬息萬變：你如果是在十年後才總算讀到這篇文章的話，到時候科學家們所使用的名詞很有可能已跟十年前的現在南轅北轍。那該怎麼辦呢？常常思索這個問題的古人類學家克里斯・斯丁格（Chris Stinger）建議我們可以耍個用語上的小把戲矇混過去：所有人屬的物種都是「人類」（這不是耍把戲，單純是事實而已）。我們的故事會談到的部分，要不是「遠古人類」（例如我們剛剛稱為 *Homo erectus* 的那些物種），就是「近代人類」（包含現代人類、尼安德塔人和其他曾生存於過去數百萬年間、可相互雜交的群體）。因此為了簡化起見，除非真的有必要交代分類學上的細節或是提起某個特定物種，我們就單純將人屬區分為「遠古人類」和「近代人類」兩種。好了，言歸正傳吧。

最初的遠古人類物種，是直立人：直立人的腦部相對於身體的比例，大約是黑猩猩的兩倍大。此外，直立人的臼齒相對於身體尺寸來說比預期的小很多，顎骨結構也較為纖弱[8]。我們並不知道是什麼行為上或生態環境上的改變，促使遠古人類的身體結構發生了變化，但是逐漸達成的共識是，他們開始發展出新方法以處理食物、或是大量取得難找但容易消化的食物。這些新的飲食行為，讓遠古人類得以獲取足夠熱量供養較大的腦部，並讓牙齒變小、下顎變得纖弱。不過，究竟這些新的進食方法是什麼，目前還沒有共識。

可能的解釋有很多種，比如遠古人類可能學會了從蜂窩裡採集大量蜂蜜的方法。現代黑猩猩會用手去挖取蜂巢中的蜂蜜，但是有時也會利用樹枝。在挖蜂蜜的過程中，牠們總是免不了被蜜蜂螫，因此能獲得的蜂蜜量也有限。南方古猿應該也面對同樣的狀況。但人類祖先最終發現了讓蜜蜂安分下來的方法，因此得以獲得更多蜂蜜。煙霧能讓蜜蜂安靜下來並失去方向感十到二十分鐘左右[9]，有時甚至會迫使牠們逃離蜂巢。如果遠古人類懂得用煙燻出蜜蜂的話，他們便能夠取得更多蜂蜜，甚至還能一併取得蜂蛹及幼蟲。他們也可能利用植物泌液讓蜜蜂變得溫馴：即使在今日，世界上仍有十幾個原住民族群會將特定的植物抹在自己身上或是蜂巢上，以安撫蜜蜂[32]。不管如何，只要能讓蜜蜂安分下來，採集蜂蜜、蜂蛹及幼蟲就輕鬆許多，因此過去的人們可能曾經大量採集。現今在剛果民主共和國伊圖里（Ituri）森林中的埃費（Efe）狩獵採集者族群，他們用煙燻法蒐集的蜂蜜、蜂蛹和幼蟲量，足足佔了他們雨季時總攝取熱量的八成。遠古人類很有可能和他們一樣仰賴蜜蜂維生，而或許就是甜味，讓人類得以演化出更大的腦、更小的牙齒，以及更纖弱的下顎。

另外也有人主張：遠古人類很有可能是開始吃起了海產。各種海鮮，不論是軟體動物、甲殼類或是棘皮動物，比起哺乳類或鳥類的生肉都容易消化許多。因為在鳥類及哺乳類的肉的結締組織中含有膠原蛋白，所以才那麼難咀嚼（這也是哺乳類及鳥類的肉多汁的原因：結締組織在烹煮的過程中會膠質化）。貽貝或牡蠣等軟體動物，可以直接滑溜地一口生吃下肚，就像現代人吃生蠔一樣。螃蟹或螯蝦等甲殼動物、或是海膽之類的棘皮動物，也一樣可以生吃。

但如果吃海產的行為要在遠古人類的演化歷程中扮演要角，必須在大約一百九十萬年前有過什麼重大的變革才行。也許那時的人類祖先們發明了蒐集海鮮，或是挖出海鮮肉類的新方法。對於新手來說，食用貝類或甲殼類並不是件輕鬆或快速的事：布西亞－薩瓦蘭曾描述一場晚宴，他跟一位高官顯貴一起享用了一大堆生蠔，那位顯貴人物「總共吃了多達三十二打的生蠔，但是因為他的僕人並不是很擅長打開生蠔的殼，所以花了超過一小時才吃完。」對人類祖先來說，擅於打開貽貝外殼或是挖出甲殼動物的肉的技術、或是製作具備這些功能的工具（像是舊石器時代的蛤蜊刀和螃蟹開殼器）的能力，都有可能是重大的革新。黑猩猩不吃貽貝（起碼現在還不吃），但是人們最近觀察到有些黑猩猩族群會採集藻類，裡面常常卡著許多小型動物，也被當作料理的一部分吃下肚[33]。此外，起碼有一個族群的黑猩猩常喜歡在河岸邊徘徊、翻開石頭抓底下的螃蟹吃[34]。也許遠古人類開始使用工具，是為了更有效率地進行這些採集活動。

關於遠古人類生活方式的改變，最常提出的假說就是他們發展出了處理食材的技術。哺乳類和鳥類的肉，以及根莖類植物中所含的熱量，有很大一部分是被鎖在難以消化的化合物裡面。人們在吃生食的時候，那些化合物大部分都會毫不受影響地直接通過消化道[10]，而遠古人類應該也是一樣。學會處理食材，讓人更容易從原本難以消化的食物中獲取熱量和風味。遠古人類處理食材的方式可能有好幾種。

既然黑猩猩會用石頭打碎、敲爛食物，當然不難想像遠古人類也會做同樣的事，而且可能還做得更頻繁、更有效率。我們知道遠古人類會拿石頭當作錘子敲擊另一塊石頭，敲出銳利的石頭碎片、還有除去碎片之後剩下來的核心部位。石頭的核心可經進一步修飾，做成一種稱為「手斧」（hand axe）的工具（但這種工具的實際用途至今仍爭論不休）。遠古人類有可能利用銳利的石頭碎片切割食物、並用比較鈍的石頭和石頭底部敲爛食物。把肉切成小塊，特別是鳥類和哺乳類的肉，使其較易消化。遠古人類切肉的行為，本質上也許就是把石製工具當作比牙齒更有力、更尖銳、且更易替換的替代品。最初的遠古人類出現的時候（距今約一百九十萬年前），他們已經累積了長達一百四十萬年使用工具的歷史[35]。歷經這段漫長歲月，遠古人類可能已經將切割技術掌握得得心應手，也可能像多數的狩獵採集者和某些黑猩猩族群一樣，學會了捶打食物。跟切割一樣，捶打的動作不僅能去除食物的外殼、還能幫助研磨食物，釋出細胞中更多的營養和熱量供人利用。用來捶打食物的石頭，再次成了牙齒的化身。

除了切割捶打食物之外，最初的遠古人類可能也已經會發酵食物。發酵跟切割捶打是相似的原理，也能讓食物變得更好咀嚼、更易消化。發酵能將熱量變得更易吸收，而且如果處理得當，還具有殺死潛在病原菌的額外好處。不只如此，在彊肉類和植物根莖類發酵的過程中，還能增添原本食材沒有的營養素。有些細菌能製造維生素 $B_{12}$，有些細菌能吸取空氣中的氮氣、並將其轉化為胺基酸。可惜的是，考古紀錄並沒有辦法證實遠古人類是否曾經利用發酵技術處理食物。在西北大學（Northwestern University）任教的靈長類學家凱蒂．亞瑪托（Katie Amato），不久前舉出有力的證據，主張最初的人類物種**可能**已經會發酵食物（我們會在第七章中更深入探討這項假說），但是事實上是否真的如此，至今還是未知數。

再接下來，就是已知用火的威力了。

靈長類學家理查．蘭翰姆（Richard Wrangham）在他的著作《生火：烹飪如何造就人類》（*Catching Fire: How Cooking Made Us Human*）中主張，生火煮食的行為是早期遠古人類的演化歷程中獨特、關鍵的特徵。蘭翰姆推測，人類祖先是因為食用熟食，才得以獲得足夠熱量、演化出更大的腦部[11]。如果煮食要能成為影響早期人類演化的關鍵驅動力，最晚必須要在一百九十萬年前就已經發展出來才行。但是目前我們比較確知的、人類最早開始控制火源煮食的證據，發現的年代都還要晚很多。平心而論，就連人類在早於一百九十萬年前開始進行發酵、採集蜂蜜、更常切割捶打肉類或根莖類、或更常食用海產等等行為的證據，至今也都還沒有發現[12]。

但是不論蘭翰姆這個爭議十足、關於人類用火的重大猜想是否正確，其中蘊含了另一項假說，是我們認為爭議小很多的。這個假說無關乎用火是否左右了人類祖先的演化，而是關乎人類祖先最初發明新飲食方法的動機。這個假說不只與用火有關，還牽涉到切割、磨碎以及發酵食物等種種行為。蘭翰姆在他的書中不時提到：他認為人類祖先開始用火的動機，是因為熟食比較好吃——起碼比生食好吃。沒錯，用火煮食讓人們更易取得食物中的熱量，甚至可能讓人們有更多空閒時間做其他事情，像是發明語言、用石頭製作工具等等。但人們並不是為了計畫要做這些事情才開始用火的。很少有動物是基於長期的利益而選擇進行某一行為，現代人類也不例外。蘭翰姆主張：人類祖先開始煮東西吃的理由無他，單純是因為煮過的食物比生食更好吃。讓我們好好思量一下蘭翰姆這項主張所代表的意義。火帶給我們溫暖、指引我們方向；火受人們馴服並幫我們加熱爐子裡的食物；火最終帶來了內燃機、現代城市、現代戰爭、網際網路等等無數技術革新。但人們最初開始用火，就只是為了讓食物更好吃。

我們來給蘭翰姆的這項假說取個名字吧，這樣比較好記：不如就稱為「尋味者假說」好了。不論用火技術最早是在何時開始，我們都可以利用尋味者假說來說明用火的功能。不管蘭翰姆所另外提出的、關於用火對早期人類演化的重要性的假說正不正確，尋味者假說都有可能成立。這個假說單純認為：人類開始用火最初、最主要的動機，是因為用火煮過的食物比沒煮過的食物風味更豐富、吃起來更享受。這個假說不只適用於火而已。尋味者假說可以套用在黑猩猩的飲食傳統和料理方法上：黑猩猩製作並使用工具，是為了追求更豐富的風味，而牠們使用哪些工具，一部分與環境有關、一部分與傳統有關。尋味者假說或許也可以解釋為何人類祖先開始利用其他技術處理食物，不管那些技術源自哪個年代。但是尋味者假說有一個重大前提：它預設人類祖先運用新工具和新技術所獲得的食物，實際上真的比原本的食物好吃。幸好，大部分的證據都顯示確實如此。

在前一章我們提過，黑猩猩與人類的食性和身體結構差異雖然極為顯著，味覺受器和飲食偏好卻很像。人類跟黑猩猩演化出了許多不同特徵，包括腸道（我們的大腸比較短、比較不擅於消化綠葉）、口腔（我們的牙齒比較小、下顎比較弱）、胃（我們的胃液似乎酸很多，雖然這方面的資料並不多），甚至消化酵素也是如此——起碼對一部分的人類來說。有些人身上具有某個版本的基因，讓他們的身體在長大成年後還是持續製造乳糖酶。這些成年人身上的乳糖酶，讓他們在斷奶後可以繼續飲用、消化牛奶。沒有任何其他哺乳類——包含黑猩猩在內——有這種能力。但即使存在這些差異，人類跟現代黑猩猩的味覺受器卻似乎十分相似，而且跟我們的共同祖先相比八成也是如此。自從六百萬年前分家以來，這兩個支系加起來已經有了一千兩百萬年獨立演化的歷程，但是味覺受器依然相當接近。

人類的甜味和鮮味受器，看起來跟黑猩猩的非常相似。黑猩猩所喜歡的鹹味或酸味程度，也似乎跟人類很接近。在動物園中的研究顯示，黑猩猩和大猩猩一旦習慣了新接觸的食物之後，對不同食物的偏好排名，大致上跟動物園管理員或其他人類的排名差不多。大家都喜歡芒果勝過蘋果，喜歡蘋果勝過生的馬鈴薯[36]；大家都偏好鮮味較豐富的食物；大家都想要找鹹的東西吃（就算鹽分早已攝取過量）[37]。這項研究意味著黑猩猩所吃的食物，（對人類感官來說的）風味可能近似於在六百萬年前、居住在森林中的人類與黑猩猩的共同祖先所能接觸到的風味。這個現象十分適合用來測試人類祖先是尋味者的假說，而這個現象之所以會出現，實際上也可能正因為人類祖先是尋味者。

大部分研究黑猩猩的學者，或多或少都會試吃一些黑猩猩的食物，這是在所難免的事。你跟在黑猩猩身邊觀察牠們好幾小時之後，總是不禁會好奇：「那東西吃起來不曉得怎樣？」如果你剛好飢腸轆轆，黑猩猩們又看起來一副吃得津津有味的樣子，誘惑就更加強烈了。於是你將一塊看起來爛爛的水果放入口中，滿足了好奇心，幸運的話還能稍微滿足口腹之慾。《從叢林到文明》（*The Story of the Human Body*）[38]的作者丹尼爾．李伯曼（Daniel Lieberman）在一封電子郵件中表示：「那真是個有趣的經驗。」一九九一年，一名研究黑猩猩的學者西田利貞開始進行較有系統性的風味測試。為了這項研究，他持續追蹤九隻居住在坦尚尼亞坦加尼喀湖（Lake Tanganyika）東邊的馬哈萊山脈（Mahale Mountains）的雄性黑猩猩，追蹤了長達六年。那些黑猩猩們輕鬆地攀爬、穿梭於樹林間，西田利貞則在牠們的身影底下跌跌撞撞著嘗試跟上。馬哈萊的黑猩猩利用非常多樣的植物資源，而在黑猩猩會吃的各種植物性食物之中，西田利貞成功試吃了一百一十四種[13]。

黑猩猩吃的食物，有些對西田利貞來說很苦。但苦味沒辦法向西田利貞揭露太多黑猩猩的感受與經驗，因為我們已知人類和黑猩猩的苦味受器有些差異：對西田利貞來說很苦的植物，對黑猩猩或是人類與黑猩猩的共同祖先來說，可能並不苦[14]。但那些吸引黑猩猩和其他動物前來取食果肉，藉以傳播種子的水果呢？那些水果帶有什麼樣的甜味、酸味、鮮味或鹹味？整體來說，那些水果並不特別好吃。有好幾種黑猩猩會吃的植物，西田利貞試吃過後的評價是：可食，但是沒味道。他用的形容詞是「索然無味」（insipid）：這個詞來自拉丁文 *insipidus*，「沒有」（in）「風味」（sapidus）。其他靈長類學家將這個常見的風味描述為「像飼料粉一樣」。肚子餓的人會願意吃像飼料粉般沒味道的食物，肚子餓的黑猩猩也是一樣，會吃那些可以果腹但難吃的東西。理查・蘭翰姆對於烏干達西南部基巴萊國家公園（Kibale National Park）的水果也下了一樣的評論。黑猩猩在乾季時能夠取得的水果，似乎特別缺乏風味[15]。換句話說，馬哈萊以及非洲其他地區的黑猩猩身處的環境，並非風味誘人、水果豐美而令人讚嘆的伊甸園：相反地，牠們的棲地很多時候都相當乏味[16]。

但重要的是，只要有選擇，黑猩猩總是會挑選帶甜味或是味道酸甜的水果，像是馬哈萊地區的一種無花果。西田利貞覺得這種無花果跟在日本市場上找得到的品種很像，有股舒服的香氣，還有布西亞–薩瓦蘭可能會形容為「新鮮水果塔」的氣息。後續研究指出：黑猩猩通常會記住那些牠們偏好的水果生長的地點、結果的時機，並且會在預期果實成熟時前往摘採：牠們排著隊魚貫前行、穿越森林，就為了追尋甜味。

基於這些研究，我們可以很合理地勾勒出一幅畫面，想像人類與黑猩猩的共同祖先居住在森林中，尋覓著或酸、或甘、或甜等種種風味的水果。他們並不是每一次都能成功找到，但是每當找到時就會滿心愉悅，而且會銘記在心。他們會將找到水果的時間地點牢牢記住，以便一次次重返原地尋找同樣的滋味。漸漸地，他們開始使用工具尋找新的食物。這些食物最終為他們提供了熱量，但是最初、最直接的誘因還是風味。有一項證據可以支持風味先於需求的假說：黑猩猩們使用工具或是其他技巧取得的食物，有一些實際上似乎並不那麼有營養價值，但是味道很棒。

身為一個美食家是有代價的，布西亞—薩瓦蘭寫道：「美食家或許只是蠢蛋，會對毫不重要的事物感到興奮萬分。」我們可以稍微換句話說：從生存的角度來看，美食家**有時候**確實有點蠢。靈長類動物會有甜味、鹹味和鮮味受器，是因為整體來說，這些受器有辦法指引他們滿足生存需求。黑猩猩使用工具去追尋牠們偏愛的風味，這的確是美食家的舉動，顯示出飲食對牠們來說是種享受。人類與黑猩猩的共同祖先也是如此。如果美食家能使用工具獲得風味佳、營養熱量又充足的食物，身為美食家便有其價值，這樣的工具使用習慣也更有可能代代傳下去，單純因為擁有這些習慣的個體存活機率較大。然而，有些工具使用習慣可能只有助於找到風味更好的食物，卻無助於獲得更多營養或熱量。舉例來說，有些族群的黑猩猩會花很大的工夫去採集螞蟻。那些螞蟻確實好吃（世界各地有很多人會取食同樣種類的螞蟻，他們都如此證實）：西田利貞發現，馬哈萊的黑猩猩們在白天可以花上百分之一到二的時間抓螞蟻，但是因為螞蟻提供的營養含量極低，他最終不得不下結論說：「這種工具使用行為，在演化適應上的意義（……）並不明確。」[39]

另一個「愚蠢美食家」的例子不是黑猩猩，而是大猩猩。有一種稱為布拉薩瘤葉樹（*Pentadiplandra brazzeana*）的植物，它的果實含有一種蛋白質，會讓哺乳類的甜味受器徹底短路：這種蛋白質比糖還甜上一百倍，所以植物只要生產一點點就有辦法吸引哺乳動物上門。而且生產這種蛋白質並不耗太多成本，所以對植物而言十分划算。但因為布拉薩瘤葉樹的果實幾乎不含什麼熱量，所以哺乳動物取食這種果實對自己並沒有什麼好處。但牠們渾然不知，還是一季復一季地採集那鮮紅、味甜的果子吃下肚，同時也幫忙散播種子。唯一的例外是大猩猩。杜克大學（Duke University）的科學家伊蓮．格瓦拉（Elaine Guevara）和同事們發現：所有大猩猩的甜味受器基因中都有一個突變，讓布拉薩瘤葉樹的果實嚐起來不甜。格瓦拉成功證實了這個突變在出現後便迅速散佈，最終成了大猩猩族群中唯一版本的甜味受器基因。這個版本的基因能夠如此快速散佈，代表它必須要在某方面帶來非常大的演化優勢，而這份演化優勢就是：帶有這種突變基因的個體，不會浪費時間去攝取沒營養的果實。這也意味著，在這個突變出現之前，大猩猩們取食這種果實的量，多到對牠們的生存有負面的影響。牠們曾一度被美食家的愚蠢拖累，全是靠演化變異才得以脫身[17]。

追尋風味是否帶來好處，很多時候也可能依情況而異。使用工具蒐集蜂蜜，在某些地方可能相當值得，但在其他地方卻完全不然。舉例來說，很多黑猩猩族群會用樹枝挖取藏在蜜蜂或無螫蜂（stingless bee）的蜂巢中的蜂蜜，也同時一併抓到巢中的蜂蛹及幼蟲。蜂蜜的甜，勝過黑猩猩在森林中找得到的任何其他水果，而蜂蛹及幼蟲的口感肥美、鹹味與鮮味兼具。蜂蜜富含熱量，而蜂蛹及幼蟲富含脂肪和蛋白質。對於會蒐集蜂蜜的族群來說，這般美味通常也為他們帶來豐富的營養。但有些時候，黑猩猩採集蜂蜜過程所消耗的熱量，似乎還比蜂蜜提供的熱量來得高[18]。另外還有些時候，採集蜂蜜的黑猩猩可能成功獲取了熱量，但是卻付出了其他營養攝取不足的代價，這跟現代人類常發生的情況一樣。而隨著黑猩猩棲地環境的變化，這種事也越來越常見，例如在烏干達的布林迪（Bulindi）森林中所上演的情形。

布林迪的黑猩猩族群如今居住的棲地，是夾雜在廣闊的果園和小型農園之間、零碎的小片森林。在這樣的環境下，黑猩猩必須在傳統飲食和新的食物選項之間做出抉擇：牠們選擇了新的食物。於是牠們開始尋找並取食芒果，直到再也吃不下為止；牠們享用又甜又肥美的波羅蜜直到撐腸拄腹、心滿意足[40]；牠們也吃芭樂、木瓜、香蕉、百香果、甚至可可果肉[41]。另外，鄰近的卡索科瓦（Kasokwa）和卡松葛瓦（Kasongoire）等地的黑猩猩族群，生活環境則受到了更多人為改變：牠們在棲地邊緣看到的不是果樹，而是一望無際的甘蔗園。黑猩猩們在這片農園的汪洋中發現，經常有農人將切割後的甘蔗堆在田邊。於是黑猩猩們開始每天都在成堆甘蔗中坐上好幾個小時，啃食稍爛微甜的甘蔗[19]。這番舉動有可能是在棲地受干擾的情況下，為了盡可能找到良好營養來源的權宜之計，但也有可能只是「愚蠢」，是經不住甜味的享受與誘惑，僅僅為了好吃而連續吃上好幾小時的甘蔗：對牠們而言，甘蔗真的十分美味[20]。

我們主張，黑猩猩跟人類的共同祖先跟現代黑猩猩一樣都是美食家，而他們尋找並選擇食物的主要依據是風味。隨著氣候逐漸乾燥，牠們能獲取的食物風味逐漸變得單調，並促使他們開始製作並使用更多不同形式的工具。有了那些工具，他們便能品嚐各式各樣的風味，包括口感爽脆的螞蟻[21]、肥美的白蟻，還有蜂蜜和蜜蜂等。但是他們還發現了其他美食，包括找到方法安撫蜜蜂後，得以獲取的更大量的蜂蜜。從現代黑猩猩和現代狩獵採集者的行為來看，我們可以猜想人類祖先大概也非常喜愛蜂蜜，自從他們有辦法大量採集蜂蜜之後更是如此。舉個例子，羅漢普頓大學（University of Roehampton）的科萊特・貝爾

圖2-3　在烏干達的布東哥（Budongo）森林內，一隻母黑猩猩一邊觀察著靈長類學家（兼攝影師）李冉・薩木尼（Liran Samuni），一邊享用著無花果。

貝斯克（Colette Berbesque）最近詢問一群身為狩獵採集者的哈札人（Hadza），他們最喜歡的食物是什麼。她發現不論男女，哈札人都認為蜂蜜是最好吃的食物，比起莓果、猴麵包果、甚至肉都更好吃[22]。貝爾貝斯克所訪問的哈札人表示：他們是因為蜂蜜好吃才去採蜜的。現代狩獵採集者因為舌尖甜味所帶來的愉悅而吃甜食，而人類祖先吃甜食也可能是基於同樣原因，這道理聽起來顯而易見。但是直到最近，才逐漸開始有人在人類學研究文獻中提出這個可能性。因此，當民族誌學者描寫狩獵採集者食用會帶給他們愉悅的食物一事時，往往還語帶驚訝。好比說科萊特・貝爾貝斯克就寫道：「十分有趣的是，哈札人男性每離開營地一小時，平均會帶回營地的各種食物中，蜂蜜所含的總熱量是最高的，接下來是肉、猴麵包果、莓果，最後是根莖類。這正好跟他們所回答的食物偏好排名一模一樣。這暗示著哈札人男性可能會投入較多的精力，取得他們最喜歡的食物。」[42]貝爾貝斯克不得不用這段有點拐彎抹角的文字主張：也許、或許、說不定，狩獵採集者是出於美味才吃某些食物——因為這是個需要花番工夫說服同儕們接受的想法。

切割、捶打、發酵、烹煮等處理食物的方法同樣會改善風味，特別是口感。口感是食物風味不可或缺的一環：食物的口感可能滑順、粗糙、鮮嫩、柔軟，也可能堅韌或乾柴。未經處理的疣豬、兔子或甚至大象的生肉，還可以勉強說（通常會扮個鬼臉才說）「能吃」，但是口感並不好，嚼起來又韌又柴、難以下嚥——靈長類行為生態學家亞爾瑪・庫爾（Hjalmar Kuehl）指出，對年長又缺牙的動物而言特別是如此。哈洛德・馬基（Harold McGee）在他的著作《食物與廚藝》（*On Food and Cooking*）中描述，生肉有一種「滑滑的、難咬的軟糊感」。馬基進一步指出，咀嚼哺乳動物的生肉時，大塊的肉很難咬斷，咬下去只能將肉擠扁，那種滑溜滑溜的口感，吃起來很不是滋味[23]。飲食作家林相如與廖翠鳳在她們的著作《中國烹飪的藝術》中說得甚至更直白：「生魚肉索然無味、生雞肉有種金

圖2-4　蜜蜂將花蜜加工熟成。蜜蜂會透過數個步驟濃縮採到的花蜜：首先，牠們將花蜜在口中來回攪動、製造出細小的泡泡並讓部分水分蒸發掉。接著如圖所示，牠們將花蜜塗抹在蜂巢表面，並搧風以讓更多水分蒸發。此外，蜜蜂還會從口中將酵素分泌進蜂蜜裡。花蜜中主要的糖分是蔗糖，在高濃度下並不容易溶解於水中，而會像方糖一樣開始結晶（並因此變得讓蜜蜂難以利用）。但是蔗糖（雙醣）一旦分解為兩種單醣：葡萄糖和果糖之後，就比較易溶於水中了。歐洲蜜蜂的頭部有個囊袋會分泌一種酵素，讓牠們能夠利用這項生化特性：這種酵素混進濃縮的花蜜之後，會將大部分的蔗糖分解為葡萄糖和果糖，並藉此讓蜂蜜更加濃縮。蜂蜜可說是自然界中糖分濃度最高的物質。蜂蜜裡的糖分濃到會讓想要以此為食的細菌都無法存活：因為細胞內外的水分平衡的緣故，水全都從細菌的細胞內被吸往高糖的外界環境，留下皺縮乾癟的殘骸。

屬味、生牛肉勉強可下嚥，但有股腥臭的血味。」[43]很多種根莖類蔬菜，生吃起來也會讓人有類似的抱怨。想像一下靠生馬鈴薯或生樹薯維生會是怎樣的感受吧，有很多詞可以形容那種體驗，但「美味」絕對不是其中之一。有少數生食依然好吃的根莖類，像是紅蘿蔔或白蘿蔔，但是那比較算是例外而非普遍規則。

切割、捶打、發酵、烹煮，都可以讓食物軟化、更好咬、吃起來更讓人舒爽。打爛、切塊、發酵或煮熟的根莖類比較容易咀嚼，生肉也是。此外，人類祖先還可以利用切割技術，將動物屍體分為不同部位的肉，其中一些是比較適合生吃的。綜合運用切割、烹煮及發酵這些技術，讓人們可以把動物身上如胃臟等比較軟的部分拿去生吃，把肉質較硬的部分拿去煮，並把另外一些部位拿去發酵。人類祖先們在學會了如何將食物敲爛、剁碎、發酵或煮熟後，便有辦法（而且會想要）運用不同的技術處理不同的食材。在黑猩猩每天清醒的時段中，有超過四成的時間都花在咀嚼食物上：牠們咀嚼果肉、葉子、昆蟲、肉類，某些族群還咀嚼根莖類。相較之下，一般估計人類祖先在開始烹煮食物之後，花在咀嚼食物的時間就大幅減少，可能最少每天只需要花一成左右的時間（現代人類則是平均每天花大約百分之四點七的時間咀嚼食物）。咀嚼食物所需的時間減少，讓人類祖先有更多時間和精力可以構想新的工具、尋找風險更高（更美味，但更難找到）的食物、照顧幼兒、創作藝術，甚至是發明笑話[44]。在古代，經過處理的食物不只本身口感就較好，也讓人有更多時間去探索其他的樂趣[24]。食物的口感和這些樂趣，很可能就是將食物敲爛切碎所能帶來的直接好處。

另一方面，喜歡吃生蠔的人一點也不會意外遠古人類曾經使用工具以品嚐海鮮風味。撬開外殼後，貽貝和蟹肉的質地都很受人喜愛。它們的鮮味比森林中大部分的食物都更加濃郁，也比較容易咀嚼。貽貝，特別是年幼的貽貝，甚至根本不需要咀嚼。布西亞－薩瓦蘭對於法國晚宴及生蠔的描述，也完全可以拿來描述古代人族（hominin）與貽貝的關係：

我還記得，往日所有的重大宴會，總是從生蠔開始招待，而且總是會有好幾名賓客能夠毫不猶豫地吞下一籮生蠔（一籮為十二打，也就是一百四十四顆）。

如今，人們在一些相對早期的人類遺址中發現了大量殘留的貝殼遺跡，顯示了早期人類似乎曾經食用數量驚人的貽貝。這些貝塚是每年食用少量貽貝而經年累月的結果，還是一次食用大量貽貝的結果，我們目前還不清楚。但是起碼可以確定的是，人類祖先之中有一些人曾經——套用布西亞－薩瓦蘭的話——狂吃到「滿肚子都是貽貝」。

烹煮食物和發酵食物不只會改變食物的口感，還會調整並改善食物的味覺和氣味。在肉類或根莖類發酵、烹煮的過程中，游離麩胺酸的含量會大幅增加，帶來鮮味。此外，我們在下一章中也會談到，經發酵或烹煮的肉的氣味也會變得複雜許多：人們很可能本能地喜愛這種複雜的風味。同樣地，根莖類在烹煮時，內含的複雜碳水化合物會開始分解，單醣也會開始焦糖化。生的蕃薯幾乎不算是真的食物，但火烤過後的地瓜外表酥脆、內部鬆軟甜美而香氣撲鼻，絕對值得向親朋好友大力推薦。

現代的猿類顯然跟現代人類一樣喜歡煮過的食物。在動物園裡提供生菜和煮熟的蔬菜兩種選擇時，黑猩猩和大猩猩都會優先挑選煮熟的蔬菜。比起生肉，黑猩猩也會優先挑選煮熟的肉（而大猩猩則是根本不吃肉）[45]。所有證據都指出，黑猩猩和大猩猩是因為風味才優先挑選煮熟的食物[25]——這基本上幾乎算是牠們親口說的。蘭翰姆曾做過一項意義重大的實驗，他請心理學家彭妮・派特森（Penny Patterson）詢問一隻會使用手語的大猩猩「可可」（Koko），是喜歡派特森拿在左手中的煮熟蔬菜，還是拿在右手中的生菜：可可碰了派特森拿著煮熟蔬菜的左手。她接著問可可，喜歡煮熟蔬菜的原因是「比較容易吃」還是「比較好吃」？可可用手語回答「比較好吃」，就像我們的老祖宗們很可能會給的答案。目前還沒有人對食肉的猿類——黑猩猩和侏儒黑猩猩——做過實驗，測試牠們是否也偏好發酵的食物勝過生食(關於酒精的實驗倒是有做過,但是在那實驗中,很難區分實驗的結果到底是因為風味差異,還是單純因為喝醉)。

在此我們先回顧一下:我們的猜想是,最初的遠古人類利用較大的腦部發展出各種覓食及處理食物的行為。驅使他們的動力是對於美味食物的追求,而那些美味食物也通常也是較為營養的食物。

人類祖先一邊四處遊蕩,一邊運用較大的腦部尋覓各種味覺及風味,也藉此獲取了必需的營養。他們找得越是上手,消化系統中原本負責處理食物的器官就變得越無關緊要。粗壯的牙齒和下顎的功能是磨碎食物,於是漸漸地,人類的牙齒變得小顆,下顎的肌肉也變得細小。大腸的功能是將複雜的化合物分解為較好利用的分子,所以從某方面來說也是處理食物的器官,而漸漸地,人類的大腸變短了。這些器官幾乎像是在萎縮般逐漸改變,因為它們對於生存已經不如以往重要,居住在洞穴中的魚,經年累月下來丟失了牠們的雙眼:同樣地,人類祖先追尋風味並食用經過處理、營養豐富的食物,長久下來也讓腸道、牙齒和下顎等部位漸漸退化。這些身體部位不再如過去一般,在強大的天擇壓力下維持原狀,反而是在天擇作用下逐漸精簡、省下了生長並維護這些部位所需要消耗的能量,進而提供多餘的能量給持續長大的腦部使用。

大約一百五十萬年前，遠古人類開始了一場橫跨數個世代的遠征，穿越非洲、踏上亞洲及歐洲大陸。我們無從得知他們踏上這條遷徙之路的原因，但是我們猜測，尋找食物（以及食物的風味）可能是眾多原因之一。他們從食物較稀少、或是比較不好吃的地區出發，前往有機會找到更多更美味食物的地區。從丘陵到山谷，他們的足跡遍佈了地球上的大半地表。在這個過程中，遠古人類面臨了一項全新的挑戰，阿肯色大學（University of Arkansas）古人類學家彼得．昂加爾（Peter Ungar）稱之為「飲食變通性」（dietary versatility）：這是一種什麼都先放進嘴裡的的冒險精神[46]。我們可以改寫華茲華斯（William Wordsworth）的詩句，形容他們是「在千萬樓房面前無家可歸，在千萬火堆面前渴求食物」*。隨著遠古人類四處遊蕩、追求食物，他們逐漸分化為數個不同的物種分支，其中有一些定居在孤立且隔絕的地區中。遠古人類的每一個分支都傳承著重要的知識，讓他們無論去到何方都能製作出一整套工具，就像現代的廚師會隨身帶著整套刀具和工具組、腦中也起碼記得一些如何將食物變得更美味的知識一樣。近年來興起了一股風潮，學習人類舊石器時代的祖先們可能的飲食習慣。但這些嘗試無可避免都會遇到一個關鍵問題：不同

* 譯註：原句為「在千萬樓房面前我無家可歸，在千萬餐桌面前渴求食物」（homeless near a thousand homes I stood, and near a thousand tables pined and wanted food）。

地區的遠古人類吃的是不同的食物，某些地方的人吃海產，另外一些地方的人則是享用骨髓和脂肪[47]。

隨著石器時代的進展，不同族群之間的差異越來越大。就像現代黑猩猩一樣，多樣的近代人類物種各自有自己的飲食傳統和料理文化。但是以他們廣大的地理分布範圍來看，不同人類物種之間的飲食傳統，應該要比不同黑猩猩族群之間差異更大才對：畢竟古代人類居住的地方，包括了從雨林到苔原、從剛果盆地到今日的歐洲大陸等各式各樣的環境。看起來，這些人類物種是發展出了新的方法，在所處之地存活並進食，才有辦法適應如此多種不同的環境。當然，他們的基因組成也經歷演化。文化演化和基因演化的共同作用，最終造成了一系列近代人類分支的出現[26]，包括尼安德塔人、丹尼索瓦人（Denisovans）、還有我們本身：智人。但令人稱奇的是，這些物種的味覺受器結構都非常類似：我們是透過直接的基因比對而得知這件事的。一些近期的研究從牙齒和骨頭中抽取了古代DNA，並發現尼安德塔人、丹尼索瓦人和我們智人的甜味和鮮味受器結構幾乎一模一樣。這三種物種之間的苦味受器是有細微的差異，不過主要差別在於不同的受器基因失效的情形：有人推測這些基因會失效，是因為人類祖先找到了方法，把一些原本危險的食物變得安全[48] [27]。

隨著這些體型和地理分布相異的近代人類物種持續嘗試各種新的食物，以及處理食物的方法，他們也漸漸學會區分什麼食物讓人愉悅、什麼食物索然無味；什麼食物安全、什麼食物危險。他們再三學習的過程中，舌頭提供了絕大的幫助，引領人類開始認識並理解新的風味。舌頭告訴他們什麼是苦的，也是舌頭告訴他們什麼是甜的。但舌頭並非單打獨鬥，鼻子也提供了重要的指引。在人類學會處理食物之後，便需要一個方法記得哪些處理法是安全的，哪些則有危險（這些事通常需要經歷慘痛的教訓才學得起來）。他們也必須記得哪些食物嚐起來像是有危險，實際上卻是安全的。

在這樣的背景下，鼻子便扮演了日漸重要的角色。當時沒有圖書館，除了口述歷史之外，也沒有其他將資訊儲存傳遞給下一代的方法。自從人類祖先誕生開始一直到八千年前，他們有很長一段時間都高度依賴鼻子。並不是只有人類這樣，老鼠、狗或豬，都善於利用鼻子和嗅覺。但是人類的鼻子不一樣：人類後來開始以截然不同的方式運用鼻子。我們靠嗅覺將食物的風味分門別類，從美味到致命加以排行，並做出不同的反應。這個行為在一種奇特美妙的現代食物上尤其徹底地體現出來，這種食物就是松露[28]。

# 3 好鼻師

人類的祖先啊，你吃過的食物裡有什麼比松露烤雞更美味？在你身處的伊甸園裡既沒有廚師也沒有糕點師，我為你感到悲哀！

——布西亞—薩瓦蘭《味覺生理學》

蜜蜂依賴氣味尋找花蜜，禿鷹循著氣味尋找屍體，獵狗敏銳的嗅覺跑在飛奔的四肢之前，帶領獵人前往偶蹄獵物所在之處。

——盧克萊修《物性論》

我們在講風味的故事時，刻意保留了一塊拼圖直到現在才補上，這塊拼圖就是香氣。前面不提香氣，並非因為它不重要，而是因為它太重要了，需要用獨立的章節來鋪陳。布西亞—薩瓦蘭曾說：「忽略了嗅覺的感官體驗，就無法掌握食物風味的全貌。」這句話特別適用於人類身上，科學家就是掌握了獨特的嗅覺運作機制後，才更加清楚人類演化中幾個重大的轉捩點，例如用火。

比起味覺，嗅覺的神經訊息傳遞方式更為複雜且紛沓，嗅覺的物種間差異更大，敏銳度是其中一種差異，不同種的動物要聞到味道，所需要的最低濃度氣味分子都不一樣；除此之外，口鼻感官的協調，也就是氣味與味道綜合起來的整體感受，每種動物也都不同。了解上述的動物間差異，就能更了解嗅覺對人類的特殊性與重要性，舉個能讓人秒懂的案例吧：一個現今仍無法以人工繁殖的食物——松露。我們的祖先需要靠自己找尋所有的食物，而松露就令人聯想到那樣孜孜矻矻的光景與生活方式。在松露的產地，它象徵著親力親為尋找才能獲得的野生美味。在法國，聖安多尼（Saint Anthony）不僅是尋找失物的守護聖者，也是松露的守護聖者，他不僅能幫你找回鑰匙，幫忙找松露也行。不過要找松露，除了派出聖者，你也可以派出狗，或是更佳的選擇：豬。

不同動物尋找松露的方法都不盡相同，豬天生就受松露香氣吸引，而狗要靠後天訓練，才會對松露的氣味產生興趣，至於人對松露的興趣，有一部分是靠後天學習，一部分也可能是天生，我們自然而然就會沉醉於松露入菜後，在舌尖上產生的氣味。

人、豬、狗與松露的交互關係是相當古老的演化事件，可追溯到一千年以前，尤其法國人利用豬來尋找森林中的松露可能是更久以前的事，豬能夠找到地面下深達一呎的松露。當我們要利用其他動物來找尋人類找不到的東西，我們可以藉助牠們與人不同的感官能力，以尋找松露的例子來說，豬的優勢就是牠們天生喜愛松露，松露的吸引力對豬來說是一種生物化學上的羈絆。

松露是由特定的真菌所構成的，通常包含塊菌屬（*Tuber*）[1]，並會寄生於特定種樹木的根部。由塊菌屬真菌構成的松露通常存在於山毛櫸、樺木、榛樹、角樹（鵝耳櫪）橡木等樹木的根部，這些真菌以原始的生物化學語言與樹根交換訊息，因此它們的溝通發生在分子層次。兩者的共生關係不僅親密，且在演化上相當具有歷史，過去幾百年中已經發生過無數次[49]。樹根相當厚實，因此在地底深處古老的砂質地層中難以從土壤顆粒間取得養分；相較之下，真菌的根狀菌絲纖細許多，容易深入水與養分匯聚的孔穴，而且這些菌絲長得相當茂密，一立方公寸土壤內的菌絲共可長達一公里。樹木利用這片菌絲地網獲得了生存所需元素，也須以自身製造的糖分來回饋。

樹木與松露之間利益交換的共生關係，就類似冰河時期以前的植物為了登陸，而與真菌達成的合作關係[50]。很多真菌都可以是樹根的合作夥伴，而松露真菌更是特別契合的夥伴，因為它們不僅能提供養分給樹根，還能分泌一種化學物質毒殺附近的植物，進而幫助寄生樹剷除競爭對手，樹木周遭那一圈法國人稱為「火燒圈」（brûlé）的焦土區塊，就是這樣來的[51]。不過松露真菌最特別的地方，在於它們子代寄生到新樹苗上的方式（有些樹苗要等到被寄生後才能長得好），是透過蕈類來完成。

松露就是一種長在地下的蕈類，也就是真菌的子實體，屬於真菌異性交配後的產物。松露的外觀就像一團泥土揉成的腦狀疙瘩，但質地是硬的，而非如土壤一樣鬆軟。松露可大可小，不過一般來說，你如果能找到跟核桃一樣大小的松露，就算是超級幸運了。松露將孢子藏在松露球體裡與如大腦表面腦迴般的皺摺裡，跟其他冀求繁殖成功的蕈類一樣，這些孢子傳得越遠越好，去征服新的領土，最好遠到不需要競爭它們親代的資源。許多蕈類的繁殖策略就是吸引動物來吃它們的子實體，以傳播孢子，而松露所面臨的挑戰，在於它的子實體藏在地面下，因此松露發展出一個策略，如同梅林．謝德瑞克（Merlin Sheldrake）在《真菌微宇宙》（*Entangled Life*）中所說：「它的香氣強烈到足以穿透土壤散播到空氣中，氣味獨特，讓動物能從複雜的環境氣味中辨識，且美味到足以誘使動物找尋它、挖掘它、品嚐它。」

能產生松露的真菌有很多種，每一種都有不同的香氣強度、氣味組成與味道組成，這當然是因為每一種松露都是歷經演化來吸引不同種動物的，而人類最喜歡的松露在演化上

**圖3-1　靈敏的豬鼻。**

是為了吸引豬，當然成效也十分良好。松露對豬的吸引力，顯然至少有一部分是基因注定的，因為還不識世間百味的小豬仔就已經懂得欣賞松露的氣味了。松露的氣味分子被豬鼻吸入後，便會與鼻腔內的氣味受器結合，想像這些受器有如舞動的海葵試圖從海水中過濾出養分，它們也從進入鼻腔的空氣中捕捉氣味分子；每一個受器都能專一地辨識出一種或多種藉由空氣傳播的化合物，有如門鎖與鑰匙的關係，一旦氣味分子如鑰匙般插入鼻腔受器的對應位置，便能觸發嗅球中的嗅神經，啟動一連串的神經訊息傳遞，直到大腦接受到訊息。

在無數種氣味分子中，僅有少數種類能使哺乳類大腦在未經學習的情況下認出並產生恐懼（和厭惡）或愉悅的感受，舉例來說，某些掠食動物的體味能嚇退老鼠。在掠食者還沒抵達老鼠所在的森林前，掠食者的體味便先馳向老鼠的嗅覺受器，無論是年輕還是年邁的老鼠，其嗅覺受器都會立刻傳給大腦警告訊息：「逃走、躲起來、不要動，很恐怖！快逃！」在狐狸與狼的排泄物裡，有一種叫2,5-二氫-2,4,5-三甲基噻唑啉（TMT）的常見化合物，它們甚至可以讓在實驗室傳宗接代好幾代、從沒遇過食肉目犬科掠食者的小鼠家族中剛出生的新生兒嚇得皮皮挫[52]。還有一種存在於貓兒唾液中的化合物也有類似效果，貓兒用舌頭理毛時，就會讓這種化合物留在體毛上。同樣讓許多動物不由自主退避三舍的化合物，還包含脊椎動物屍體腐爛時發出的「腐胺」（putrescine）與「屍胺」（cadaverine）[2]。這種躲避反應伴隨著有意識的厭惡感，也無意識地改變了一些行為，例如曾有實驗發現，暴露在腐胺之中的人會變得更警戒與敏感，且就算受試者並不知道自己聞到腐胺，也會有同樣反應。根據實驗結果，科學家假設聞到腐胺後變得更警戒，或許有助於動物提防潛在危險，腐胺味道就像是告訴我們的大腦：「這邊發生了不好的事，抬頭看看四周，撤退！」

會讓動物自然而然感到厭惡或是恐懼的氣味，通常都暗示著危險的存在；而讓動物感到愉悅的味道，則通常與性有關。由於顯而易見的好處，動物天生就能被同種生物的性費洛蒙取悅。舉例來說，亞洲象的母象尿液中含有一種叫順-7-十二碳烯-1-醇醋酸酯（(Z)-

7-dodeceynl acetate）的化合物，可說是針對公象釋放的交配訊息，公象一聞到這泡性感的尿便會出現本能反應[3]；母山羊一聞到公羊的味道就會開始排卵，這種味道會沿著公羊頭上的毛向外散發（同時也是羊肉騷味的來源）[53]；雄性野豬的睪丸所產生的「豬烯醇」（androstenol）與「豬烯酮」（androstenone）也有同樣功能。豬烯醇聞起來有種霉味（至少對人來說如此），豬烯酮則類似尿騷味。這兩種化合物在野豬睪丸裡被製造出來後，在野豬體內會被運輸至一種特殊的唾腺。當公豬「性」趣大發時，這種特殊的唾腺便會分泌液體到口腔中，接著公豬會猛烈地咬合下顎、搖頭與噴鼻作響；如果牠碰巧正對著一隻母豬，牠所噴出明示著性慾的口沫氣息就能引發母豬的本能反應。[54]使動物本能地感到愉悅的氣味並不一定只跟性有關，例如名副其實代表動物凋亡的屍胺，對於腐食性的動物簡直就是福音，包含禿鷹、埋葬蟲與族繁不及備載的雙翅目昆蟲（例如蒼蠅）。由此可見，使某隻動物反胃的東西，其他物種的動物卻可能愛不釋口。而事實上，使某隻動物反胃的東西，也很可能讓同物種內的其他動物頗有同感。

松露產生的化合物有如香水，會吸引它們的目標動物。這款松露香水裡包含豬烯醇，也就是讓母豬聞到公豬性慾的兩種似固醇化合物之一；松露也有二甲硫醚的氣味，聞起來類似稍微腐爛的高麗菜[4]。光是松露裡的二甲硫醚就足以吸引野豬，而且即便濃度極低，野豬也能偵測到。[55]這好比一隻豬沿著臭酸高麗菜的味道（二甲硫醚）尋找松露，當牠越來越靠近目標，便會聞到越來越濃厚的性感豬味（豬烯醇），當牠抵達味道最濃之處，就可以開始挖地找松露。其實我們不知道當野豬在找松露時，牠到底想要什麼，是性愛？還是食物？還是這兩種事物帶來的複合感受？不過可以肯定的是這隻豬一定充滿喜樂。

現在人類更常利用狗而非豬來找尋松露，不過狗對松露並沒有天生的慾望，所以必須經過訓練才能辦到。反過來說，這正是使用狗兒的優點，因為狗找到松露後，可以用其他食物獎勵去強化牠的後天行為；但利用豬找松露的話，你就要跟豬搶奪這個牠覺得又美味又性感的食物。

前陣子我們一家一同去法國多爾多涅省（Dordogne）體驗採松露趣。多爾多涅省位於法國西南部，波爾多（Bordeaux）的東邊及圖魯茲（Toulouse）的北方。當然真正的松露獵人是狗，我們人只是跟著狗。據說世界上最優質的松露就長在多爾多涅地區（但是義大利人一定會說最好的松露在北義大利）。但我們此行目的不是來找松露，而是為了拜訪尼安德塔人出現過的洞穴與人類祖先群聚的考古遺址。考古學上發現的第一個尼安德塔人在二十萬前出現在多爾多涅。我們的人類祖先則較晚出現，大約於四萬年前演化自某個人屬的後代，並從中東地區開始遷徙[56]。至於我們家，則於二〇一八年出現在此地。

在多爾多涅所找到的尼安德塔人族群並不密集，但都居住了很長時間，超過四十萬年，因此在地層裡能找到許多尼安德塔人的遺骸與他們留下的工具。同時，多爾多涅地區可找到的最早人類遺骸與石器更是處處可見，因為大約三萬年前，法國地區的人類族群量大約是同地區尼安德塔人族群巔峰時期的十倍之多[57]。後來有些人類開始進行藝術創作，成就驚人。這些多爾多涅史前人類作畫的洞穴可說是一座史前羅浮宮，許多手印、指痕、古老的象徵符號、有神力的人類和動態中的猛瑪象、披毛犀與馬群等。我們夫妻醉心於這種史前藝術，就像野豬愛松露一樣。當我們身處史前洞穴深處欣賞幾萬年前的藝術家在岩壁上雕刻、塗繪或吹畫的作品，心靈就情不自禁地深受撼動，這些藝術創作才是我們到多爾多涅一遊的理由。俗話說，人為考古挖掘與洞穴藝術而來，但為美食與美酒而留。好吧，也許沒有人這麼說，但我們就是這麼做的，而我們過夜的小村莊，正是愛德華與卡蘿・阿諾夫婦（Edouard and Carole Aynaud）在長年環遊世界後，決定奉獻餘生打造松露繁殖和採集產業的地方。

在一個格外晴朗美好的週日早晨，我們來到他們家後面的一處果園，加入十幾位松露獵人組成的隊伍，一起跟隨著愛德華和他的狗嚮導。這隻狗已經被訓練成松露獵人，愛德華先帶狗走到果園裡的多處定點讓牠嗅聞，並先為我們打了預防針，說也有可能找不到松露，因為松露產期才剛開始不久，可能還不夠熟成讓狗聞到。但找不找得到松露對我們沒差，因為我們還是能自得其樂。羅伯的職涯中大部分的時間都在森林裡找稀有物種，例如某種像牛仔般騎在螞蟻背上的甲蟲，或是某種能把蜂蜜釀成啤酒的珍稀蜜蜂，而且大多時候這種稀有物種都找不到。通常在幾次失敗後找到獵物，也會特別令人振奮，至少我們常常這樣安慰自己，史前人類出門打獵卻空手而歸時，可能也會這樣安慰另一半（是的，我沒獵到任何動物，但我可以畫洞穴畫給你看）。

我們跟隨著狗兒採松露的地區，距離我們前一天自行探索的小山洞僅相隔了幾哩。想像過去幾十萬年間，不同的史前人類就在這塊土地上徘徊著，尋找他們最渴望的食物；而就在兩萬年前左右，他們開始利用犬隻當嚮導[5]。考古學家在知名的壁畫遺址蕭韋岩洞（Chauvet cave）東邊四百公里外找到兩萬六千年前的腳印，推測是一個八至十歲的小男孩與一隻狗或年輕的狼一起並行。雖然腳印背後的故事還不甚明朗，但它是兩個物種長久情誼的證據：狼與人互相成為彼此五感的延伸。在這段採松露的旅程中，我們的腳印就像史前小男孩的腳印，緊緊跟隨著狗兒。我們邊走邊想，只要夠靠近松露，應該就會聞到牠聞到的松露味了吧？但是在一片樹林裡，我們根本沒聞到任何暗示松露存在的氣息。於是我們深深吸氣，希望能更仔細地捕捉到一絲松露味。我們聞到腐葉、樹幹上的綠葉，甚至還有山谷下牛隻的味道，但完全聞不到松露。突然狗兒停下來，就是我們完全聞不出任何東西的那個地方，松露就在狗狗腳下。愛德華讓狗兒離開，讓我們的兒子用鏟子把松露從地下挖出來，一顆深色結成球狀的完美松露豁然出現在我們眼前。我們必須彎下身、靠近松露，才能聞到它的香氣。

可惜當時沒有拍照留念，不然大家就可以看到那隻狗因為尋得松露的功勞，享用牠的肉類獎勵品的畫面，而我們一群十幾個人則是彎下腰，屁股翹得老高，用鼻子努力聞著我兒子手中的那顆松露。它雖然沈默不語，但是成熟的球體以各種香氣吸引著我們。那天我們一起吃了一顆松露，可能是我們一起採的那顆，也可能不是（畢竟這位老闆一邊帶客人採松露，同時一邊賣松露）。我們刨了一些松露灑在麵條上，拌著橄欖油，滿懷喜樂地吃下。這種喜悅不是豬所感受的，也不是狗所感受的，而是一種全然不同的喜悅。

豬的大腦內建對松露香氣的喜好，但狗的大腦缺乏這種設定。如果讓狗自己選，牠不會因為想吃松露而找松露；狼也不會，其他犬科動物也不會。狗雖然聞得到地面下的松露，但松露對牠們來說一文不值，因此狗要經過訓練才會去找松露，訓練的原理就是讓狗學習建立獎勵品與松露的關聯，讓牠辛辛苦苦找松露去換一塊狗餅乾。我們感受松露的方式，則完全不同於豬或狗，豬跟狗即便對松露的天生喜好不同，但牠們都主要藉由鼻子嗅聞松露，不需入口就能感受松露香氣，這種感受方式稱為「鼻前嗅覺」（orthonasal，ortho-「在前面」的意思）；我們人類雖然也會用鼻前嗅覺感受松露香氣，但更多比例是接受松露帶來的「鼻後嗅覺」（retronasal）刺激，也就是松露的香氣在我們口腔中擴散到鼻腔後方的位置。

在進一步解釋人、豬、狗感受松露香氣的機制前，我們必須先介紹一下嗅覺的演化。脊椎動物的鼻子最早出現在魚身上，那種看起來很像八目鰻的魚（八目鰻就是現今淡海水領域皆有分布、嘴呈吸盤狀的魚）。第一個八目鰻風格的鼻子是沒有出口孔洞的一個小囊袋，裡頭有一層嗅覺受器，每個受器都站在長柄末端隨波擺動。演化上，早期的八目鰻具有不同類的嗅覺受器，幫助牠辨識海洋裡流動的少數味道（而非飄在空氣中的氣味）。雖然這種嗅囊構造很簡單，但它是所有脊椎動物鼻子的演化基礎。一段時間後，八目鰻的後代、也就是更接近現代魚類的動物演化出鼻孔（也就是你鼻孔的祖先），這個祖先鼻孔會讓水流入，但也備有第二個出水孔讓水流出，這個直流式系統讓魚在游動時更容易偵測到海水裡的氣味分子，每次游動都會帶來新鮮的氣味（相較之下，八目鰻的嗅囊裡頭的氣味可能有點腐爛）。隨著鼻子的構造越趨複雜，負責產生嗅覺受器種類的基因也越來越多樣[58]。新的基因製造新的嗅覺受器，也讓動物得以聞到新的味道。在第一個脊椎動物拖著凸肚與尾巴爬上陸地前，脊椎動物已經能辨識數百種不同的氣味了；當哺乳類出現時，這種小型、長鼻、像鼩鼱的動物已經能偵測上千種不同的氣味分子，以及這上千種分子排列組合所製造的無數氣味[59]。

無論不同物種間嗅覺能力的差異有多大，有些特徵是固定不變的，舉例來說，即便嗅覺受器的形態極為多樣，它們都仍是同一類型的受器，全都從鼻腔裡的黏膜層向外延伸，並向內連結神經細胞，因此可直達大腦底部的嗅球。嗅球是大腦在演化上古老而原始的區塊，我們甚至可以說，最早的動物大腦不過是鼻子加上後面連著的那一小粒嗅球。嗅球裡的神經細胞，有一部分會連結到大腦裡控制本能行為的區域，其他則延伸至產生意識與知覺的區域。所以當我們想起薰衣草、薄荷或是臭鼬的味道時，大腦負責意識的這個區域便在工作。

上述介紹的嗅覺系統與運作邏輯不僅適用於豬跟狗，也適用於人類，甚至刺蝟之類，不過不同物種的嗅覺也存在重大的差異。就以狗與人類顯而易見的差異為例，狗鼻子已特化成具有極強嗅聞能力，這種嗅聞可不是一般呼吸運動的吸氣，它比一般吸氣吸得更深，而且只在狗需要聞氣味時才會進行。《神經美食學》的作者戈登．薛普德在這本美妙的著作中提到[60]，狗在嗅聞時會先呼氣，讓鼻腔內的空氣經由鼻孔側邊的狹縫排出。當氣體通道變小，氣體壓力會變大，因此狗呼氣時會從鼻子噴出高壓氣體，擾動鼻子下的土壤與塵埃，使原本靜止的氣味分子飄到空氣中，狗接著快速吸氣並嗅聞著剛飄起來的氣體分子，當中大部分為氧氣、氮氣與二氧化碳。狗在嗅聞時，呼吸頻率會提高，努力嗅聞時每秒鐘呼吸次數可高達八次。嗅聞時空氣進入鼻腔的通道，並不是呼氣時使用的狹縫，而是鼻孔中央的腔室，因此吸入的空氣不會與排出的空氣混合。狗吸入的空氣來自兩個鼻孔附近各約十公分直徑的球體空間，此空間也被稱為「可嗅聞範圍」。此範圍裡的氣體分子被吸入後，會到達鼻腔內嗅覺受器所在的很長的區段，當中有上百萬個、接近一萬種不同的嗅覺受器，狗鼻子的結構是為了嗅聞這個世界而特化的，牠們連一粒灰塵都聞得出來。狗突出的鼻子吸入這世間的各種味道，不論腐爛還是甜美，不論是來自麝香腺、尿液還是肛門腺，牠們用嗅覺建構這個世界。

狗鼻子專為鼻前嗅覺而特化，而鼻後嗅覺的機制則與此大相徑庭。鼻後嗅覺是靠呼氣時辨認氣味，當氣體從肺部排出且嘴巴緊閉時，排出的空氣會先經過口腔裡的食物再到鼻子，然後排出。鼻後嗅覺對狗的感官體驗幫助不大，因為狗在咀嚼食物時，能經過口腔再流到鼻子的氣體分子相當少，也因此狗主要是靠味覺來品嚐食物，而不依賴味覺與嗅覺混合的複合感受[61]。狗的嗅覺敏銳度，是為了讓自己暢行於外在世界由氣味構成的阡陌縱橫，因此狗是最適合尋找松露的獵人，但卻不會對松露的滋味有任何綺想。

相較之下，人類的鼻子完全比不上狗鼻子，而且從很久以前就是這樣了。

大約七千五百萬年前，靈長類的親緣演化樹一分為二，一邊是原猴亞目（Strepsirrhini），演化出狐猴、嬰猴屬與其親戚；另一邊則是簡鼻亞目（Haplorhini），後來衍生出猴、猿、以及人。兩個分支群的差異隨著演化不斷增加。以視覺感官的差異為例，簡鼻類視覺敏銳度更被加強，有些支系表現在色彩敏銳度上，隨著其大腦負責轉化視覺訊息的區域擴大，簡鼻類也變得越來越依賴視覺，許多負責製造嗅覺受器的基因變得無用武之地，歷經幾個世代後就喪失了功能（變成「假基因」了）[62]。伴隨上述演化，簡鼻類的鼻子變小了（其名字的拉丁文*haplorhine*，意思正是「簡單的鼻子」）。猴子的鼻子與體型間的比例，相較於其他哺乳類算是小的，而人類的鼻子則更小，依人體體型計算，大約是哺乳類標準鼻子體積的十分之一[63]。簡鼻類在眼睛與鼻子方面的演化，導致了頭骨形狀的必然變化，人類在此方面的變化更是顯著[64]。哈佛大學古人類學家李伯曼認為，這種頭骨的變化與鼻前嗅覺的退化、鼻後嗅覺的進步有關[65]。

簡鼻類的視覺與嗅覺演化過程中，有些頭骨消失了[66]，這可說是不完美的演化過程所付出的代價，改造工程總會落下一些零件。其中一個消失的骨頭叫做「橫盤」（transverse lamina），是將口腔與鼻腔分開的長骨，就好像頭裡面口腔曾與鼻腔層夾著的樓板，失去它可能導致嗅覺的劇變[67]。相較於其他哺乳類，猴與猿的祖先在咀嚼食物或用舌頭翻弄食物時，突然之間，口腔裡的食物更容易被聞到，氣息也更強烈。這是藉由鼻後嗅覺與口腔聞到的，口腔裡的食物所揮發出的氣體，快速擴散到鼻腔裡。

「橫盤」（另一個拉丁文名字為 *lamina transversalis*）消失後，許多靈長目新物種出現，其中包含屬於猿類的大猩猩與黑猩猩，牠們發展出感受食物的新方法。狗在吃東西時，會先嗅聞食物再咬下，一旦食物吃進嘴巴，後續的感官體驗就變得單調，只能由舌頭接手描繪食物滋味的樣貌，舉凡酸甜苦辣或是鮮味皆然。不過，對於猴、猿、以及其他簡鼻類靈長動物來說，就不是這麼一回事了，牠們每一口吃進嘴巴的食物不僅帶有味覺刺激，也有嗅覺刺激。結合上述兩種感官刺激，再加上口感方面的觸覺刺激、以及其他錦上添花的複合感受，就是完整的風味（flavor）。在這種感官方式演化出來以前，風味的概念就存在了（不同的物種都有各自感受風味的方式），但彼時它並非今天人們所理解的形式。

人類祖先之一的南方古猿約在四百萬年前開始以雙腳行走，這個能力導致了後續一連串的改變。兩腳直立的南方古猿不再需要像狗一樣嗅聞腳踩的地面，牠們開始嗅聞臉旁的氣味、直接嗅聞空氣。這個現象也可見於黑猩猩與大猩猩，雖然這兩種人科動物不算完全兩腳直立，但比起許多靈長類動物，已經算是不太依賴以四肢站立了。上述現象被蘇珊・亞妮（Susann Jänig）記錄在她的博士班研究中，她為此研究長時間在萊比錫動物園（Leipzig Zoo）中觀察黑猩猩與大猩猩嗅聞的行為。她發現黑猩猩與大猩猩都會彎腰去聞地面上的東西，但是如果這些東西可以撿起來（而且不屬於其他同類夥伴），牠們就傾向把東西拾起，放在鼻子附近聞，不論是食物、落葉或是樹枝皆然；牠們也會伸手去觸摸這個東西，或其他黑猩猩與大猩猩，然後再嗅聞自己的手指[68]。如果聞起來味道還對勁，牠們會接著用舌頭舔舔看，食物在吃下去前都要先舔舔看，這個舔嚐味道的過程中，牠們便能感受一個包含味覺與鼻後嗅覺的風味。

雙腳行走的演化與生理構造的改變有關，例如鼻道相對軀幹的方向（以便讓空氣離開肺部）。以人類而言，呼出的空氣從肺部排出，脖子的角度必須能將呼出的空氣導引至鼻子，這當中呼吸道急轉的角度，與鼻子相對頭部的角度、脖子相對於軀幹的角度都有關；其他靈長類動物（包含黑猩猩與大猩猩）呼吸道轉折的角度，就不如人類這麼大。對此，丹尼爾・李伯曼猜測：急促轉折的呼吸道，會讓吐出的空氣如亂流般衝入口腔中後再升到鼻腔，大體實驗似乎證實了李伯曼的直覺[69]，呼吸吐出的空氣以亂流的形式在呼吸道中衝撞，可能會將口腔裡的更多氣味分子送進鼻子裡頭。

最後，兩腳直立的動物為了防止嗆到，在進食或食物在會厭軟骨前時，需要用手將食物直接送進嘴巴。李伯曼認為這樣的行為會增加鼻後嗅覺辨識氣味的時間。當食物在嘴巴中被嚼食時，舌頭會不斷推擠、翻攪食物，釋放其中的揮發性化學分子，與此同時，這些氣味分子就能被我們的鼻後嗅覺細細品味。

戈登・薛普德與丹尼爾・李伯曼一致強調人科（特別是人類）在嗅覺上比其他動物獨樹一格的關鍵，正是鼻子、頭部與軀幹在演化上的改變，這導致人類在辨識土壤裡氣味的能力比不上狗或者豬，但卻更能利用鼻後嗅覺感受食物風味[70]。風味涵納鼻後嗅覺、味覺、口感與其他感官所帶給人類的複合體驗，至今仍數布西亞－薩瓦蘭一八二五年的著作描繪得最為傳神。他的作品主要是描述現代人的感官經驗，但因為人類的鼻子與嘴巴四百萬年來沒有太多改變（至少與更久以前的演化差異比起來，算是沒什麼變），所以合理推測也適用於南方古猿、古代人類與尼安德塔人的進食經驗。

食物一旦入口，就會被緊緊抓住，它所含的氣體、水分和其餘成分，皆無處遁逃。嘴巴……就像是食物風味的黑洞，嘴唇則是防止食物逃離的守門員，牙齒負責咬碎食物，唾液負責將食物浸濕，舌頭則負責碾壓與攪拌食物。隨著類似吸氣的運動，食物團被推往食道方向，舌頭會先將食團舉起，並讓食團往內滑。我們的嗅覺系統，偉哉這個嗅覺系統……竟然能在此過程中，一個分子不漏地參透食物的風味。

無論身在森林還是餐桌，你與身旁的狗或是豬所感受到的世界都截然不同。我們也許在某些感官能力上不如狗或豬，但牠們的某些感官也不如我們。叫我們找松露，我們可能手足無措，但品嚐松露這事，我們可十分在行；狗兒雖然能輕易獵尋松露，卻無法體會松露的風味；豬雖然受內在慾望驅使而能尋得松露，卻不知其所以然。因此，松露讓我們看出人類嗅覺的獨特性，也揭示了不同物種皆有各自獨特的風味世界。有些人可能在回顧古代人類的研究後，發現這些人類不僅有獨特的烹飪傳統與料理特色，也具有品味食物風味的獨特能力，包含鼻後嗅覺。

因此，要了解人類演化與嗅覺的故事，一個關鍵的問題是：是否有某些味道自然而然就會吸引人類，就好比松露吸引豬？或是否有某些味道會觸發人類特定的行為？這是個大哉問。

也許當人類祖先吃過烤肉後，烤肉的氣味便能引發原始慾望，就像松露的香氣之於野豬。或者應該說，我們人類大腦能經學習而喜愛這類食物，但並非天生就喜歡它們。《食物與廚藝》的作者哈洛德．馬基在書中提到，黑猩猩、大猩猩與人類都喜歡的食物中，許多都具有複雜香氣[71]。類似結論也出現在不同化學化合物的近期研究，人類無論其文化背景、種族或地理位置，都傾向喜歡內容組成複雜的氣味[72]。也許我們的大腦容易經過學習而喜歡結構複雜的氣味分子，進而偏愛這些分子形成的複雜組合。中文裡有一個形容詞「濃」，用在食物上就是「豐富」的意思，林相如與其母廖翠鳳合著的《中國食譜》以「濃」來描述人類舌頭喜歡「多重味道帶來錯綜交織的感官刺激」。當我們的人類老祖宗學會控制火候時，他們也開始懂得改造食物，好讓食物產生更接近大腦喜歡的複雜滋味；與狗或豬相比，他們無疑更偏愛風味層次複雜的食物[73]。

有些氣味跟松露香氣一樣，本身的化學組成就很複雜；有些氣味則因為人類的料理方式而產生文化上的複雜性，例如烹煮肉類就是使食材單純的氣味變得複雜的方法之一。在中等溫度下，烹煮過的肉類的肌肉細胞會釋放出蛋白質、脂肪與酸類，這些分子經過各種合成或分解的化學反應後，變得具有揮發性，進而釋放香氣。烹煮過的肉類會出現水果香氣、花香、草味甚至堅果香氣；但在高溫烹煮下，不僅肉類，連蔬菜都會出現新的化學反應。食物的滋味經高溫烹調而變得截然不同，這個化學反應神妙到有個法國名字「梅納反應」（Maillard reaction）。

梅納反應是以法國醫師兼化學家路易斯・卡米拉・梅納（Louis-Camille Maillard）命名，他在一九一二年發表了這項科學發現[6]。梅納並不是食物科學家，他原本想研究生物體內胺基酸合成蛋白質的機制，為此他試著把胺基酸與醣類混在一起加熱，沒想到這個反應竟然產生全新的化合物，而且聞起來還很香。梅納的實驗意外地模仿了食物烹煮的過程，因為烹飪的原理就是將胺基酸與醣類一起加熱並產生新的化學化合物，其中包含使食物表面的顏色與質地改變的色素，這種色素會出現在煎成褐色的肉塊、烤硬的麵包表面、以及釀酒前烘培出香氣的發芽大麥。此化學反應不僅產生色素，同時也產生了上百種化合物，多數分子都小到能在空氣中傳播，因而讓我們聞到[7]。梅納反應雖然是遵守化學定律的化學反應，但神奇的是，這個化學反應至今仍有些不確定性與待解之處[8]。

每過幾年，就會有人從梅納反應中發現新的化合物，這類新發現在未來幾年還可能持續出現，因為高溫反應與發酵作用裡實在包含太多未解的神奇現象了。梅納反應所產生的複雜香氣，可在烹煮過的肉類中找到，這是比較顯著的案例，但它也可見於自然界中為了吸引動物來取食而演化的植物果實。

烹煮過的牛肉可以產生超過六百種氣味，但是水果或像松露一樣的真菌子實體也不遑多讓，例如草莓成熟時可以產生三百六十種化合物，覆盆子會產生兩百種，藍莓則會產生一百零六種[74]。也許麥吉說得對，我們人類天生就喜歡複雜的氣味；麥吉還可能說對了另一件事：「用火烹煮是料理關鍵，因為原本平淡的食材得以昇華成果香般的豐富滋味。」[9]烹煮的過程，讓肉類與蔬菜的滋味變得更有層次，許多動物性或植物性食材，原本在演化上並非供食用，但卻因烹煮而成為無法再更完美的食物，成為如同水果與松露一般、但具有完全不同風味的食物。

在科學上我們能確定的是，不論我們天生對水果、松露或是烹煮過的肉類有多渴望，這類飲食偏好都經過後天學習而被加強，或變得更精準。鼻子與大腦協同產生飲食偏好的學習能力是非常強大的。更有甚者，人類的大腦容量讓人類得以將世界上無數種味道一一分類歸檔。戈登．薛普德更認為，人類的大腦容量在幾百萬年來不斷增加，就是為了能將周遭環境的物種依照氣味進行分類，尤其是那些可以吃的物種[10]。

我們可以進行一個實驗：拿一小片薄荷葉並以手指搓碎，再將鼻子湊近聞，想像這當中分子量小的化合物如薄荷醇飄進你的鼻孔裡，接著與鼻腔裡懸掛的嗅覺受器結合並激活這些受器，此時，鼻子裡生化反應的啟動按鈕被按下，送出了一個神經訊息，一個電訊息，最後點亮大腦裡的一張氣味地圖。這張地圖位於你的嗅球表面，是張實體可見的地圖，由無數星芒組成，不同的氣味刺激讓嗅球上的星芒串聯成不同嗅覺路徑，在知覺的黑幕上閃閃發光[11]。

琳達．巴克（Linda Buck），也就是發現鼻子裡嗅覺受器運作機制的科學家（因此與理察．阿克塞爾〔Richard Axel〕一同獲得諾貝爾生理醫學獎），她認為人類可能可以辨識出一萬種不同的嗅覺路徑。這些嗅覺路徑是與生俱來的，因個體基因差異而有所不同，所以同卵雙胞胎的嗅覺路徑資料庫是一樣的，但我們感知這些嗅覺路徑的經驗，以及分辨不同嗅覺路徑的能力，則是後天學習而來的。我們必須依賴學習，才能將氣味與經驗連結起來，例如將嗅聞薄荷的動作與薄荷醇激發的嗅覺路徑連結。

我們對於嗅覺系統運作的認識尚嫌粗淺，因此用比喻的方式來解釋相關機制是最容易懂的（而且要用超直白的比喻）。我們所有的嗅覺受器就像一組鍵盤，每個氣味分子只會觸發某幾個嗅覺受器，就像是在鍵盤上輸入一組密碼[12]。不同的氣味分子會敲擊出不同密碼，進而在嗅球上激發不同的嗅覺路徑。有些氣味包含了不同的氣味分子，會激發複合嗅覺路徑，就像松露、草莓或是烤培根的香味。不過神經生物學家不會一開始就挑戰這麼複雜的氣味，就像萊特兄弟不會想在颱風天試開飛機。科學上針對單一化合物的研究是最透徹的，但要解釋單一氣味分子從鼻子觸發神經反應、再傳遞到大腦的過程，我們還需要另一個比喻，也就是圖書館書目系統。

圖書館隨著規模升級，軟體上也需要更有系統地管理書籍。不同的圖書管理系統中，最常被使用在書架的方式是依據書籍主題分類。每本書都會依照其主題與所屬科目，而有一系列的書籍索引卡。當圖書館的藏書越多，就會有越多書籍主題需要被分類。以「草本植物」這個主題為例，底下會有一個涵納各種薄荷的子科目，底下可再分出綠薄荷、野薄荷、法國薄荷等更細的科目。我們大腦歸納氣味的方法也很類似圖書管理系統。每當我們認識了一個氣味，大腦裡的氣味圖書館就多了一個索引主題，而跟隨這個氣味的記憶則成為此主題下的書籍內容。不過不同的圖書館可能會用不同的索引主題來歸類同一本書，兩個不同的人可能會以不同方式分類同一種氣味。

不久前，羅伯帶了一種味道異常惡臭的水洗式水牛乳酪到他的授課班級，讓學生們嚐鮮。有一位學生洪柴克（Zachary Ang）說他好似聞到動物園裡可愛動物區的味道，所以臭乳酪的氣味被洪同學歸類在可愛動物區這個索引主題之下，當然他的歸類方式不是很常見。另一個學生娜塔莉．米亞（Nathalie Mea）則覺得臭乳酪聞起來像常見的乳酪蘇打餅乾，但可能是某種新口味。不過在這次嗅聞經驗後，這兩位同學下次若再聞到羅伯帶的臭乳酪，可能就會在大腦裡的嗅覺圖書庫裡建立「臭乳酪」的索引主題。大腦這座神奇的圖書館可以隨需求增開新書架，擺放各式新主題書籍[13]。一般來說，當你越常接觸同一類氣味或其相關味道，就如同你在大腦裡新增了許多同類主題的藏書，這座神奇圖書館的書籍索引主題便會越分越細。專業品酒師之所以專業，就是因為他們不斷擴增腦中的嗅覺資料庫，藉由嗅覺練習而得以辨認更多氣味，並因此將酒香或酒味的種類越分越細，雖然這個圖書庫的分類科目再多，也不會多過嗅覺受器能製造的密碼。

不僅不同物種在大腦中建立的嗅覺資料庫有不同的分類方式，同一物種內的不同個體亦然。由此可見，大腦的嗅覺圖書庫其實是相當私密的，我們會用自己的方式來分類這個世界的氣味。不同品酒師即便有差不多的味覺與嗅覺辨識能力，但就如戈登．薛普德在另一本著作《神經釀酒學》中指出[75]，每位品酒師分類與描述酒香和酒味的方式幾乎都不同[14]。我們腦中的嗅覺圖書庫還有一個特點是因人而異，那就是所有的氣味都被我們評比過。隨著大腦能分類的氣味越來越多種，每一種氣味都帶著一連串由經驗書寫的附錄，也就是記憶。例如「薄荷」這個主題，會在多年經驗下累積許多嗅聞薄荷的記憶，每一段記憶不僅包含事件過程，也包含事件當下的情緒感受。因此你的大腦會依照喜好程度，也就是令你愉悅或不悅的程度，對聞過的氣味進行評比。你與身旁朋友的氣味評分表可能會很類似，但絕對不會一樣，因為這些評比都出自你的個人經驗，你的大腦就像是個內建的美食評比網站。

現在，讓我們用人類演化學的角度來看這個故事。如果直立人與其他史前人類會用火，他們大腦裡的嗅覺圖書庫可能會導致他們喜歡上煮熟的肉類或植物根。不過無論直立人會不會用火，他們的嗅覺圖書庫一定另有用途，因為直立人有遷徙的紀錄。每當直立人遷徙到新的棲地，他的嗅球會幫助他定義不同的棲地，例如沼澤聞起來是危險的味道，森林聞起來是快樂的味道，或也可能正好相反，這無從得知。因為嗅球，直立人得以認識每座沼澤、森林、或草原裡頭的各類食物，例如水果、種子與根，不同食物的風味被認識後，也得以在往後的幾年、幾十年、幾百年或幾百萬年，被眾多人類喜愛著。根據高畑由起夫團隊的黑猩猩研究，我們大概可以推測上述過程演化的速度。高畑的研究團隊駐點在非洲坦尚尼亞（Tanzania）的馬哈萊山脈國家公園，同時也是知名黑猩猩學家西田利貞常駐的地點。

西田最初拿農業栽種的水果去餵馬哈勒的黑猩猩，好讓黑猩猩們習慣他的存在，但自一九七五年開始，西田就不再提供水果給黑猩猩了（頂多偶爾給牠們一些甘蔗），並不是因為這些水果無法取得，只是西田不再主動提供。一九七四年，因為政府政策轉變，黑猩猩棲地附近的村莊與散居住宅不再有人居住，這意味著也居民也不會再照顧他們原本種植的水果，包含香蕉樹、芭樂樹、油棕櫚、柑橘樹、木瓜樹和鳳梨，大部分是喬木植物。一夕之間，黑猩猩坐擁這一堆果樹，再也不用擔心摘取果實時會有老婆婆揮舞著掃帚、或是有小孩對牠們斥喝咒罵。黑猩猩們很快就開始吃起香蕉，這也不意外，因為當西田來馬哈勒做研究時，他一開始就是送黑猩猩香蕉吃，比較老的黑猩猩對香蕉早已熟悉，但對其他水果就要花點時間適應。以芭樂來說，在一九八一年之前，就有一隻黑猩猩開始吃芭樂，隔年牠仍然會吃芭樂，且其他五隻黑猩猩也開始吃起芭樂，但大部分黑猩猩則是連碰都不碰。至於芒果，有隻五歲的公黑猩猩曾嘗試吃未熟的芒果，牠的哥哥跟其他黑猩猩也跟著試吃，但除此之外，芒果實在不是這群黑猩猩的最愛[76]。

最後我們來看看檸檬。一九八二年六月二十八日，馬哈勒裡其中一群黑猩猩裡的某隻母黑猩猩爬上檸檬樹，並且吃了一顆檸檬，同年六月，另一隻成年母黑猩猩也做了一樣的事；接著轉捩點發生在八月十日，有隻成年公黑猩猩吃了一顆檸檬，牠隔天再吃檸檬時，牠身邊那群黑猩猩也開始有樣學樣，不出一個月，就有二十隻黑猩猩有了吃檸檬的習慣，一年內又增至四十隻黑猩猩。隔年，檸檬依舊流行，黑猩猩會先用牙齒把檸檬咬成兩半，再用腳抓著檸檬末端伸到嘴邊，然後用嘴巴擠出檸檬裡酸甜的汁液與果肉[77]。用威廉・卡洛斯・威廉斯（William Carlos Williams）的詩作換句話說，黑猩猩覺得檸檬很好吃，看牠們手上仍拿著吸到一半的檸檬就知道。當黑猩猩遇到檸檬樹時，牠們能聰明地從樹叢中辨認出檸檬樹，也能從不同水果中找出檸檬；牠們還學會欣賞檸檬的芬芳，欣賞與檸檬滋味

圖3-2　國會圖書館的索引分類系統。每張索引卡依據其書籍主題被層層分類。

有關的氣味，以及在一棵偌大的檸檬樹下與同伴們剖檸檬、握著檸檬並沈醉於檸檬的風味。就如同黑猩猩般，古代人類會不停地學習欣賞新的氣味與味道，可能來自沒吃過的水果，或葉子，或昆蟲，甚至貽貝。這些新的氣味與味道可能藏在未被發現的食物中，但可以使用棍狀工具挖掘出來。古代人類能在敲碎堅果後認識其富含油脂的香氣與味道，或是下水發現藻類後認識這種水面下的風味。棍棒宛如魔法，讓這些陌生的氣味從堅硬的果皮或是水中被釋放出來，而不同的食材處理方法便應運而生。

當我們的祖先學會處理食材後，便創造了一個新的味覺世界。我們已知古代人類懂得切碎與磨碎食物，其實光是切與磨就能釋放出食材的氣味與味道，但其程度有限。而當火出現後，一切都不一樣了。如前所述，人類開始用火的時間尚未定論，故沒有人知道這個新的味覺世界是何時被創造的，但很可能早在尼安德塔人到法國多爾多涅地區時就發生了。在地球暖期時，尼安德塔人似乎已開始用火烹煮肉類，他們煮過西方狍（roe deer）、黇鹿（fallow deer）、野豬與歐洲馬鹿（red deer）。這些動物的肉經過火煮後，都會產生複雜又芬芳的香氣與味道，就像水果一樣。尼安德塔人可能受到這些香氣的吸引。[15]當現代人演化後，他們更加利用味覺來探索周遭環境，也發現了從既有食材製造新氣味與味道的方法。我們推測，在這個過程中他們學習了如何分辨食物在各種烹調狀態下的氣味與香氣，而且發現自己特別喜歡某些烹調狀態產生的味道，這樣的飲食偏好導致了世界的改變。我們將在下一章談到，這些飲食偏好的演化可能是某些物種滅絕的濫觴[16]。

# 4 餐桌上的大滅絕

人類具有的記憶、判斷以及其他心智能力及熱情，各種野獸在某種程度上全都具備；但沒有一種野獸能當廚師。

——詹姆士．博斯韋爾，《約翰遜傳》（*The Life of Samuel Johnson*）

美食家有辦法從鷓鴣*腿肉的風味中，區分那是鷓鴣躺下時靠地表的腿還是另一側的。

——布西亞—薩瓦蘭，《味覺生理學》

* 譯註：原文為 partridge，而引用的著作法文原文為 perdrix，推斷最有可能是在歐洲／法國可作為野味的物種，灰山鶉（perdrix grise, *Perdix perdix*）或是紅腿石雞（perdrix rouge, *Alectoris rufa*）等；但是因為在華語圈料理烹飪相關的文章中，partridge 一詞通常用「鷓鴣」翻譯，故此處沿用料理烹飪圈慣常使用的翻譯，即使在分類學中「鷓鴣屬」也常指不同於前兩者的 *Francolinus* 屬鳥類。

最近，我們造訪了離墨西哥邊境只有十英里的亞利桑那州南部地區。在那裡，我們開始沉思起一種奇特的風味，那就是猛瑪象（mammoth）肉的風味。乍看之下，猛瑪象肉的風味似乎跟亞利桑那州或任何其他地方的日常生活都扯不上什麼關係。但其實不然：猛瑪象肉是種象徵，象徵著那些我們曾熱愛到將其趕盡殺絕的風味。

我們那時待在巴塔哥尼亞（Patagonia）一座過去以採礦起家的小鎮。這座小鎮現今最聞名之處，或許是吉姆·哈里森（Jim Harrison）曾在此居住過。這位獨眼作家創作小說（最知名的作品是《真愛一世情》〔*Legends of the Fall*〕）與詩歌，對於文字和食物的熱愛都同樣著名[1]。我們在巴塔哥尼亞的期間，健行、思索、吃喝、探索樣樣來。那裡是美國生物多樣性最高的地區之一：在環繞巴塔哥尼亞的山中，棲息著上百種鳥類，也有美洲豹、黑熊和大角羊出沒。

有天，羅伯決定帶上我們的兒子沿著索諾伊塔河（Sonoita Creek）邊散步。這條河的河道有某些部分在地面上，某些部分則鑽進地下。他們倆散步的那段河岸，靠近讓我們借住的博物學家兼作家，蓋瑞·納卜漢（Gary Nabhan）的家附近。他們走在乾枯的的河床上，河水潛伏、流動於腳邊的地底下。他們在散步途中發現了領西貒（collared peccary）活動的蹤跡，除了蹄印之外還有這些形似野豬的動物嗅聞、磨蹭並翻找埋在乾枯河床表土中的美食的痕跡。他們聽見了白頸渡鴉（Chihuahua raven）的啼聲（聽了叫人很難忍住不應聲——他們也的確這麼做了），還找到了霉味很重的狐狸窩。在接下來的日子裡，他們還看到了郊狼的行蹤、目擊了領西貓出沒、並觀察到十來隻老鷹在等待老鼠的動靜。即使此處景色充滿野性，現代作家也經常描寫，但這裡更引人注目的一點，卻是某個事物的缺席。當我們的兒子撿起一塊薄石片時，這東西的缺席變得更加明顯：那石片可能是人們親手製作工具時從石頭上敲下的碎片，甚至可能是一只矛頭。從那石片在河床裡的位置研判，它的年代可能有上萬年之久，是過去某人試圖飽餐一頓的舉動所留下的遺跡。

要了解這裡的地景環境，必須先稍微認識河流的家譜，知道哪一條河衍生出了哪一條河。在這環境中的河流，自古以來便扮演了眾多事物之間的連結。索諾伊塔河並不是一年到頭都有水流：將其描述為一座淺谷可能更恰當。在固定的季節中，淺谷裡會有水流入聖克魯斯河（Santa Cruz River）：聖克魯斯河接著會注入希拉河（Gila River）。在亞利桑那州南部，希拉河是唯一主要的河流。希拉河往西南流，到達亞利桑那州的西南角後注入科羅拉多河（Colorado River）：這條河在加利福尼亞灣北端，流入如今幾近乾涸、位於墨西哥境內的科羅拉多河三角洲。在巴塔哥尼亞的東方，另一條稱作柯里淺谷（Curry Draw）的淺谷，經由聖佩卓河（San Pedro River）連接到希拉河。在柯里淺谷中，考古學家萬斯·海內斯（Vance Haynes）發現了比石片更令人驚嘆的東西。

海內斯在那裡發掘了一處考古遺跡，並在遺跡中找到長得出奇、被稱為「克洛維斯」（Clovis）型的矛頭：這名稱來自於新墨西哥州的克洛維斯小鎮。這些克洛維斯矛頭深埋於河岸的地層中，在某處凹岸的一層黑土底下被發現（我們的兒子也是在同個地層底下發現那塊石片）。跟這些矛頭一同出土的還有其他石製工具，跟世界各地的舊石器時代人類宰殺哺乳動物所用的工具相仿；此外，還有好幾座爐床和十三具猛瑪象的象牙和骨骸[2]。萬斯·海內斯和其他考古學家後來還在聖佩卓河沿岸的另外五處地點發現了克洛維斯矛頭，以及更多遠古哺乳動物骨骸，有些上面還有宰割以及火燒烹煮的痕跡。這些遺址都位於遠古人類所聚集的河岸地帶。集合起來，就成為人們窺探美洲舊石器文化生活最重要的管道。關於克洛維斯人、他們的偏好及對後世的影響，這些遺址是最棒的研究地點之一。

現在多數的考古學家都同意，克洛維斯文化並非美洲最早的文化，還差得遠了。如今，在美洲各地都陸續發現比最早的克洛維斯矛頭年代更久遠的考古遺址。舉例來說，在墨西哥中北部高原地區的奇基維特洞穴（Chiquihuite Cave）中，發現了一個新的遺址，最晚在三萬年前就曾有人類居住過。在那座遺址中發現了一千九百多塊古老石製工具的殘骸，人類居住的期間橫跨上萬年。[78]在諸如智利沿岸等地方，也有找到類似的古老遺址。但它們目前的數量仍然仍太過稀少，彼此的連結也太薄弱，無法清楚描繪出最初來到美洲的人類族群的樣貌。從一萬五千年前開始、年代較為晚近的前克洛維斯（pre-Clovis）文化遺址數量更豐富，記載也更詳盡[79]，但它們帶來的謎團仍然比解答還要多。很難知道這些人是經由什麼路線進入美洲的。也很難知道這些人進入美洲之後的遷徙路徑是什麼樣。但我們知道的是，這個（或這些）人類族群既是狩獵者也是採集者[80]。我們也知道，隨著這些人類一邊狩獵採集一邊遷移，他們接觸到了一片祖先未曾見過的新天地（也跟他們的後代將認識的世界極為不同）。那個世界充滿了各種動植物，也充滿了那些動植物的風味。這就是人類發現美洲新大陸的經過。

人類族群最初到達美洲的時候，包括尼安德塔人在內的各種人類，在歐洲和亞洲獵捕動物已經有幾十萬年的歷史，如果將遠古人類也算進去，就有將近一百萬年歷史。在歐洲，那些可供人類食用的動物在經過漫長歲月之後，已經學會了畏懼人類，而且也越來越稀少。相較之下，出現在最初的美洲人眼前的那群動物沒見過人類、不知道他們長矛的威力，而且數量豐富。布西亞—薩瓦蘭曾說，品嚐一道新料理「帶給人們的幸福，比發現一顆新的星球還要大」，而在此，人們眼前出現的各種潛在的新料理，簡直像是一整片太陽系。最初的美洲人在北美洲所接觸到的大型哺乳動物種類，是現今在非洲野生動物保護區的三倍之多。再往更南邊走，甚至還有更多的物種在等著人們發現。

前克洛維斯文化的美洲人花了上千年探索這片全新的飲食太陽系。他們狩獵，並使用各式各樣的石製和骨製工具。舉例來說，最近人們在華盛頓州的馬尼斯（Manis）遺址中的一座池塘底部，發現了一萬三千八百年前的一具乳齒象（mastodon, *Mammut americanum*）骨骸，有根肋骨被一片骨製的矛頭刺穿[81]。到了一萬三千年前左右，隨著氣候逐漸暖化，克洛維斯文化也開始發展，這種文化的最大特徵是一種風格獨特的「克洛維斯矛頭」。

人們製作這些克洛維斯矛頭，用來更有效率地殺死巨大的地懶（過去在北美洲有五個物種的地懶，還有其他物種生存在更南邊）、猛瑪象或乳齒象等動物。有了這些矛頭，克洛維斯人開始專精於獵食大型動物。這樣的專一性，是在大型哺乳動物隨處可見的時候才享有的福利[82]。從阿拉斯加到北卡羅來納，到墨西哥的某些地區，都有克洛維斯人狩獵大型哺乳動物的蹤跡，橫跨的區域極為廣闊。考古學家蓋瑞・海內斯（Gary Haynes）（跟前面提到的萬斯・海內斯沒有親戚關係）和傑洛德・哈特森（Jarod Hutson）表示，大型哺乳動身上有克洛維斯矛頭的遺址，數量多到「令人瞠目結舌」，尤其這些遺址多半位於遺骸容易被沖走的空曠地區，考量到克洛維斯人通常在一個遺址待的時間都不長——不是幾個禮拜或幾年，通常一個地方只待幾天而已，這就更令人嘖嘖稱奇了[83]。

這些美洲巨獸被克洛維斯矛頭殺死之後，肯定提供了人們大量的肉可食用。就像他們的前輩一樣，克洛維斯人並不只吃大型哺乳動物的肉。比方說，在某些遺址的克洛維斯人會吃山楂果（hawthorn）[84]。某位考古學家假想過，克洛維斯人可能曾經坐在爐火邊，邊談天邊將山楂果的種子吐進火中（山楂果種子就是在爐床中發現的）。但是跟世界上絕大部分的其他考古遺址比起來，克洛維斯文化遺址都更加以大型哺乳動物的骨骸為主。尼安德塔人常常被描述為食肉專家。某些歐洲遺址中的證據顯示，尼安德塔人吃的肉，比當時住在同地區的鬣狗吃的還多[85]，但是尼安德塔人飲食中找到的植物殘渣，還是比克洛維斯人的飲食中找到的多，雖說尼安德塔人生存的年代比克洛維斯人早了好幾萬年，植物殘渣可能有更長的時間分解消失。但不可否認，克洛維斯人真的超會吃肉。

克洛維斯人吃的肉，大部分都是煮熟的。他們的烹飪技術肯定很精良。到了聖佩卓河沿岸的聚落開始出現的年代，人類烹飪的歷史已經起碼長達十萬年，或可能更久[86]。這確實給了人類很長一段時間去練習烹煮食材並享用熟食，讓人類經由大量的試誤學習，研究什麼樣的火候最適合、什麼樣的樹枝最適合叉起肉塊、肉要加熱多久最理想等等。

圖4-1 一系列克洛維斯矛頭的照片。可以注意到，即使這些矛頭的形狀大致上差異不大，大小卻各自不同，用來製作矛頭的石頭種類也不同。舉例來說，在我們所住的北卡羅來納州出土的數百個矛頭，幾乎全部都是由州境正中央一座小山（幾乎只是個小土堆）其中一面山坡上的石頭做成的。對於所吃的肉和使用的工具，克洛維斯人都是好惡分明。

不論對克洛維斯人、他們的祖先、或是跟他們同時代的人類來說，各種形式的烹飪都需要精通專門技術。這些人有辦法製作需要多個步驟才能完成的工具。他們會蓋房子並處理皮革。他們知道如何將矛頭裝上矛身，並製作用來拋擲長矛標槍的投槍器。他們能對話溝通、互相學習。烹煮食物和製作工具一樣，謹慎細心是必須。他們有自己偏好的風味，也會用自己偏好的方法來獲取那些風味。那些代代相傳的食譜，也許並不像道地的法國卡蘇來砂鍋（cassoulet，一種白豆燉肉）需要花上八天準備那樣複雜，但幾乎肯定比我們看到骨製和石製工具時，通常會想像的製作程序還要繁複。在西元前七百年的史詩《伊里亞德》（*Iliad*）中，荷馬描述希臘祭司宰殺牲畜供奉阿波羅（Apollo）的過程。他們供神時烹煮牲禮的方法，跟我們想像中克洛維斯人烹煮野牛（bison）等動物的方法差不多。他們會：

> 將（牲畜）剝皮後，將肉從大腿骨上切下並包覆在脂肪中……用劈開的乾柴燒起烈火、將肉置於火上燒烤、將閃耀著光澤的酒淋在肉塊上，同時年輕男子們（……）在一旁手持五尖頭的叉子。他們將骨頭燒盡、品嚐過內臟之後，便將剩下的肉切成小塊、叉在肉叉上，細心烤得恰到好處後從火源上移開。[3]

我們並不知道克洛維斯人是否有酒（在某些遺址，他們確實曾生活於葡萄藤生長之地），但除此之外，這樣的情節也有可能曾發生在一萬二千年前的北美洲西南部，或起碼是情節中的一部分[4]。他們也可能曾用其他方法烹煮食物。克洛維斯人的後代最終開始使用炕窯緩慢地烘烤食物、用燒熱的石頭將食物（放在地上挖出的洞中）在滾水中煮熟，或是綜合使用炕窯和熱石將食物蒸熟（三萬多年前法國北部的人類也使用過類似的方法）[87]。但目前還沒有證據顯示克洛維斯人曾經烘烤、水煮或蒸熟食物。說起來，也沒有證據顯示克洛維斯人曾完整、徹底地利用他們殺死的動物（就像比他們早了好幾萬年、在歐洲的尼安德塔人那樣）。大多數時候，他們似乎並沒有把骨頭打碎以取得骨髓、或是將骨頭拿去燒烤。他們也沒有把每隻獵物的肉都吃乾抹淨，他們所生活的，是一個物產與風味都相對豐饒的環境。

我們很難不好奇，這些克洛維斯人在古代所吃的肉的風味究竟如何。我們對他們的菜單是略知一二，那裡頭肯定包含了猛瑪象、乳齒象、嵌齒象（gomphothere）、野牛和龐馬（giant horse）。此外還可能包括傑氏巨爪地懶（Jefferson's ground sloth）、大型駱駝、恐狼（dire wolf）、短面熊（short-faced bear）、平頭豬（flat-headed peccary）、長鼻猯（long-headed peccary)*、貘(tapir)、大型羊駝、大型野牛[5]、罕角駝鹿(stag moose)、灌木牛(shrub-ox),和林地麝牛(Harlan's muskox)。其中有很多動物的骨骸,都曾在克洛維斯遺址中或是附近被發現。牠們的肉是什麼樣的風味,很適合作為餐桌上的話題,但有趣的地方還不止如此。在克洛維斯人到達亞利桑那州或北、中美洲其他地方的同時、或是稍晚之後,他們所食用的動物很多都滅絕了。美食作家有時候會討論失落的風味。他們會慨嘆再也無法嚐到古羅馬時代的草藥希爾非恩(Silphium)†、或是某些特定種類的蘆筍,但這是兩件不同的事情。如果把克洛維斯菜單上的物種全寫在黑板上,那簡直就像在記錄一整片失落的世界[6]。

在一九六〇年代,隨著人們發現越來越多諸如莫瑞溫泉(Murray Spring)的考古遺址,並發掘出克洛維斯矛頭、大型哺乳動物的骨骸以及帶有人類宰殺痕跡的骨骸,沒過多久,就有人開始發現了其中不尋常的關連。

* 譯註:此疑為「長鼻猯」(long-nosed peccary)的誤植。
† 譯註:英文又稱 laserwort、silphion;中文常譯為「羅盤草」(Silphium),但那是一種現存於美洲的菊科植物,兩者並不相同。

一九六七年，保羅・馬丁（Paul S. Martin）提出一個假說，主張因為克洛維斯人使用了高效率的狩獵工具獵殺並食用那些相對沒有防備的動物，牠們才會走上滅絕之路[88]。身為地質學家的馬丁提出此一假說時，已經在亞利桑那州巴塔哥尼亞以北不遠處的沙漠研究所（The Desert Laboratory，後又名「卡內基沙漠植物研究所」Carnegie Desert Botanical Laboratory）工作了數十年。在工作期間，他開始思考在美國西南部可發現的物種，在過去兩萬年間經歷了什麼樣的改變。他很清楚有哪些動物滅絕了、哪些動物存活至今。而馬丁主張，存活下來的動物大多是較小型的物種（老鼠及浣熊等），或是有其他方法堅持至今的較大型動物族群。在古巴、伊斯帕紐拉島（Hispaniola）和波多黎各等地，都曾經有地懶棲息，直到八千年前左右人類到來為止。在其他更小、人類更晚進駐的島上，牠們甚至撐了更久。此外，在楚克奇海（Chukchi Sea）中、位於俄羅斯和阿拉斯加之間的弗蘭格爾島（Wrangel Island）上，猛瑪象更是存活到了西元前兩千年。特別值得一提的是，即便受到氣候變遷的影響，牠們仍得以在一座沒有人類居住的島上繼續存活下去。直到人類抵達弗蘭格爾島，島上的猛瑪象也隨之消失。

北美洲大型動物群（megafauna）的滅絕，或多或少符合麗諾爾・紐曼（Lenore Newman）在她的著作《失落的饗宴》（*Lost Feast*）中稱為「餐桌上的大滅絕」的現象：那些動物滅絕事件，起碼部分肇因於人類的飲食偏好[89]。這並不是最後一場餐桌上的大滅絕。人類遷徙至世界各地的島嶼之後，總是一次又一次地將那些島嶼上體型最大的動物獵食到滅絕殆盡。人類剛抵達紐西蘭時，發現了十一種巨大而不會飛的恐鳥（moa）。這些鳥應該是很好吃，因為牠們很快就被獵捕到一隻不剩了。度度鳥（dodo）據說也十分味鮮肥美：牠們沒有鴿子或是鸚鵡好吃，但也夠好了，而且數量也夠豐富——直到人們把牠們獵殺光光為止[90]。模里西斯（Mauritius）島上有一種不會飛行、毫無防備能力的紅秧雞（red rail），吃起來味道像烤豬一樣[91]。人們老是不斷獵捕好吃的物種，直到牠們的數量變得稀少。而當牠們變得稀少後，物以稀為貴，價值更高的珍稀風味讓人們獵捕得更凶（像目前某些鱘魚正面臨的狀況一樣）[92]。

美洲所發生的事件，大概也不是歷史上第一場餐桌上的大滅絕。到了克洛維斯人開始製作矛頭的時候，許多歐洲的大型野獸已經變得十分稀少，甚至已經滅絕（例如長毛犀牛〔woolly rhinoceros〕、真猛瑪象〔woolly mammoth〕、大角鹿〔Irish elk〕和穴熊〔cave bear〕等等）。因為飲食偏好而導致的物種滅絕或瀕危，甚至不一定是人類所造成：在烏干達基巴萊國家公園（Kibale National Park）的努迦（Ngogo）研究區中的一個黑猩猩族群，發展出了獵食紅疣猴（red colobus monkey）的偏好。而近期一項研究發現，這種猴子因此在黑猩猩密度高的地方變得十分稀有[93]。

在北美洲大型動物群滅絕後，整個生態系隨之改變：能夠啃食小樹苗的物種變少，於是草原逐漸轉變為森林、火災變得更為頻繁[94]。克洛維斯人的文化也變了：不同的族群之間變得更加隔絕、武器變小、變得更為精緻，不同地區之間的差異越來越大，也反映出不同族群的飲食差異。在某些地方，兔子取代了猛瑪象的地位，而在其他地方則是由烏龜或鳥取而代之。最終，克洛維斯矛頭跟它曾經於上百年間一再刺殺的大型動物一樣，也走上了消失無蹤的命運。

至今已經有上百甚至上千篇科學論文，討論在美洲以及其他地方的大型哺乳動物滅絕事件中，人類扮演了什麼角色。大家不情不願勉強得出的共識似乎指出，大型動物群的滅絕部分受到氣候變化影響、部分受到過度捕獵影響（即使還是會有人對此共識有所抱怨）。對某些物種來說，氣候變化可能是主要或甚至唯一的原因[7]。對另外一些物種來說，過度捕獵是主要的原因。而對大部分的物種來說，兩者皆有影響[8]。這個問題跟很多其他的重大科學問題一樣，答案依條件而定（有時這樣、有時那樣），要解答也總是需要經過一番苦戰。人類喜歡非黑即白的答案，科學家也是人，自然也不例外。但是生態環境和古代人類的世界中，非黑即白的事情很少。若真的要說克洛維斯文化的故事中有什麼稱得上非黑即白，那就是他們曾經食用的物種。即使在最大型的哺乳動物物種變得稀有之後，克洛維斯人似乎還是不符比例地大量獵捕這些動物。就算克洛維斯人獵捕大型動物的偏好只是造成大型動物群滅絕的原因之一，這些偏好也肯定曾扮演重要的因素。

生態學家喜歡用所謂「最適覓食」（optimal foraging）的理論，來解釋掠食者、狩獵者和採集者如何做出決定和選擇。最適覓食理論以「以最小成本達到最高效益」（best bang for your buck）的觀點看世界，而計算效益的方法永遠是熱量。最適覓食理論預測：狩獵者會試圖最大化一天內所獲取的熱量，所以通常會選擇花時間尋覓耗費最少力氣獵殺、又能提供最多熱量的獵物。但是這樣的模型假設人類（和其他動物）全憑理性行事、能夠清楚掌握各種獵物所含的熱量，而且只在乎熱量。這些假設全都不符合現實，特別是在狩獵這件事上。舉例來說，在許多文化之中，男性狩獵者花精力殺死獵物所耗費的熱量，比理想中的預測值還要多。除此之外，這些男性較常狩獵的季節，也正是可以採集到的根莖類、水果、莓果或是蜂蜜等食物豐富的季節。換言之，他們在較不需要靠狩獵而來的肉類維生時，反而狩獵得更為頻繁。基於這樣的認識，有些人類學家下了結論，認為狩獵不只是為

圖4-2　班・凱爾（Ben Kaiel）所假想的猛瑪象肉的不同部位。

了獲取最多熱量，往往也是陽剛的男性展現男子氣概的機會[95]。但是獵人會去捕捉以熱量來論並非最佳選擇的獵物，並不是只為了炫耀耍威風而已。如果某些動物在煮過之後風味絕佳無比，另外一些則噁心至極呢？

我們在亞利桑那州巴塔哥尼亞小鎮參訪克洛維斯遺址（並在餐廳大啖在大型動物群滅絕後變得常見的小型哺乳動物）的同時，開始思考克洛維斯人的菜單上那些失落的風味，以及什麼能給舊石器時代人們帶來愉悅。我們開始查詢，有沒有任何人類學家或其他科學家曾經研究過現代狩獵採集者對各種肉類風味的偏好。我們原本希望將這些研究中所記錄的偏好與遠古人類的風味偏好做個比較。但結果呢，基本上這類研究根本不存在，唯一一個例外，是一篇由傑瑞米．柯斯特（Jeremy Koster）所發表的研究。

二〇〇四年，柯斯特在進行博士研究的時候，前往尼加拉瓜東岸的阿朗達克（Arang Dak）及蘇馬皮皮（Suma Pipi）聚落進行調查：瑪揚那（Mayangna）及米斯基托（Miskito）兩種原住民族在這兩個聚落中共同生活。這兩群人說著彼此相關聯的語言，其共同祖先在西元前兩千年左右，就已經定居在今日尼加拉瓜的大半土地上[96]。我們並沒有證據相信，瑪揚那人和米斯基托人的行為是選擇直接承續他們四千年前祖先的文化，更別說是更早期、在克洛維斯文化的年代居住於北方的祖先了。但就像所有古代獵人一樣，瑪揚那人和米斯基托人都必須決定要追捕、獵殺並食用哪些動物物種。柯斯特想研究的正是那些決策過程。過去關於尼加拉瓜東岸的狩獵族群的研究，就像其他關於現代狩獵採集者及克洛維斯人的研究一樣，基本上都假設人們的覓食行為是「最符合效益的」。但最適覓食理論並沒有辦法完全解釋柯斯特造訪這兩個聚落時所觀察到的現象。舉例來說，獵人們有時似乎會刻意忽視一些相對容易獵殺的獵物，包括大型獵物在內。大食蟻獸的體型碩大、相對容易捕殺，但是幾乎從來沒有人吃牠們。柯斯特猜想，這些傳統獵人的決策過程可能比最適覓食理論所假想的更為複雜。他好奇，這些獵人是否會花較少精力去獵殺那些風味不受喜愛的獵物。柯斯特認為，狩獵採集者就跟我們這些人沒兩樣。他們選擇吃什麼動物，取決於哪些動物容易找到、容易獵殺，**也**取決於哪些動物**更好吃**——或起碼不難吃[9]。這項區別聽起來似乎很小，或者說難聽點似乎是理所當然。但這卻是其他學者在研究獵人行為選擇的時候，都未曾考慮過的觀點。因此，柯斯特決定請這些人描述他們所獵食動物的各種風味[97]，作為一項更廣泛的研究計畫中的一環。

柯斯特花了一年的時間，跟在阿朗達克及蘇馬皮皮聚落的獵人身邊，訪問他們及其家人對於所獵

**圖4-3　一位米斯基托人女性正在處理駝鼠肉，這是當地最受歡迎的料理之一。他們處理駝鼠的方法很簡單，就是插在竹籤上連毛皮一起火烤。上萬年來（也可能比上萬年更久遠得多）人們就是這樣子料理哺乳動物的。**

殺、食用的動物肉類的相關經驗。他整理出一張排名表，列出各種常見的鳥類或哺乳動物相對的風味好壞以及烹煮難易度，有點像是森林版本的美食評比網站 Yelp＊（評分請參見圖四之四）。他也算出各種哺乳類以及常見的鳥類需要耗費多少精力尋獲並獵殺。如果柯斯特隨行訪問的這些人是基於獵物能提供多少熱量、需要花費多少能量以獲取那些熱量等判準，計算如何達到獵食行為的最大效益的話，他們應該會優先獵殺食用那些容易找到、殺死並處理，而且提供很多熱量的動物。某方面來說確實如此：他們比較常吃容易發現且易殺的大型動物，而較少吃體型較小、難找又難殺的動物。這算是某個版本的最適覓食策略。但獵人們所做的各種決定，並不全都能用最適覓食理論來解釋。

獵人們會特別花力氣去獵殺一些他們不喜歡的動物，像是山獅和美洲豹貓等被獵人視為競爭對手的物種。他們殺死這些貓科動物之後，並不一定會吃牠們的肉[10]。有鑑於馬丁提出的過度狩獵假說，如果克洛維斯人也曾經獵殺掠食性動物（確實有一些證據顯示他們曾獵殺劍齒虎和狼）[98]，即使他們並不食用這些動物，也可以部分解釋為何大型肉食動物會如此迅速滅絕。但是故事還沒完呢。

＊譯註：Yelp 是一個讓使用者能對餐廳等場所給予評價的美國網站平台。

柯斯特觀察到，獵人們無時無刻不在找機會追捕那些他們口中風味最好的動物。白唇西貒、領西貒（就是我們在亞利桑那州巴塔哥尼亞鎮看到過的那個物種），和駝鼠*等動物的肉，是他們最愛的其中幾種。他們只要一發現這些動物，百分之百必定會去追捕。看來西貒或駝鼠要在尼加拉瓜東部安居是大不易啊。這個現象或許也可以用這些動物容易捕獵、並且可以提供大量熱量等原因解釋（也就是以最適覓食理論解釋），但是就柯斯特個人的觀察來看，獵人們追捕這些美味的動物時，總是帶著更多興奮及期盼。相反地，柯斯特觀察到這些獵人即使發現一個地點有貘出沒，也不一定會去追捕。雖然貘很容易獵殺，也能提供很高的熱量，但是風味的排名卻十分普通（柯斯特說貘肉吃起來像粉筆一樣）。

柯斯特無法確切證明，獵人們追捕那些最美味的動物所花的精力比最適覓食理論所預測的還要多（他提得出的證據沒辦法讓自己滿意，也沒辦法讓同儕們滿意），但一切看起來似乎真是如此。柯斯特能夠證明的，是獵人們會避開某些風味不佳的動物。他們在發現相對容易獵殺且常見的吼猴時，會去獵捕牠們的可能性只有十分之一，吼猴肉並不受青睞。

* 譯註：又稱為「無尾刺豚鼠」。

整體而言，每位柯斯特的受訪者的食物偏好都一致得令人稱奇。而這跟我們所觀察到的現狀也很相符：阿朗達克及蘇馬皮皮聚落的原住民獵人眼中風味較佳的動物，在狩獵行為頻繁的地區通常比較罕見[11]。相較之下，即使在人類聚落附近，吼猴的數量還是非常豐富。但是**為什麼**即使煮熟之後，有一些動物會比其他動物的肉更加美味？是什麼讓西貒肉如此好吃，吼猴肉卻如此難吃？

首先要注意的是，這個問題的答案具有複雜的多面向，而且會因負責品嚐的動物而異。在第一章中我們提過，美洲豹、山獅、已絕種的美洲擬獅（體型大約是山獅的兩倍大）和家貓等動物都缺乏甜味受器。也就是說，肉的甜味幾乎肯定絲毫不影響牠們的飲食偏好。同樣地，苦味受器在不同物種的哺乳動物之間差異很大，所以某種獵物的肉吃起來是否有苦味，取決於肉食或雜食動物的味覺受器對於哪些化合物會起反應。拿剛剛的例子來說，貓科動物的許多苦味受器都失效了（參見第一章），所以對人類來說會苦的肉類，對貓來說不一定會苦。人們可能會猜想，獵殺成性的貓科掠食者不會太在意獵物的味道或整體風味。但是在極少數貓科動物會食用的水果當中就包含了酪梨——一種充滿鮮味和肥滿口感、風味近似肉類的水果。也許就是因為牠們偏好這種風味，所以在酪梨果園中常常有許多貓科掠食者出沒，受到這種牠們其實並不需要追捕的「肉類」所吸引[99]。我們可以

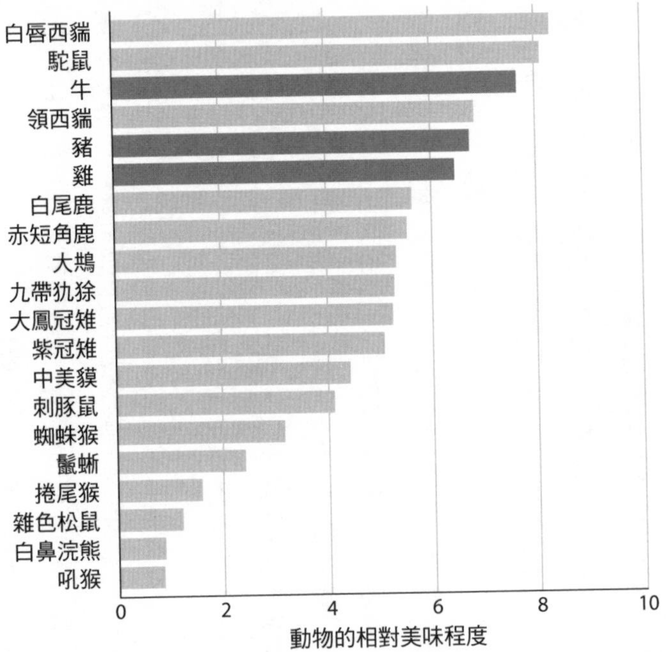


圖4-4 尼加拉瓜的米斯基托及瑪揚那獵人及其家人所評比的、各種動物的美味排行榜。從最難吃（吼猴）排名到最好吃（白唇西貒）。標示為黑色的是非原生於美洲的物種。某一些脊椎動物，如貓、禿鷹等，雖然常見，但因為米斯基托人及瑪揚那人不視為食物，所以在此不列入。

想像每一種掠食性哺乳動物的心目中都有一張排名表，列出牠們偏好的獵物物種，排名既取決於獵殺的難易度（反映出最適覓食策略），也取決於風味。但在此，我們把焦點放在對人類來說，不同物種的獵物各自具有什麼樣的風味。

煮熟的肉類，其風味部分來自於肌肉中的蛋白質：肌肉的風味，由其口感和蛋白質中含硫分子的氣味交織而成。人們常覺得不熟悉的肉類「吃起來像雞肉」，部分原因就是因為雞肉主要的風味就是這種簡單、稍嫌單調的肌肉風味。「吃起來像雞肉」的意思還真的就是「吃起來像肌肉」。肌肉的風味很容易透過醬汁、香料、麵糊或油脂加以調理，但其本身來說有點似有若無[12]。

更為獨特、多樣且微妙的風味及質地差異，源自於夾雜在肌纖維之間的脂質和膠原蛋白，還有脂肪組織中（以及偶爾在肌肉及膠原蛋白之中）可能內嵌的各種成分。柯斯特所研究的各種哺乳動物及鳥類之間的差異，部分反映出脂肪含量以及脂肪內含成分的差異。在大自然中，動物體內的脂質含量多寡，取決於該種動物在什麼樣的環境下演化出來，也取決於牠們的生活模式。植物通常會以碳水化合物的方式儲存熱量，但是碳水化合物的熱量密度並不高。這對植物來說並不十分要緊，因為它們並不需要四處移動[13]。相較之下，動物則將熱量儲存在脂質之中，而脂質的密度是碳水化合物的兩倍高（因此內含的熱量較高）。在較冷的氣候中，動物通常會儲存較多的脂質以協助牠們度過寒冬[100]。在其他條件不變的情形下，生存於水中、經常潛水的動物也會儲存比陸生動物更多的脂質——想想鯨脂（blubber）的例子。年幼的動物通常也比年長的動物儲存更多脂質。此外，在有季節性變化的環境中，動物在乾季所儲存的脂質通常比在濕季所儲存的少[14]。不同肉類中的脂質含量差異，在下廚時很重要，但是這無法解釋柯斯特在不同雨林動物之間所觀察到的差異：這些動物的脂質含量大都偏低。

脂肪可以單獨食用，也可以用在料理及發酵過程中。脂肪能在幾種不同面向上增添食物的風味。脂肪帶來滑順的口感，當舌頭探索翻弄口中的食物時，能在舌尖留下舒服的感受。此外，脂肪酸也會增加食物的風味，雖然我們在第一章中提過，這種風味往往不太受人喜愛。但無論是脂肪的口感或是脂肪酸的風味，大概都無法解釋柯斯特所觀察到的現象。他提出另一種解釋，認為這項發現應該跟動物體內的脂肪組織捕捉吸附牠們一生中所接觸到的各種風味的能力有關。而脂肪吸附了什麼樣的風味，則取決於動物的腸道和飲食習慣[15]。

當動物進食，食物中的某些成分會進入血流中：蛋白質、脂質、糖分，但還有無數在食物中的其他化合物，它們有些會跟著脂質一起被運送到動物肌肉中的細胞裡儲存起來。

到了那裡之後，這些化合物的分子會被脂質吸附，就像你在冰箱中的藍乳酪或是切開的洋蔥的氣味會被開封的半塊奶油吸附一樣。這些分子留存在生肉之中，人們可以透過鼻後嗅覺在口腔中感受到。但是在肉類烹煮的過程中，這些分子會以複雜的方式相互結合、生成新的化合物，許多至今仍未研究清楚。這些化合物所帶來的香氣不只對人類重要，對於像是狗之類的其他食肉動物也十分重要[101]。

起碼就人類的感官知覺來說，從不同動物的生活方式，似乎可以準確預測出吸附在動物脂肪中的香氣分子會導致什麼樣的風味差異。掠食性動物通常不會從牠們的獵物身上攝取到太多特殊的成分，而且牠們的肉通常也比較精瘦，所以可吸附這些成分的脂肪含量也較低。因此掠食性動物的肉，通常嚐起來像是低脂的烤牛腿肉或是類似的部位（雖然口感通常十分堅韌），除非牠們吃了風味特別強烈的獵物（例如螞蟻），那樣的話，牠們的肉中可能就還嚐得到那些獵物所留下的風味[16]。

至於西貒或熊等雜食動物還有草食動物，情況就比較複雜了。雜食動物和草食動物的肉類風味，關乎於牠們的食物風味，也取決於牠們的腸道能否有效處理造成那些風味的成分。一般來說，腸道能有效消化食物並分解毒素的動物，肉的風味通常並不特別豐富，不同地點或季節之間的差異也不大。牠們的肉就像是一間味道穩定、總是好吃但少有驚喜，而你會想一再造訪的家常小館，只是開在森林裡。具有如此值得信賴、穩定不變的肉類的動物包括反芻動物，也就是野牛、牛、山羊、鹿以及長頸鹿等具有瘤胃（rumen）的動物，瘤胃內有多個腔室，能夠將動物所攝取的植物組織反覆地慢慢發酵。在這些反芻動物的體內，有細菌能將植物組織中的碳水化合物和毒素分解為脂肪酸。那些酸性分子會為動物的脂肪增添些許微妙的風味，但是效果微弱、通常難以言語形容。廚師經常會描述反芻動物的肉有種「青草味」或「模糊但並不討厭的腥臭」。鹿就是一種反芻動物：瑪揚那人和米斯基托人對於他們會食用的兩種鹿的風味評價，落在好吃的範圍中，但也並不是最美味的。

腸道消化食物、分解毒素的效率較差的動物，肉的風味就較有可能會反映牠們的食物的風味。食物消化較不完全的動物的物種數量就多了許多：這個清單包括了具有後腸（hind gut）（在腸胃道之中緊跟在胃之後的腸道）*的動物、前腸（foregut）較小（因此食物停留時間較短、來不及完全分解）的動物，以及其他特殊案例。在這第二個類別之中，有些動物食用如水果和根莖類等風味較佳的食物，所以牠們的肉吃起來常常也富含這些風味[17]。如同丹麥鳥類學家楊恩・菲德索（Jon Fjeldså）所說，這些物種的風味差異「反

* 譯註：根據查詢的結果，hindgut 和 foregut 通常都是在討論胚胎發育才會用到的名詞，所以不太確定這一句所想表達的確切部位是什麼。

映出牠們的飲食內容」。像是食用水果的猴子以及野豬，[102]馬也可能是如此。牠們的肉的風味，正如莫泊桑（Guy de Maupassant）所說的，是「所有牠們曾經吃下肚的食物的精華總和」[103]。牠們帶有風土（terroir），牠們的風味反映了細緻的歷史與背景，源自於土地、也源自於牠們曾經生活過以及被殺死時的時空條件。

獵人和牧者一樣，通常都知道該在何時何地獵捕某個特定的物種，才能嚐到他們夢寐以求的風味，也知道該如何強化、帶出那些特定地點及季節限定的風味。舉例來說，蓋瑞・納卜漢告訴我們，在黎巴嫩「夏季在山坡地上放牧的綿羊，到了秋天嚐起來十分美味，有百里香和薩塔香料（za'atar）的風味。在美國西南部，納瓦霍人（Navajo）偏好食用曾經吃過三齒蒿（sagebrush, *Artemesia tridentata*）的動物的肉。」另外，菲德索曾寫下：松雞（grouse）或雷鳥（ptarmigan）「應該先吊掛在室外幾個禮拜後再拔毛清洗，這樣他們的嗉囊中的藍莓、各類種子及植物新芽的風味才能散布到整個身體，提供極佳的調味。」18

肉會反映其食物來源風味、而且傾向於食用美味食物的物種，占了瑪揚那人和米斯基托人偏好取食肉類的物種的大多數。瑪揚那人和米斯基托人將他們會獵捕的兩種西貓列為最好吃的野味：這兩種西貓都主要以根莖類、水果和種子為食。美洲各地其他的狩獵者也是這樣想的。除此之外，他們還特別偏愛食用了某些特定植物鱗莖的西貓，例如帶有些微蔥屬植物、或是野生風信子風味的西貓肉。同樣地，坦尚尼亞的哈札人狩獵採集者覺得西貓的遠親疣豬十分美味[19]。而若是那隻疣豬曾食用某種野薑根部（那是牠們常吃的），肉還會帶有一種辛辣味[20]。十八世紀時，法國的野豬（sanglier）被視為最美味的動物。人們說那種風味來自於野豬的野性，但也來自於牠們的勇氣。越有戰士精神的野豬，肉就越美味[21]。

另一種瑪揚那人和米斯基托人認為美味的雜食動物是駝鼠（paca）。駝鼠是體型跟貓差不多大的囓齒類，以根莖類、水果、堅果為食，偶爾也吃昆蟲。駝鼠的腸道短而簡單，而且牠們食用大量的水果，因此為其肉類增添了風味、也讓瑪揚那人和米斯基托人覺得美味。不只瑪揚那人和米斯基托人這樣想。達爾文曾經品嚐過駝鼠肉，或是其近親刺豚鼠（agouti）的肉，而且覺得那是他吃過最好吃的肉（他也很喜歡犰狳肉）[104]。非洲並沒有駝鼠，但是有麂羚（duiker）這種食性與駝鼠相近的小型反芻動物，也是人們很喜歡吃的肉類。

至於靈長類，美洲的蜘蛛猴（spider monkey）或非洲的長尾猴（guenon）等食用水果的靈長類，通常被認為是風味最好的，人們喜愛這些物種的肉，導致牠們如今在許多國家已經很罕見了。博物學家亨利・貝茲（Henry Bates）說蜘蛛猴的肉是他所吃過的肉之中「風味最好的」，類似牛肉，但是風味更為甜美豐富。瑪揚那人和米斯基托人也會同意這樣的感受：他們也覺得蜘蛛猴肉好吃，起碼跟其他物種的猿猴比起來美味許多。

就像有些動物從牠們所吃的食物上獲得了好味道一樣，也有些動物獲得了不好的味道。一般來說，草食動物和雜食動物吃的食物的味道越差，牠們的肉味道就也越差。楊恩·菲德索曾說過，夏天或秋天的松雞和雷鳥有著美好的辛辣味，但在冬天吃起來像松節油，因為牠們會在資源缺乏的季節中，以含有許多樹脂的樹木和灌木作為主要食物來源。同樣地，熱帶地區的動物若是食用具有良好化學防禦的樹葉（而非化學防禦較少的草），其肉通常也不甚美味。瑪揚那人和米斯基托人並不喜歡吃諸如吼喉等以樹葉為食的動物的肉[105][22]。這些動物的肉帶有牠們所吃的樹葉的苦澀味。吼猴在美洲是最常帶有禁忌的物種之一，大概也不是巧合。本來就沒人想吃的物種，要對其設下禁忌並不困難。美洲各地的人們對於吼猴的嫌惡，跟瑪揚那人和米斯基托人的好惡一致：他們都將吼猴肉評價為最難吃的。

整體來說，腸道和飲食習慣對於動物肉味的影響，似乎大致上可以解釋為什麼米斯基托人和瑪揚那人比較偏好吃某些動物的肉；為什麼他們熱愛西貒和駝鼠、喜歡蜘蛛猴而討厭吼猴。在熱帶美洲各地，只要是有調查資料的地方，人們似乎都顯示出了相似的偏好順序。即使是跟米斯基托人和瑪揚那人已經分道揚鑣上千年的族群文化——例如厄瓜多的瓦拉尼人（Waorani）*——也是如此（見圖四之五）。瓦拉尼人對哺乳動物的偏好排名，幾乎跟米斯基托人和瑪揚那人的排名一模一樣。在其他熱帶地區的資料還很稀少，但是大致也顯示出類似的傾向。人們會覺得哪些物種的肉好吃，通常很容易預測。除了少數的例外，那些人們覺得好吃的物種通常也比較稀有，因為自身的美味而陷入絕種危機。

有了現代獵人的行為決策帶來的啟示，我們現在可以重新看看克洛維斯人的故事。但是在那之前，先讓我們承認一些但書。我們現在了解最深的，是熱帶地區的獵人和狩獵採集者對於不同肉類的偏好。克洛維斯人過去居住在各式各樣的環境中，包含了溫帶雨林和溫帶落葉林；但在北美洲的大半地區，他們最主要的居住環境應該是氣候涼爽、偶有小片樹林點綴的廣大草原。不幸的是，目前還少有研究探討，這種居住環境氣候較為涼爽的現代狩獵採集者喜歡什麼樣的風味。

另一項但書牽涉到肉的處理方式。在過去，那些肉很有可能大部分是直接在火上烤熟，因此會強化肉本身的風味。但人們也可能曾經將那些肉拿去發酵、調味或是長時間燉煮。廚師金・維延多普（Kim Wejendorp）向我們指出：年老動物的肉通常比較堅韌（因此

* 又稱為瓦奧人、瓦歐雷尼人。

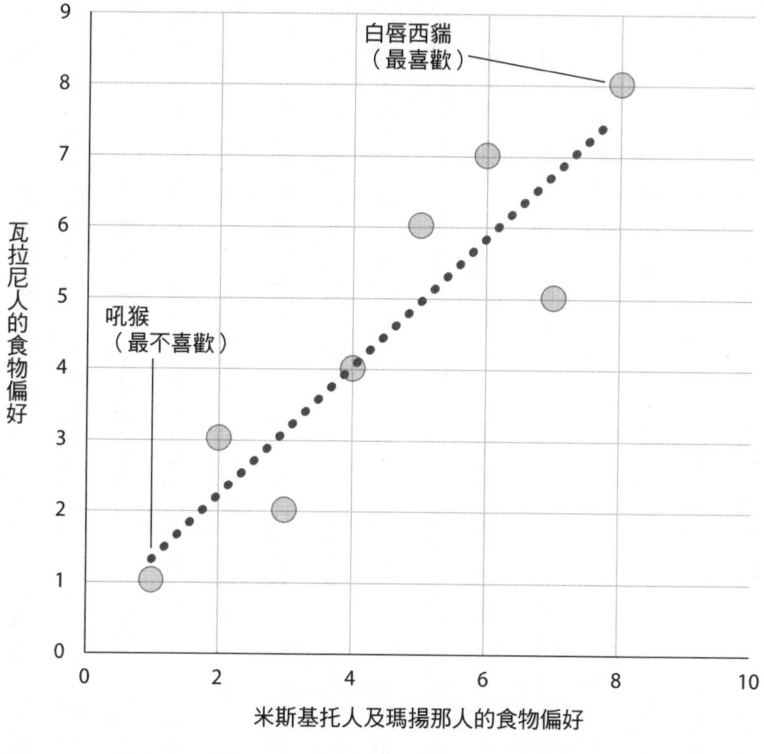


**圖4-5　尼加拉瓜的米斯基托人及瑪揚那人對於各種肉類的偏好，與厄瓜多的瓦拉尼人的偏好相對照。這兩個族群之間的文化、語言或近代歷史都甚少相似之處，但是兩個族群一樣都認為駝鼠和西貒是極致美味，而吼猴的味道則糟到無以復加。**

較不適合直接火烤），但是通常風味也更豐富，特別是拿去燉煮的話。因此，假如克洛維斯人會燉煮肉類的話，他們所偏好的肉類可能就跟只會火烤肉類的情況下有所不同（比如說偏好比較老的肉）。目前還沒有任何證據顯示克洛維斯人曾經水煮或燉煮肉類。也還沒有人發現任何石製器具或其他技術、容器，是克洛維斯人可能曾用來研磨或處理食材的，但是處理食材時用到的容器，往往可能是用動物皮革等不易留下考古紀錄的材質製作的。

除此之外，不同文化或甚至同一文化中的不同個體，都可能會有各自偏好的肉類或是肉類的處理方法。對熱帶地區的人來說，不同地區的偏好看起來似乎很相似，但是也許克洛維斯人的情況並不一樣。舉例來說，行為生態學家（同時也是美食家）卡洛斯・馬丁尼茲・德爾里奧（Carlos Martinez del Rio）在閱讀這個章節的時候指出，有些動物雖然屬於反芻動物，但還是有濃厚且好吃的風味，例如叉角羚（pronghorn）；不過他也同時表示，他的妻子瑪莎並不喜歡叉角羚肉的風味。最後一點是，雖然很多文化喜歡食物和肉類中脂肪的口感風味，但是《美國第一本食譜》（*America's First Cuisines*）[106]一書的作者蘇菲・柯伊（Sophie Coe）卻發現，在歐洲人殖民美洲之前，許多馬雅人及阿茲特克人很討厭這種風味，還覺得歐洲人使用脂肪的方式很噁心。另一方面，許多住在極北方的人類族群高度仰賴脂肪，甚至會食用發酵過的脂肪。關於這個領域，還有許許多多的謎題。

知道了這些但書和謎題之後，我們首先可以假想，克洛維斯人大概曾經發覺到食物中有不同的風味、開始仔細注意那些風味、並且偏好其中某些風味。這個可能性聽起來顯而易見，但是似乎少有人討論。我們可以進一步假設，他們也許會滿足於長角野牛（giant bison）等反芻動物好吃但偏平淡的肉類風味。但他們更可能曾經偏愛非反芻動物的肉類，特別是那些食性主要為水果及根莖類、較少食用樹葉的動物[23]。在克洛維斯人的年代生存於亞利桑那州地區的動物之中，榜上有名的動物可能或多或少包括了猛瑪象、乳齒象和嵌齒象：牠們都是非反芻動物，飲食內容包括水果和草（猛瑪象），且在多數地帶也包括生長於寒冷氣候下的樹木葉子（乳齒象）[24]。哺乳動物學家喬安娜・蘭伯特（Joanna Lambert）向我們表示，會有乳齒象去取食樹葉的那些樹木物種，很可能主要是用丹寧（tannin）而非毒性更強的物質進行防禦。丹寧是一種萬用的植物防禦物質，在葡萄皮、橡樹葉和許多種植物的不同部位中都可以找到。它會在動物的口中跟蛋白質結合，包括讓唾液感覺滑順的蛋白質，並因此帶來一種「澀」的感覺。吃到丹寧會讓人皺眉、甚至微微畏縮。但是丹寧跟其他比較強效的植物防禦物質不一樣，通常不會留在動物的肉中。簡單地說，那些在記錄中克洛維斯人曾經獵殺的大型動物，大概都好吃得要命。（相反地，最大型的掠食者和食腐動物的肉，可能並不好吃[25]。）

克洛維斯人並不只是挑選食用哪些物種，也會挑選吃哪些部位。他們將最想吃的部位吃掉後，就留下剩餘的部位不動[107]。決定一個部位的肉類風味的關鍵因素之一，是它多「紅」。一塊肉多紅主要取決於組成那塊肉的肌肉組織，在動物還活著的時多常活動、又是如何活動的。有些肌肉的用途是提供短時間的爆發力，生存在亞利桑那州南方的鵪鶉（quail），受到驚嚇時會像旋風一般衝出灌木叢。牠們可以極為快速地飛過一段短暫的距離。要有那樣的爆發力，鵪鶉的翅膀內必須具備快縮肌纖維（fast twitch muscle fiber）。這種肌纖維中存有肝醣，可作為能量來源：快縮肌可以利用氧氣代謝肝醣，但是只有在組織中的氧氣還沒耗盡時才行[26]。快縮肌的風味相較之下沒那麼複雜。這種「白肌」*的風味來自於動物儲存在肌肉內、原本準備下一次快速運動時提供能量來源的醣類。

跟其他部位的肌肉比起來，猛瑪象的腿部肌肉應該是主要由快縮肌纖維組成而較白的肌肉。相對地，慢縮肌（slow twitch muscle）通常含較多脂質，可以在肌肉長時間運動時慢慢地轉換為能量使用，在維持站姿和走路時會用到。慢縮肌是「紅肌」：很多地區、年代的人們都比較偏好紅肌，克洛維斯人也可能曾經如此。猛瑪象身上最多紅肌的部位可能是

* 譯註：此處不翻為「白肉」，因為「白肉」和「紅肉」比較是營養學上的名詞：這裡依照肌纖維類別做的區分，比較接近白肌（white muscle）和紅肌（red muscle）的概念。

背部（肋排）和肩頸部（肩胛肉），甚至可能包括腳掌肉。

但是動物不只是由肌肉組成而已。人們推測：克洛維斯人可能也愛吃他們所獵殺的動物的內臟。內臟的風味在很多文化中都備受推崇，而克洛維斯人也可能曾經吃過動物的胃腸，這很可能有營養上的好處。包含人類在內的許多動物，若是攝取了太多蛋白質，可能會導致一系列的健康問題；而因為腸道和腸道內部消化的食物並不含太多蛋白質，而是含有較豐富的維生素、脂質和碳水化合物，因此吃動物的胃腸，可能讓克洛維斯獵人得以避免蛋白質過度攝取的問題。在歐洲人剛開始殖民美洲時，食用胃腸的行為（gastrophagy）在美洲原住民中十分常見，在世界各地的狩獵採集文化以及耕作文化之中也並不希罕。動物腸道和腸道內部分消化的食物，可以用很簡單的方式處理——直接生吃。但是腸胃也可以透過比較複雜的手續清理、火烤或甚至發酵[108]。我們沒有理由相信克洛維斯人不會吃胃腸，他們所狩獵的大型動物，所具有的胃腸可大了。

從上述的資訊，可以描繪出一幅雄偉的猛瑪象和乳齒象成群橫越乾草原、大聲吼叫、交配覓食的場景：這些動物因為食用水果、堅果和化學防禦很少的樹葉，而具有風味十分誘人的肉，而且起碼在環境條件好的時候，牠們的肉還會帶有油脂肥美的口感。這些動物肯定好吃：這有一部分是揣測，但也不完全是。

真猛瑪象、乳齒象和嵌齒象都是現代大象的親戚：牠們都隸屬於長鼻目（proboscidean）。除了體型之外[27]，這些物種之間的肌肉及脂肪等生理差異應該不大，主要受不同的飲食習慣所影響。牠們的肉應該帶有一種共同的長鼻目基本風味，再參雜一點有的沒的。舉例來說，佛羅里達州的乳齒象似乎除了各種堅果和水果以外，還曾經會吃一些柏樹針葉。牠們的肉可能因此會帶有一點香草味或是果仁味。其他地方的乳齒象吃的是不同的植物。猛瑪象通常吃比較多草。但是整體來說，已絕種的長鼻目動物的肉跟現存的長鼻目動物的肉，很可能有著相近的味道。這項知識有很大的幫助——如果我們也知道象肉風味的話。

最近有一項研究，主題為大象對於歐洲及中東舊石器時代人類的重要性：特拉維夫大學（Tel Aviv University）的哈加爾．雷雪夫（Hagar Reshef）和朗．巴爾凱（Ran Barkai）得出的結論是：象肉自古至今都很好吃[28][109]。或者該說，起碼有一部分的象肉應該是很好吃，諸如亞洲象、非洲草原象或是非洲森林象。如今，獵捕大象和食用象肉已經是違法的行為，但過去並非如此。雷雪夫和巴爾凱指出，肯亞東部的連古拉（Liangula）狩獵採集者和南蘇丹（South Sudan）的努爾人（Nuer）都曾將象肉視為最為美味的肉類。在連古拉人和努爾人的口中，象肉既肥美又香甜[29]。

不過，還是有某些部位的象肉比其他部位來得好吃。比方說，研究猛瑪象的生物學家蓋瑞・海內斯就表示大象的臀肉纖維很多很柴；而雷雪夫和巴爾凱則指出，大象腳掌肉似乎嚐起來是一大享受。博物學家賽繆爾・懷特・貝克（Samuel White Baker）曾如此描述象掌肉料理：

> 大象的腳掌肉烘烤到恰好的程度後，腳底盤會像脫鞋子一樣分離，露出內部鮮嫩的組織，蘸一點油醋、撒上少許鹽及胡椒，就成了一道可以餵飽五十個人的珍饈[30]。

這道菜聽起來有點像是粵菜裡的豬腳薑醋，一道坐月子料理*。就像象腳肉的料理方法一樣，豬腳薑醋需要用到醋（甜醋）、油（麻油）、和腳掌肉（豬腳）：這道中國菜的食譜裡只多了薑和糖兩種材料。也許象腳肉再多一點辛辣、一點甜味的話，還會更加好吃。

賽繆爾・貝克的經驗跟弗杭索瓦・勒・瓦蘭（François Le Vaillant）的經驗類似：他在十九世紀初跟著科伊桑（Khoisan）狩獵採集者第一次品嚐森林象肉時表示，他「不明白像

* 譯註：原文寫「為慶祝孩子出生而做的料理」，但跟實際上的文化意義有所差距。

大象這樣如此皮粗體壯的動物，怎麼能有如此鮮嫩細緻的肉。」跟貝克一樣，勒．瓦蘭也特別強調象腳肉的美味。他說：「我沒配任何麵包，就把我的那份象腳肉吃個精光。」腳掌肉當然包含了配合長時間運動的需求而含脂量較高、屬於紅肌的腳掌肌肉，但同時也包含了位於大象腳趾底下、可幫助其維持平衡並偵測震動的脂肪墊。

其他的人類族群也許也曾享用過象肉。在希臘一處有五十萬年歷史的考古遺跡中，人們發現了一具大象的化石，其中一隻腳看起來似乎是被用石製工具移除了。[110]在義大利一處最近發現的尼安德塔人遺址波傑蒂．維奇（Poggetti Vecchi）之中，也發掘出了多具就位於尼安德塔人工具旁邊的大象骨骸。那些工具包括刮刀和挖掘棒，但是沒有長矛。不過，那些大象的骨骸顯示出被宰殺過的痕跡，而那些工具也顯示出曾用來宰殺動物的痕跡。除此之外，令人好奇的是，有一些大象的骨骸缺了幾塊骨頭，就好像那些部分被搬到別處吃掉了一樣。缺少的正好就是肋骨和腳掌的骨頭[111]。不是只有尼安德塔人這樣子吃。在新墨西哥州的克洛維斯，在人們最初發現的克洛維斯人遺址之中，有具猛瑪象遺骸，在被獵殺後腳掌還被支解開來。進行那項研究的學者表示，種種跡象顯示那是人們為了移除腳掌中的脂肪墊，而刻意為之[112]。

雷雪夫和巴爾凱揭示了長鼻目動物的肉顯然非常美味，這意義非同小可。這提供了一個簡單的解答，可以解釋為何在大型動物開始變得稀少之後，克洛維斯獵人還是繼續將牠們獵捕到完全滅絕為止。這些動物的肉美味到即使追捕牠們不再符合效益，人們還是願意花精力持續追捕。古代的狩獵採集者追求會帶給他們愉悅的事物，甚至不惜投入重本。藝術會帶給他們愉悅，而我們猜想飲食也會。這些狩獵採集者跟我們擁有同樣的舌頭、鼻子和大腦。因此，他們所具有的欲求也往往跟我們一樣。

讓我們想像一下吧，那些克洛維斯人曾經居住在現今新墨西哥州的克洛維斯鎮、以及亞利桑那州的巴塔哥尼亞鎮附近。他們是美食家，也是詩人：他們成群結隊地打獵、採食並漫遊。他們坐在火堆邊分享著不同的故事，有些動人心弦，有些爆笑逗趣，還有些無聊瑣碎。每天的晨昏時分，他們吃著蒐集來的各部位的蔬果，幸運時還可能有猛瑪象腳肉可以吃，也許配上野生蜂蜜和水果。有些時候他們的餐點令人滿意，有時候則沒那麼理想。有些廚師廚藝高超，有些則不那麼在行。那些吃到美味食物的經驗會讓人們印象深刻並津津樂道。可能有人曾這麼說：「你還記得我們在秋天的黃昏時，在那座山丘上吃的、配上朴樹子（hackberry）的烤猛瑪象肉嗎？」而旁人紛紛點頭表示同意。這樣的場景、這樣的反應，從過去數十萬年間到今日，在世界各地的人們身上依然時常上演。

當我們遙想這些場景、想著狩獵採集者的歷史、飲食和愉悅感時，便又想到了一處曾有狩獵採集者獵殺大型動物的古老遺址，就在法國的多爾多涅地區。現代的多爾多涅省和鄰近的城鎮卡奧爾（Cahors），出產風味繁複的葡萄酒、十幾種獨特的乳酪、松露、還有卡蘇來砂鍋*。多爾多涅省也是在古代人類及飲食的歷史中舉足輕重的地區之一。最初的尼安德塔人骨骸，就是在多爾多涅省的一個小村莊穆斯特（Moustier）†中發現的。也因此，從三十萬年前到他們滅絕的四萬年前之間，尼安德塔人所用來處理食材和打獵的石製工具，現在就稱為穆斯特文化（Mousterian），而那段年代也冠上了同樣的名號。最初的早期現代人類的骨骸也是在多爾多涅省，在馬儂（Magnon）家族所擁有的一片石灰岩崖壁上一處岩洞之中發現的。岩洞在當地的奧克語（Occitan）中稱為「克羅」（cros），因此這種人類就被稱呼為克羅馬儂人（Cro-Magnon）[31]。同樣是在多爾多涅省，人們發現那些早期人類在將近四萬年前，就在岩洞中的牆壁和天花板上畫下了一些他們最偉大的傑作。

最古老的洞穴繪畫相當抽象。像月亮一樣的圓圈圈、一排一排的點、方形與直線相接、手掌印。馬克・羅斯科（Mark Rothko）和傑克森・波拉克（Jackson Pollock）並沒有發

* 譯註：卡蘇來砂鍋其實主要來自更南邊的朗格多克（Languedoc）一帶，是包括圖魯茲、卡爾卡頌（Carcassonne）及卡斯泰爾諾達里（Castelnaudary）等城市的特產；不過多爾多涅省和卡奧爾因為包含在廣義的法國西南部之中，鴨肉、鵝肉也很常見，因此也是有人會料理卡蘇來砂鍋，雖然並不確定是否是當地普遍的傳統。

† 譯註：全名為佩扎克勒穆斯特（Peyzac-le-Moustier），又譯穆斯捷、木斯提耶；此處採用與「穆斯特文化」一致的譯法。

明抽象藝術，他們不過是重拾老點子而已。在舊石器時代的藝術作品中，這般抽象元素未曾消失[32]，但隨著時間推進，畫作中也確實開始越來越常有具體的場景，描繪了舊石器時代人們食用的物種。那些具體的繪畫幾乎從未描繪魚或是兔子等體型較小的食物，也很少有人類出現（畫作中少數出現的人類總是簡單勾勒幾筆，而且通常看起來摻雜了一些魔幻元素）。他們從來沒畫過植物，一丁點的莓果或藥草都沒有，即使那時的人們確實曾食用植物。他們經常描繪的，是馴鹿、馬、野山羊（ibex）及猛瑪象等大型獵物。他們畫下那些物種之中最大的個體，在那些物種因為過度獵捕、氣候變遷，而變得稀有之後，也依然如此。

在洞穴繪畫中，大型動物時常會跟同種動物的小寶寶們一同出現。我們現在看著這些繪畫中的年幼動物，常震懾於那高度寫實的畫風，而且也能夠感同身受（起碼有機會感同身受）。猛瑪象媽媽帶著猛瑪象小孩，讓我們想起自己的家庭。但也許，那並不是那些畫家當時心裡在想的事情。讓我們看看歐洲的兩幅最詭異的洞穴繪畫。在我們最近去參觀過、位於多爾多涅地區的魯菲尼亞克（Rouffignac）岩洞裡約一公里深處的一條長廊中，牆上畫著很多隻猛瑪象伴隨著一隻年幼的猛瑪象。奇怪的是，那隻年幼猛瑪象的腳掌畫得特別巨大。另外一幅在蕭韋岩洞中的畫作雖然年代早了一萬五千年之久，但也很類似，畫作上也有一隻腳掌特別大的年幼猛瑪象，大到有點誇張好笑。這兩件洞穴繪畫之間相隔的年份，比猛瑪象的滅絕與現代相隔的年份還要久遠，但是兩件畫作的風格卻頗為相似。

一般對於這些繪畫中巨大腳掌的標準解釋是，那些藝術家們不只試圖呈現動物本身，還試圖呈現那些動物的腳掌底部會留下的足印。另外一個解釋是，這些年幼猛瑪象的畫作會如此不尋常，只是因為不同的舊石器時代藝術家的技術各有高下。「你知道的，湯姆怎樣就是不會畫腳——還真是服了他。」但從另一個角度來說，也有可能這些年幼猛瑪象的畫作是人們向神明祈求禱告的內容。喔，誠心祈求上天保佑，讓我能再次一嚐年幼猛瑪象那美味的腳掌肉吧，拜託拜託。在蕭韋岩洞壁畫的年代，神明有求必應：在那個年代，人們還是經常獵殺猛瑪象。但到了魯菲尼亞克洞穴壁畫的年代，猛瑪象已經所剩無幾了，不論是多麼虔心畫下的祈求，最終大概都是徒勞。

聲稱洞穴壁畫的作者是因為美味的關係，才把猛瑪象腳掌畫得特別大，這個猜想也許有些牽強。但是宣稱畫下那些大型動物的人能夠分辨什麼好吃、什麼不好吃，這就沒那麼牽強了。他們知道猛瑪象腳肉的風味，就算那並非他們把猛瑪象腳掌畫下來的原因。到頭來，我們講述這段關於風味和大型動物的故事，並不是要說早期美洲人吃什麼動物、那些動物為什麼滅絕，完全取決於牠們的風味。文化禁忌、文化偏好和獵捕不同物種的相對難易度，都會有所影響，這點我們十分清楚。我們想說的是，不論是尼加拉瓜的米斯基托人、古代北美洲的克洛維斯獵人，或是尼安德塔人，我們過去在探討這些獵人或是狩獵採集族群自古至今所做的選擇時，幾乎總是忽略了風味所扮演的角色。一旦將風味納入考量，我們對於人類行為決策的動機也會有所改觀[33]。在探討猛瑪象時，我們有必要考量到古代狩獵採集者的風味偏好。而猛瑪象的風味偏好，則是我們在探討水果的時候必須考量到的[34]。

# 5 禁果

自從夏娃偷食禁果，人類的命運往往就取決於口腹。

——拜倫，《唐璜》（*Don Juan*）

熟蘋果落果的地點，必離果樹不遠。*

從料理的角度來看，史前大型動物的滅絕多被記載成消失的生態系，但我們現在還是可以看到牠們對地球的貢獻，尤其以可生食的水果最為經典。當你吃了一顆芒果或西洋梨，你所吃下的其實是由生物滅絕與風味演化所交織的複雜故事，這個故事包含了世界上最多肉、最甜美、最巨大而且最富含香氣的水果的演化過程，也包含史前大型動物所喜愛

* 譯註：意指有其父必有其子、老鼠生的兒子會打洞。

的風味最終成為我們人類最喜歡的風味的故事。

人類的語言中處處可見對水果的褒獎，例如努力後獲得的回報，可以用「成果」來形容；花少少的力氣而有比預期更豐碩的收穫，可以用「從天而降」（如落果般，windfall of fruit）來形容；如果毫無斬獲，則可以用「無果」來形容。如果我們毫不費力就能獲得成果，則可以用「垂手可得、最低的水果」來形容。而天堂的英文Paradise，源自波斯文中「由牆隔出的空間」，這個字在希伯來文中與「果園」同義，所以天堂其實就是果園[1]。不論是果園裡的水果，還是荒野果樹上長的水果，都只為一個目的而生，都是植物為了吸引動物協助傳播種子到更肥沃土地而演化的器官。因此夏娃所吃的蘋果並非誘惑犯罪的惡果，而是如芒果、蜜桃、芭樂等水果，吸引人與動物吃下，好讓種子能隨之移動，並且藉由動物的排遺，讓種子得以散播到新領地。夏娃屈服於甜美果實的誘惑後，透過「基本生理現象」便能為果樹播苗。

果樹竟然要靠動物的腸胃來繁衍後代，乍聽下有些可笑，但這不是笑話。靠動物傳播的種子可到達遙遠陌生的地區與棲地；相反地，若種子只從母樹上掉落並發芽，它們就會成長在媽媽的陰影下，它們的根系無法捉取足夠的土壤，吸收土壤養分的能力也贏不過媽媽健康強壯的根系，而且在母樹下成長的樹苗也會繼承母樹遭遇過的病原體與害蟲，因此，母樹用甜美的果肉包裹種子，是為了讓它的孩子能好好活下去[2]。

植物之所以可以召喚動物充當免費的種子馱獸，是因為它們針對特定動物客製了一套行銷手法，首先發出「來看我」的訊息，在遠處就能吸引動物的目光。當動物靠近，植物要更招搖地釋出「來吃我」的訊息。當動物終於咬下第一口果實，在唇齒與果肉接觸的過程，果實必須美味到讓動物願意整顆吞下[113]。通常水果都會演化出一整套的行銷推廣方案，包含從遠處就能吸睛的迷人色彩、湊近便溢滿鼻腔的芬芳、以及醉人的滋味，但這一整套投資所費不貲，植物必須付出自己苦掙的碳水化合物、脂質與蛋白質才能長出如此誘人的水果，這是為了子代的美好未來所做出的奉獻。也因為其代價如此龐大，水果的美味只要能達到效果就好，無需更加精進風味；甚至如果可以欺騙動物把果實放進嘴裡，植物也會毫不猶豫地執行騙術，例如本書第二章提到的布拉薩瘤藥樹的果實，實際上就不太好吃。

水果確實是自然界中少數演化成對其他物種來說美味又誘人的事物。當然，想誘引對象，就要懂得投其所好。鳥類通常喜歡鮮豔的果子，尤其當果實顏色與背景形成強烈對比時，鳥兒遠遠就清楚看見[114]。紅色果實通常是鳥兒的最愛，例如冬青、櫻桃、紅醋栗或薔薇果等，不過這些果子有時也可能是藍色的。相較之下，哺乳類對於水果顏色的要求沒有那麼高（許多哺乳類喜歡的水果都是綠色的，甚至是棕色的），但哺乳類喜歡帶有果香又富含脂肪的果實。至少在某些地區，經由哺乳類傳播的水果在熟成時會產生大量氣味分子，例如成熟的香蕉與蜜桃就是以氣味吸引動物。蝙蝠喜歡萜烯（terpenes）與含硫化合物的味道，因為這些氣味可幫助蝙蝠在夜間找尋果實，但蝙蝠也因此比其他哺乳類更不在意水果的顏色。螞蟻偏好小顆且富含脂質的水果，其中有些還具有腐肉般足以臭暈人的獨特氣味。以上只是列舉一些動物對水果的不同偏好，雖然無法歸納出通則，但至少能讓我們稍微見識水果外觀與氣味所蘊含的豐富生態學故事。而水果與我們唇齒接觸後的故事，則又更加精采[115]。有些研究植物果實與種子的科學家，分類了果實吸引動物的策略，植物果實因不同策略而衍生的綜合特徵被稱為「傳播模式」（dispersal syndrome）[3]。

丹尼爾・詹森（Daniel Janzen）因為一件科學謎團而研究起植物果實吸引動物的機制。他發現某個新種的喬木植物會產出既大顆又芬芳四溢的果實，顯然是很賣力地在行銷自己，但果實成熟後依舊高掛在樹枝上，好似精心準備了禮物，最終卻沒有任何領獎者，這無緣的結局關鍵在於缺少「種子傳播者」。

最近我們去拜訪詹森和他的妻子薇妮・豪爾沃赫（Winnie Hallwachs），前往這對伉儷每半年離開費城時，在哥斯大黎加旱生闊葉林的固定住處[4]。我們到達時薇妮前來應門，說詹森正在路上，我們從旁邊步道走下去找他。碰到他的時候，他打著赤膊，皮革般強韌的肌膚上覆蓋著一撮撮人猿般的長體毛，他的禿頂周圍長著一圈蓬勃的白髮，有如光環；當我們看到他時，他身邊還圍繞著飛舞的蝴蝶，整個人就好像某個叢林神話故事裡用泥土與樹葉創造出來的奇幻角色。他一手抓著可能裝著標本的袋子，另一隻手則比劃著，一邊跟我們講解周遭的森林環境，介紹一個又一個演化大概念，這些大概念是他整個學術生涯裡不斷努力驗證的道理，也重塑了我們認識的世界，尤其是水果風味的世界。

詹森在我們拜訪的那時已經高齡七十九歲，他花了幾十年努力於學術發表，論證許多假說，包含：腐敗味是細菌為了避免哺乳動物來搶奪屍體而製造的[116]、熱帶雨林的樹木為了獲取蝙蝠排泄物養分而演化出空心的構造，供蝙蝠安身立命[117]，以及熱帶雨林的多樣性來自草食性動物與寄生蟲對植物的干擾，使植物無法於母株旁繁衍出優勢族群[118]。但在他的眾多假說中，最深刻影響世人對食物之認識的，是有關果實乏人問津的假說。

詹森所居住的森林充滿著各種感官刺激，氣味、味道、聲音與觸覺，萬物在此攝取所需，也在此歸於塵土，不過每種生物展現生命現象的方式都不太一樣，畢竟這是一個多樣生態系，充滿著捲尾猴、吼猴、蜘蛛猴，當然也充滿蜘蛛與成百上千種、甚至百萬種其他生物。在這樣複雜的森林裡，一般人很難留意任何細節，但是詹森會，而且他還會記錄下這些細節並進行歸納演繹，以求得自然界中的通則，他就是這樣從小細節看出大道理的人。讓詹森開始研究起果實細節的，是大果鐵刀木（*Cassia grandis*）乏人問津的果實，這種樹木又被稱為「臭腳樹」。臭腳樹的果實平均約半公尺長，堅硬可比石頭，外觀類似穿著長襪的腳。一棵樹會有上百顆形狀像腳的果實，而每一顆果實裡有許多形狀（與尺寸）接近象棋的種子，每顆種子都被又黏又甜的果肉包覆著，果肉幾乎是糖蜜的質地，而且可以吃。整個果實散發著強烈的氣味，嚐起來的味道也很強烈，知名廚師安德魯・席莫（Andrew Zimmerman）曾形容它的美味「像是鯷魚和魚露混雜著糖蜜」。

臭腳樹顯然投資了龐大的能量在它那外表怪異、味道刺鼻又美味（對某些人來說是美味）的果實上，但卻沒有被動物取食或傳播到遠處[119]，而是掛在樹上好幾週甚至好幾個月，真菌因此可趁機侵蝕果莢，接著果實就會落地，甲蟲便能在種子上鑽洞，螞蟻與囓齒類動物便會搬走遺留在地面上的果實殘骸，結果就是沒有幾棵臭腳樹幼苗能在母樹底下成長。

詹森在巡視整個森林時，他發現還有其他樹木與臭腳樹同病相憐，例如酪梨的野生親戚也沒能將果實傳播出去，它們的種子被落在母樹下的腐爛果肉包覆著逐漸死去。除了野生酪梨與臭腳樹以外，野生木瓜、牧豆樹豆莢（mesquite pods）、人心果（sapodillas）、釋迦、腰果的親戚仙桃（lucumas）、十字葉蒲瓜（jicaro）、黃酸棗（hog plum）、西葫蘆（squashes）、以及一堆同樣具有巨大但還沒有英文名字的植物果實，都在成熟後等著被不同的昆蟲、真菌與細菌給分解。

這些沒能成功傳播的果實都擁有獨特的香氣、味道與外觀，造就其獨樹一格的生物化學魅力。有些跟芒果或酪梨一樣，果實中有一顆體積很大的種子，不僅硬到無法入口，還可能有毒性；有些像木瓜一樣，有著無數顆很小（還可能帶膠質）的小種子。有些具有富含油脂的果肉，有些具有甜蜜的果肉，有些則具有豐富的果肉卻淡而無味。簡言之，這些果實十分多樣，但幾乎都有大體積、不會開裂、氣味濃厚等特徵，這種種跡象似乎暗示著會傳播這些果實的大型動物不見了，尤其對詹森來說，這些特徵像極了在非洲會被大象或其他大型哺乳類動物取食的果實。

在詹森注意到被留在樹枝上腐爛發臭的臭腳樹果實的幾年前，保羅·馬丁就針對地球上的自然史發表了非常激進的假說，他主張：當克洛維斯史前人類抵達美洲大陸後，原本存在的大型哺乳類動物便開始被人類捕殺，終致絕種。馬丁跟詹森一樣都是喜歡大概念的

圖5-1 大果鐵刀木，又名臭腳樹，圖可見其果實。臭腳樹這個貝里斯當地使用的俗名，究竟是在指果實的形狀，還是指它包覆種子的果肉氣味，目前還不確定。

人，基於細微的證據衍生出不失優雅的自然界大道理。馬丁就如同詹森，執著於觀察常人忽略的細節，以求得研究靈感，兩位科學家可說風格相當雷同，尤其詹森正在研究的果實謎團，更與馬丁的假說不謀而合。

詹森認為：臭腳樹的果實會被遺留在樹枝上，就是因為原本應該吃掉它們的大型哺乳類動物已不復存在。他認為，也許哥斯大黎加森林裡那些乏人問津的大果實原本都是依賴大型哺乳類動物傳播的，牠們吃下大果實、把種子留在腸胃裡到處移動，然後在排泄的時候順便散播種子。但牠們現在都消失了、滅絕了，又大又好吃的哺乳類都不見了，只留下牠們生前最愛吃的大水果高掛樹上，有些還是相當美味。

這個假說解釋了為什麼乏人問津的果實通常都很大顆，因為它們是為了吸引大型哺乳類動物而演化的，也解釋了這些水果的外殼通常不容易裂開，因為要防止小型哺乳類動物入侵。此外，這也解釋了為什麼很多大果實的種子又大又堅硬：大體積是因為要確保能順利萌芽，堅硬的外殼是要確保不會被大哺乳類的牙齒咬穿。甚至，我們也可以解釋有些果實的種子之所以又小又黏糊糊的，是因為如此一來，可以在大型哺乳類的牙齒間滑動而不被咬破。另一方面，這些大果實的歧異度也許正好對應了史前巨大哺乳類動物之間的差異，包含牠們消化道、鼻子構造與口味偏好的差異。

在詹森形成這個假說時，依舊有個難解的問題，他不太熟悉史前大型哺乳類動物，尤其是分布在中美洲的物種。一九七七年十月，他寄信邀請保羅．馬丁一起寫一篇關於大果實、巨型哺乳動物和牠們巨大嘴巴構造的文章，他信裡開頭這麼寫：「欸，我有個瘋狂的想法……我們要不要一起投稿？」馬丁答應了他，回覆道：「你的邀稿計畫很好玩，那我來負責召喚一些已滅絕草食動物的飢餓亡魂，然後你負責驗證牠們會不會吃掉那些大型果實。」這大概就是事情的經過。馬丁幫忙詹森重建起哥斯大黎加過去曾有的巨型動物相，與這些動物的食性。

馬丁告訴詹森，就在不遠的七千年前，哥斯大黎加會吃植物果實的大型動物可能包含幾種大地懶，牠們如果待在樹上，則會吃掛在樹上的水果；也包含一些體型較小、約和熊一般大小的地懶，牠們可能吃落地的果實；也可能包含多種長鼻目，例如乳齒象與嵌齒象[120]，牠們應該可以吃各種類型與位置的果實。體型和熊差不多的犰狳又稱雕齒獸、巨西貒、巨陸龜與熱帶馬都屬於這群奇珍異獸，當中若有動物吃了臭腳樹的果實，尤其是乳齒象與嵌齒象，臭腳樹的種子就會從一坨巨大的「肥料」中問世並成長[121]。

詹森絕妙的靈感，加上馬丁對於史前動物的豐富知識，讓兩人合力完成了一篇研究論文。一九八二年，即兩人開始合作的四年後，他們的文章發表在《科學》（*Science*）期刊上，篇名為「新熱帶幽靈：嵌齒象吃的果實」（Neotropical anachronisms: The fruit the gomphotheres ate）。這篇文章既悲哀、創新又精采，其主要論述相當獨特，期刊編輯評論它「像是電影劇本」。

如果詹森與馬丁的假說是正確的，他們提供了非常實用的啟示，如果史前巨型動物群的滅絕，會致使這些產出大果實的喬木植物無法傳播種子，那我們在生態系裡補充巨型動物群，也許就能幫助這些植物傳播種子了。所以詹森需要的是一些大型動物，他當然無法複製出滅絕的生物，但他可以找到這些動物的親戚，至少可以找到其中一種。野馬曾分布於哥斯大黎加。詹森認為，雖然當地的馬是來自歐亞大陸馴養的物種再經由西班牙人引進美洲，跟史前野馬的親緣甚遠，但至少兩者的舌頭、鼻子、嘴巴與消化道還是滿相近的，應該可以替代滅絕的馬作為模式物種[5]。

詹森於是提供十字葉蒲瓜樹（*Crescentia alata*）的果實給馬吃，也就是史前巨型動物習慣吃的果實，大概類似超大的橘子。中美洲的原住民過去用石器將十字葉蒲瓜剖開做容器，後來則改用開山刀。即便如此，這種果實還是很難剖開。詹森給馬吃這種果實，如果馬有辦法咬開果實，種子就能進入牠們的消化道，然後被傳播到他處[122]。

馬的嘴巴咬合力可達五百五十公斤（相較之下，人類的咬合力頂多七十公斤，而且僅限臼齒）。在詹森的實驗裡，這樣的咬合力讓馬兒得以咬破大部分的十字葉蒲瓜，並吃下黑色的果肉與當中的種子，但仍然有些果實十分頑強而難以咬破。由此可見，這些果實是演化成適合口腔力量比馬更強壯的動物來食用與傳播，十字葉蒲瓜樹堅韌的果實，就是過去生態系裡最巨大的動物所享用的，比馬更小的哺乳類動物不可能吃到它們的果肉。

馬兒吃完那些比較容易咬破的十字葉蒲瓜後，在棲息地上四處移動，同時排泄出種子。這些種子在充滿養分的馬糞中萌芽，造就了一座座森林。當然事情不會這麼單純，但差不多是這樣的機制。過去野馬、嵌齒象、錐齒獸與大地懶對生態系做的事，部分由家馬代勞了，因此現在野生動物得以享受這些樹林[6]。現今哥斯大黎加的十字葉蒲瓜樹，可能多由過去幾百年家馬的活動所造成，類似案例還包括象耳豆樹（*Enterolobium cyclocarpum*，哥斯大黎加的國樹）、西印度榆樹（*Guazuma ulmifolia*）、雨樹（*Pithecellobium saman*），這些都是過去巨型哺乳動物常吃的果樹，如今可能換成馬或是牛來食用。馬跟牛當然無法完全取代大地懶與嵌齒象在生態系裡的棲位，但至少能彌補部分功能，尤其是在雨林裡被砍伐後亟需播種復原的區域。

因為這些實驗的成果，詹森不僅幫忙復育了部分森林，他也更加確信自己所研究的關於巨型動物相與大果實的假說，他對這整件事有了更多靈感，多到不能再想下去了。同時他也提出了許多可以被實證的假說，雖然他的研究重心不在這些實驗上，正如他電子郵件裡說的，他對於把餘生綁在「鐵杵磨成繡花針」之類的事「毫無興趣」。我們猜這意思是他對於最初的研究題目找到了令他滿意的結論。

但其實還有一個未解之謎：詹森的研究始於那些在母樹下被腐爛果肉包覆而逐漸死去的種子，但為什麼那些果樹沒有滅絕？史前巨型動物約在一萬至一萬兩千年前滅亡，但他研究的樹其實並沒有那麼古老，也許它們歷經了好幾個世代，也許它們的種子僥倖地活下來，然後幸運地發芽並長成樹，繼續繁衍自己的物種，但這是如何辦到的？

也許有些樹藉由牛跟馬來傳播種子，但這樣還是無法解釋其他牛跟馬不吃的果樹；再說，史前巨型動物與這些牛馬從歐洲引進美洲的時間差了約一萬年。有些樹種可能會依賴比較小的動物來傳播種子，例如囓齒類動物或鸚鵡[123]。最近一則來自巴西的研究顯示，在鳥喙較大的鳥種滅絕的地區裡，有一種棕櫚科植物演化出了體積更小的果實[124]。有些大型果實如果能在水中漂浮，也可能藉由河流傳播到其他地方。[7]但這些傳播模式足以解釋史前巨型動物愛吃的果樹是如何繁衍的嗎？我們還有另一個答案。

在史前巨型動物群滅絕後，人類族群在美洲與其他地區的分布變得更密集，也就更可能開始採食巨型動物過去會吃的大果實。很多這類果樹的果實，例如臭腳樹的果莢、十字葉蒲瓜，儘管演化出防止靈長類等小型哺乳類動物採食的堅硬外皮，仍無法抵擋銳利的石器。另一方面，這些果實原本是演化來吸引有大量營養需求的動物，因此果肉通常很甜，也可能帶有脂肪或是富含蛋白質。世界上如果真的有禁果，應該就是這類果實了，它們又香又美味，但數百年來靈長類卻吃不到一口。現在機會來了，巨型哺乳類滅絕了，顆顆果實掛在樹上令人垂涎欲滴，而且只要用尖銳的石頭就可以撬開。

也許人類接替了大樹懶、乳齒象、猛瑪象過去在生態系裡做的事，這樣的假說提供了一個直白又能被實證的猜測。如果人類真的接替了繁衍這些果樹的重要生態角色，那人類會吃的果樹，現在應該比人類不吃的果樹更常見。

一九八〇年代的詹森可能很難去驗證這些巨型動物傳播的果樹是常見還是罕見，因為熱帶植物分布的資料品質不好，也沒有系統性的整併過（連詹森都說他不想琢磨這麼細的問題）。這類資料到現在仍有待加強（而且在科學家收集這類資料之前滅絕的樹種，都不會有紀錄，大概就是一萬年前到一九二〇年之間滅絕的樹都不會有紀錄的意思）。不過目前來說，至少資料都有整併了，近來不少科學團隊使用整併後的歷史資料，來比對史前巨型動物傳播的果樹與其他果樹的相對稀有程度。研究顯示，靠史前巨型動物傳播的果樹面臨瀕危甚至滅絕的風險更大[125]。例如肯德基咖啡樹（*Gymnocladus dioicus*），這是一種依賴巨型動物傳播的果樹，擁有巨大的果莢，目前在所分布的範圍內都屬數量稀少，在河岸旁分布零星幾棵，可能是河水將種子沖上來的吧[126]。不過有一個研究團隊發現了有趣的現象。

馬丁・范・桑納維德（Maarten van Zonneveld）所領導的團隊屬於國際生物多樣性組織（Biodiversity International），是駐點在哥斯大黎加的全球性研究組織，他們彙整了一份清單，裡頭都是過去由巨型哺乳類動物傳播的美洲原生熱帶性樹種。他們把清單裡的物種分為三類：人類不吃的（根據美洲森林民族學研究）、人類會吃的、以及人類會吃而且也會種植的。接著他們就能計算這三種類群的物種地理分布的範圍。如果史前人類接手史前巨型哺乳動物的工作，吃下這些大果實並且傳播其種子，甚至刻意栽種這些果樹，范・桑納維德預測，人類覺得好吃的果樹，分布範圍應該會比較大，人類覺得不好吃甚至不吃的果樹則相反。

這個預測在美國皂莢（*Gleditsia triacanthos*）上實現了，美國皂莢是豆科喬木，跟詹森研究的臭腳樹一樣都有又長又硬、外觀如豆莢般的果莢，裡面的種子被甜美的果肉包覆著；這些果莢也和臭腳樹一樣落果後都會腐爛。可是美國皂莢卻是到處叢生，尤其在北卡羅萊州的西部跟田納西州的東部，即便這種樹最適合在乾燥高地的土壤發育，卻通常長在比較潮濕的棲地，例如河岸旁邊。最近由紐約州立大學布法羅學院的生態學家勞勃・華倫（Robert Warren）所做的研究指出，美國皂莢最常見的地區，過去正好是美國原住民曾居住的聚落，也就是切羅基人（Cherokee）約在一四五〇年至一八四〇年間的地盤[127]。切羅基人會將美國皂莢做成飲料，尤其是把它的果肉當糖用，十分合他們的口味。因為這樣的民俗植物文化，切羅基人與他們的祖先讓美國皂莢得以繁衍下去，他們還可能主動種植這些果樹，因此切羅基人所到之處都有美國皂莢。如果對於人類來說，最美味的巨型動物傳播類的果樹都有類似情況，那會發生什麼事？范・桑納維德就是想要研究這件事。

雖然我們不可能知道美洲史前人類的口味偏好，但范・桑納維德至少可以找到近百年來美洲熱帶雨林地區居民會吃的果樹物種資料庫。舉例來說，這個資料庫裡有臭腳樹（*Cassia grandis*）與其兩種親緣相近的果樹（*Cassia leiandra* 與 *Cassia occidentalis*）的資料，由此可知人類會吃它們，除此之外並沒有更多細節（例如誰吃、在哪個地區的人吃的、什麼年代會吃）。但這樣的資料也足夠了。當范・桑納維德團隊比較巨型動物傳播的果樹中有人吃跟沒人吃的物種分布範圍後，他們發現有人吃的果樹分布範圍約為沒有人吃的一點五倍大，人類目前仍會栽種的物種也維持更大的分布範圍[128]；相反地，過去或現在不

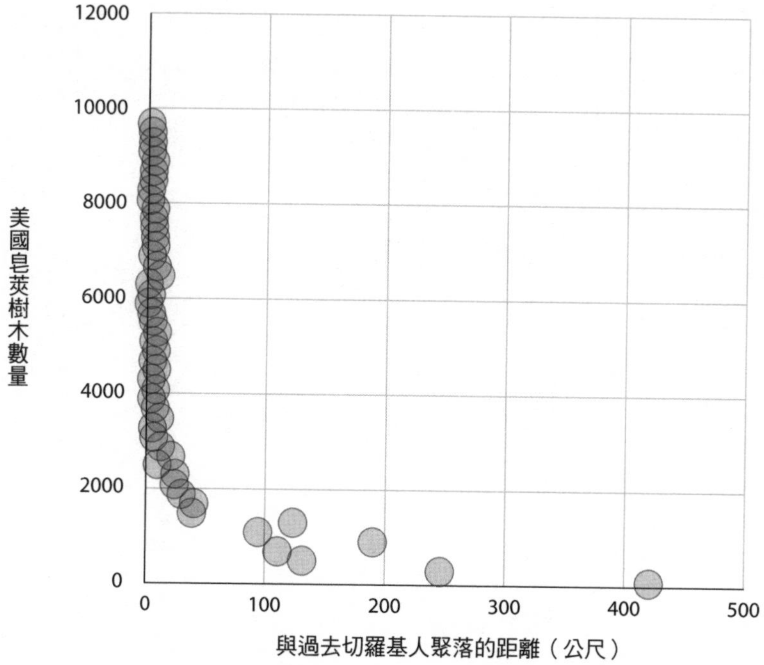


**圖5-2　美國皂莢分布密度與切羅基人過去聚落的距離遠近之關係。**

受人青睞的果樹物種，分布範圍比較小且逐漸萎縮，包括臭腳樹的一些親緣物種。

顯然，人類確實藉由吃，而拯救了不少過去由巨型動物傳播的果樹，或者應該說這些果樹的美味拯救了它們自己，或也可以說我們人類認定美味的標準拯救了這些物種。與此同時，其他利用氣味吸引巨型動物的果樹，日以繼夜地等待卻仍等不到已經滅絕的傳播者，只能日益凋零[8]。

# 6 香料源始

世上的風味有無數多種，因為環境中任何具有溶劑特性的物質，都會溶入其獨有、與眾不同的風味……

——布西亞—薩瓦蘭

豬聞到馬鬱蘭＊（marjoram）精油就會逃得遠遠的，對每種藥膏都滿懷畏懼；因為這些讓人彷若新生的成分，對於佈滿鬃毛的豬隻來說，只是令人厭惡的毒物。

——盧克萊修，《物性論》

在哺乳動物演化史的前三億年中，我們的祖先總是在牠們所能接觸到的各種物種中挑

＊譯註：又名馬郁蘭、墨角蘭。

選食物來源。他們會偏好某些風味，像是喜愛猛瑪象勝過吼猴。我們的祖先之中，有些比較挑食、有些不那麼挑（就像今日的我們一樣，牠們也有個體差異），但是牠們從不曾有能力挑選大自然中不存在的風味。牠們似乎也不曾將不同的風味混合在一起過，除了在牠們的口腔這溫熱的「碗」中不經意地混合之外。烹煮食物提供了新的風味，但那些可能性還是有限。直火燒烤的猛瑪象掌肉，可以透過火候的調整讓肉濕一點或乾一點、外皮酥脆一點或軟一點，但終究還是猛瑪象掌肉。在風味的故事中有個重要的轉捩點——我們的祖先開始在煮過的食物中加入香料。使用香料，讓人類祖先得以利用植物中所含的多樣化學成分、也得以發揮人類學習享受幾乎任何香氣的能力。他們先是創造了香氣味覺的新組合，然後學會如何喜愛那些組合。

就我們目前所知，除了人類以外，沒有生物會將不同的材料混合在一起料理食物。黑猩猩不會在牠們的肉中加豌豆，也不會加香料[1]。不只如此，在人類之中，使用香料也不是舉世皆然的行為。有些人類族群完全不使用香料。舉例來說，《長弓的遊牧民族》（*Nomads of the Long Bow*）一書作者亞倫．霍姆伯格（Allan Holmberg）就觀察到，玻利維亞的西里奧諾人（Sirionó）在料理時不會加任何香料[129]。包括亞諾馬米人（Yanomamö）在內的其他亞馬遜地區狩獵採集社會，人們的傳統料理中似乎也不含香料。少數的例外之一，是有些人會將某些植物的灰當作一種鹽來使用。[130]在這一點上，亞馬遜地區的族群並不是特例。許多其他的人類族群，傳統上似乎也都很少在食物中使用香料，甚至完全不用。

我們這裡用的「香料」一詞，泛指在食物中通常只會少量添加、為了營養以外的其他目的而使用、且重點在於香氣及風味的植物部位。有些香料是植物的葉片，我們常稱之為「香草植物」。胡椒薄荷、綠薄荷、奧勒岡葉（oregano）*、羅勒、月桂和香茅都是香草植物。在這些植物的葉片表面，我們可以發現圓滾滾的小型球狀腺體，是植物儲存特定化合物的地方：當我們在口中嚼碎、刀下切碎或手中撕碎葉片、讓這些球體像微型炸彈般爆開來的時候，那些成分就會飛散、混入空氣中。也有許多香料來自種子，像是芥菜子、孜然、大茴香（anise）†等等。另外有一些是來自完整的果實，像是辣椒、黑胡椒、檸檬和萊姆等等。至於大蒜、洋蔥和它們的許多近親則來自於鱗莖；丁香來自於花苞；而番紅花則是番紅花裡頭的雌性生殖器官。

使用香料乍看起來很簡單：在盆子、鍋子或碗裡加一點點什麼東西，就能改變做出來

* 譯註：又名牛至。
† 譯註：又名西洋茴香、洋茴香、茴芹。

的食物風味。但其實這一點都不容易。首先，你通常會需要有個鍋碗瓢盆，或起碼某種可以混合食材的容器（雖然香料也可以直接抹在要料理的肉的表面）。沒有的話也有備案：在地上挖個洞、將洞壁密封之後就可以當作容器使用（可以在其中放入燒熱的石頭，將液體煮滾）。但還有另外一個問題：其本上今天我們會用來給食物調味的所有香料，都是來自於氣味強烈的某個植物部位，不論是鱗莖、葉子或種子。這些植物大部分會演化出氣味強烈的化學物質，以便用這些化合物驅趕外敵。

數億年前，最初的植物登上了陸地。而在很久很久之後，最初的動物爬上岸邊時，這些植物的防禦措施還相對缺乏。對於這第一批旱鴨子草食動物來說，整片陸地就像一碗巨無霸生菜沙拉。但情勢很快便改觀了：在演化的壓力下，有辦法產生有毒葉片或種子等生殖器官的植物，更有機會存活，而最終存活到現在的，也就是那些植物。

到最後，大部分的植物都演化出了一些防禦措施。有些防禦措施是物理上的：比方說，原野上的草本植物在葉片中有細小的矽石結晶，即使是體型最為巨大的草食性哺乳動物也會退避三舍。矽石讓草的口感變得極糟：食用含有大量矽石的植物，就像是吃下一盤上面灑滿沙子的生菜沙拉[131]。不過，很多植物用的是化學武器。這些植物演化出了化學性防禦，可以用來懲罰想將它們吃下肚的草食動物，害牠們抽搐、嘔吐，甚至喪命。這些防

**圖6-1　薄荷的葉片表面。葉片表面癟掉的大型球體，是薄荷跟許多香草植物存放化學武器的細小容器。當葉片被啃咬、撕裂或擠壓時，容器的內容物就會釋放出來。**

禦措施經常同時扮演兩個角色：驅趕草食動物，以及殺死病原菌。而必須應付這些化學成分的各種動物，也演化出了各種反制策略（如同某些病原菌），包括分解某些防禦性化學物質的能力。面對這種情勢，植物又演化出了新的防禦措施。地球上的植物及植食動物會有如此豐富的多樣性，這場來來回回的拉鋸戰功不可沒[132]。它至今仍在持續上演。在地中海沿岸一帶，生長著許多百里香屬（*Thymus*）的物種以及變種。不同變種的百里香會散發不同的防禦性香氣：光是在兩座相鄰山丘上生長的不同變種，散發的香氣往往就各自不同。研究顯示，不同山丘之間百里香的香氣差異，部分取決於當地哪一種植食動物或其他天敵最為常見[2]。在少有綿羊出沒、但蛞蝓很常見的地方，散發出能驅趕蛞蝓的香氣的變種便欣欣向榮。在綿羊四處可見的地方，則是散發出綿羊厭惡的氣味的變種最為普遍。同樣地，在地中海地區還有一種歐風輪屬植物（thyme basil）[3]，當它們生長在山羊和綿羊等動物無法進入的地區時，產生的香氣分子量就比較少。因為若不需要警告什麼動物時，就不大必要放出太多警告訊號。根據以上兩點以及其他觀察，有些科學家進一步主張：在地中海地區和中東地區各種植物的香氣，就是數千年來被放牧的綿羊及山羊取食之下的影響。能存活下來的，都是防禦措施最強的植物物種和變種[133]。舉例來說，在歐洲的各種百里香之中，地理分布最廣泛的變種，也正好是化學防禦最強的那一種[134]。

植食動物和植物之間的戰爭從未完全止息，也永遠不會止息。但是我們人類的身體，卻跟很多種類的植物簽下了停戰協定。那些停戰協定以我們口腔中所感受到的苦味表現出來。包括人類祖先在內的各種動物都有演化出苦味受器，警告牠們遠離自身無法解毒的植物。每一種動物具有的受器都有些不同，反映出了哪些化學物質牠們有辦法解毒、哪些則沒辦法。苦味受器讓動物能夠輕易辨識出那些不能吃的植物。比方說，我們有種苦味受器告訴我們不能吃含有番木鱉鹼的植物，還有另外一種叫我們要避免咖啡因。啤酒花中有十五種不同的化合物，每種都會讓人類的三種苦味受器之中起碼有一種被活化[135]。相對地，植物也有所貢獻：它們演化出了一些本身沒有毒性、但卻可以警告毒素存在的氣味。就像是帝王斑蝶的顏色樣式，會告訴鳥類「別吃我」，某些植物的氣味也會釋放出一樣的訊號。如此，動物們可以避開聞起來好像有毒的植物，進而避免嚐到味苦的植物，增加自身的存活機率、也讓植物得以多了幾分清閒。

使用香料，就是在忽視大自然給的勸誡。我們人類會故意去採集含有大量防禦性物質或警戒性氣味的植物，並把它們加到食物裡，通常一次只加一點點。像蒲公英和蒔蘿的苦味，其實就是毒素。而大蒜、薄荷、百里香和蒔蘿的香氣，則是警告毒素存在的訊號。它們擺明了就是在說「你們這些牙尖口臭的野蠻傢伙快給我走開，否則就讓你們吃不完兜著走。」不甩這些植物的警告訊息而照樣把它們吃下肚，是個很大膽的行為，但是我們做這件事早已做到麻木且習以為常了。我們是如此習慣品嚐香料的風味和香氣，已經不會覺得這樣的行為其實非常詭異。關於香料，有兩個問題我們必須回答：我們必須解釋人們是怎麼成功說服自己，相信這些香料的風味會帶來愉悅感？我們還必須搞懂為什麼人類當初會開始做這件事，為什麼會在食物中加香料、並享受香料調味過的食物？

關於第一個人們如何學會喜愛香料的問題，其實比較容易回答。打從胎兒還在母親子宮裡的時候，就會開始學習享受某些香料的香氣（以及風味），並在出生之後繼續強化這些他們學到的經驗。

在懷胎期間，母親所吃的食物的味覺和氣味，胎兒一樣會接觸並品嚐到。食物中的化學物質會進入羊膜液、跑進胎兒的鼻子裡：胎兒有辦法嗅聞自己身處的那片小小海洋。胎兒似乎先天就傾向認定，在自己悠游的環境中所聞到的母體香氣是令人愉悅、在出生之後也值得追求的好香氣。就算那香氣是來自植物的防禦性成分也一樣。舉例來說，母綿羊食用大蒜後，牠們的羊膜液聞起來也會帶有大蒜中的防禦性物質的氣味。[4] 聞到這種氣味的綿羊胎兒，在出生之後便會因為有過接觸經驗，而較為偏好那種氣味。若是在懷孕大鼠的羊膜液中注入大蒜萃取物，大鼠的小孩在出生後，只要聞到大蒜的氣味就會不由自主地開始噘起粉紅小嘴吸吮起來、並四處尋找母親。「你在哪裡，我親愛的蒜味媽媽？」

對人類進行的研究，實驗侵入性沒有那麼高，不過結果依然類似。法國國家科學研究中心（National Center for Scientific Research，CNRS）的貝諾瓦·夏爾（Benoist Schaal）及其同事們在一項研究中，比較了兩群來自法國阿爾薩斯地區（Alsace）的女性。在其中一群女性懷孕的最後十天，研究人員提供了大茴香口味的薄荷糖、餅乾和糖漿任她們盡情享用。對於另外一群女性，研究人員則不提供任何大茴香口味的食物，也要求她們不要食用任何含大茴香的食物（她們顯然有遵照指示）。研究者藉此比較，這兩群女性所產下的新生兒，對於大茴香氣味來源的茴香腦的偏好程度是否有所不同。懷孕期間沒有吃大茴香的母親，嬰兒出生後接觸到稀釋的茴香腦樣本時通常會露出不悅的表情。[136][5] 相反地，懷孕期間有吃大茴香的母親，生下的嬰兒則比較可能會將頭轉向茴香腦，伸出舌頭，並做出彷彿是在舔嘴唇的動作。

另一項對人類進行的研究顯示，母親在懷孕期間如果曾吃過大蒜，新生兒聞到大蒜的氣味時便會噘起雙唇吸吮。同樣地，在懷孕期間吃豌豆、四季豆以及如卡芒貝爾乳酪、蒙斯特（Munster）乳酪及埃普瓦斯乳酪（Époisses）等氣味濃郁的乳酪，也有研究發現會導致相似的效果。母親在懷孕期間曾吃過豌豆、四季豆和其他綠色蔬菜的八個月大的嬰兒，會偏好綠色蔬菜帶有的氣味（2-異丁基-3-甲氧基吡嗪，2-isobutyl-3-methoxypyrazine）；若是母親在懷孕期間吃過氣味濃郁的乳酪，嬰兒則會偏好二甲硫醚（dimethyl sulfide，在氣味濃郁的乳酪以及大蒜中都存在的成分）。在哺乳期間有吃魚的母親，養出的嬰兒也通常會喜歡魚味——或起碼是喜歡魚中含有的三甲胺（trimethylamine）分子的氣味[137]。在有吃魚的母親的羊膜液及母乳中，都可以找得到三甲胺的蹤跡。羊膜液及母乳中的氣味所造成的這些現象，似乎可以維持到童年時期或更久之後，雖然並不總是如此[138]。

大自然告訴人類以及其他動物，要信任他們的母親和母親吃下肚的食物的氣味。在過往人類祖先規模較小的族群中，母親所吃的東西的氣味，通常就等同於族群中其他成員所吃的東西的氣味，少有例外[6]。

人類身為哺乳動物的一員，透過在出生前及出生後的嗅覺學習，得以一代一代累積對自己有益或有害的食物知識，甚至不需要人教。回想一下黑猩猩的飲食傳統：對黑猩猩寶寶來說，出生前的學習，也許就已經足以讓牠們認識很多該吃的食物，特別是氣味強烈的食物。人類與黑猩猩六百萬年的共同祖先大概也一樣。現代人類確實是如此，而且還有個額外的特徵：人類使用語言的能力，能幫我們為這套傳承偏好的古老系統再添加一層複雜度。我們母親的身體教導了我們要喜愛什麼風味，而父母的話語也再三提醒此事。除了這兩方面的影響，整個社群中其他人的行為以及飲食習慣，也會助我們一臂之力，時時提醒我們人類喜愛什麼風味。因此，我們的老祖宗應該很容易就學會了如何喜愛香料，同時也忘記了自己並非自古以來總是喜愛香料。

但是，人類究竟是什麼時候開始使用香料的，又是為了什麼目的？為何人類最初會需要開始學習如何喜愛香料？考古紀錄中偶爾會發現可能是人類使用香料的證據（也可能不是）。舉例來說，在敘利亞的德德里耶（Dederiyeh）岩洞中，人們曾在六萬年前尼安德塔人的爐床裡發現朴樹子（hackberry，*Celtis* sp.）[139]。那個地區的朴樹子跟北美洲的一樣並不怎麼好吃，單吃實在感受不出價值所在。美國西南部沙漠地區的原住民族群會使用朴樹子作為香料。他們會在料理肉類時加進朴樹子，就像人們使用乾胡椒粒的方法一樣。尼安德塔人是否為了增添風味，而在肉上蓋滿朴樹子之後再烹煮？我們至今還不知道。

人類使用香料最早的確切紀錄之一，年代出乎意料地晚近，是來自於一處定年結果最老不會超過六千六百年歷史的遺址。這項證據的來源，是由考古學家海利・索爾（Hayley Saul）、約克大學（York University）教授奧利佛・克雷格（Oliver Craig，當時是索爾的指導教授）以及其他在西班牙和丹麥的同事們進行的一項研究。這項研究調查了好幾個考古遺址，但最詳細調查的地點是一處位於德國北部的遺址，來自於農業技術正逐漸北傳、狩獵採集者飲食習慣逐漸轉變的年代。在稱為諾伊史塔特（Neustadt）的那處遺址中，最早約在西元前四千六百年左右便有狩獵採集族群居住，而後他們持續在原地居住了約八百年，並逐漸轉型為農業生活。根據此處遺址的陶瓷器製作方式和飲食內容的改變，索爾、克雷格和同事們得以研究人類從狩獵採集生活到農業生活的轉變過程。最早在這個遺址居住的狩獵採集者，以製作一種稱為「爾特伯」（Ertebølle）風格的大型陶製容器聞名，因此也被稱為爾特伯人。而在較晚期於此地行農耕生活的居民，製作的是一種較小、稱為「漏斗燒杯」（funnel beaker）的陶器，因此被稱作漏斗燒杯人。（根據這套命名規則，現代人應該會被稱為「塑膠杯人」。）

索爾、克雷格和同事們在遺址中發現了一些爾特伯陶製容器，內含有考古學家稱之為食物殘渣（foodcrust）的東西。這些食物殘渣首先是遠古北歐人不太擅長洗碗的證據。但它也可以用來研究這些人過去都吃些什麼。爾特伯狩獵採集者的食物殘渣中既含有肉類也有植物（而後期的漏斗燒杯人的陶器，通常用途比較專一，只含有肉類或只含有植物）。索爾透過多種實驗技術判斷：爾特伯人的食物殘渣中所含的肉類是來自於野生動物，大約一半來自海洋、一半來自陸地，比如說來自魚肉和鹿肉等等。索爾同時也發現，雖然有一些植物成分是澱粉類（克雷格在一封電子郵件通訊中猜想，有可能是榛果和橡實），但大部分的植物成分都來自於蔥芥（garlic mustard，*Alliaria petiolata*）的種子。蔥芥並非蔥或蒜的近親，而是芥茉家族中蒜味較重的成員。索爾、克雷格和同事們提出假設，認為他們在容器裡發現的蔥芥殘塊，過去曾被當作香料使用。也就是說，他們似乎發現了證據，顯示爾特伯狩獵採集者曾煮過一種古老燉肉，內含肉、脂肪、一些澱粉，還有帶蒜味的香料。當時的食譜似乎很簡單，大概就像這樣：

> 取得魚肉或是哺乳動物的肉。將肉、骨頭和筋腱一起加進裝水的陶製容器中。在煮的過程中加入榛果或根莖類蔬果。加入蔥芥直到對味。好菜上桌了，大家慢用。

索爾、克雷格和同事們也在一些煮食用的容器中發現了蜂蠟（beeswax），這顯示食譜中也可能加入蜂蜜。克雷格在一封電子郵件中寫道，他猜想爾特伯狩獵採集者或許是為了能做這些類型的菜，才開始製作陶製容器的。「有沒有可能，人們主要是基於新的烹飪審美觀、為了融合出新的風味和質感，才發明並改良這種煮食用陶甕的？」

我們猜想，不論是在陶甕中，或是在其他容器中使用香料，這種烹飪審美觀在各別文化中，很可能是基於不同的原因，也牽涉到不同的香料。有些香料的運用，可能反映某個文化獨特的美學。有些香料的運用，則可能源自於預防疾病的食藥合一概念。康乃爾大學

（Cornell University）的退休教授保羅・薛曼（Paul Sherman）曾主張，人們最早開始使用香料，可能是為了殺死食物中的致病菌。香料也可能避免病菌在放了隔夜或是隔了好幾天的食物（或是被忘在沒洗乾淨的容器中的食物）中滋生。人類也許特別會選用那些有助於保存食物、香氣濃厚的植物部位作為香料[140]。這種將把植物當作香料使用的行為，有可能是源自歷史更久遠、將植物當作藥材使用的行為。即便今日，也有許多香料同時具有香料和藥材的用途。比方說，有些人會使用一種叫做苦葉樹（*Vernonia amygdalina*）*的植物，既作為藥材也作為烹煮食物的香料，奈及利亞的埃古斯燉肉（egusi）中，就有加入這種植物[141][7]。

我們目前已知人類在出生前或出生後學會分辨氣味好惡的方法，與薛曼的假說十分吻合。如前所述，出生前的學習經驗，能教會人喜愛各式各樣的氣味（以及與其相關聯的風味）。但是在出生後的生涯中，還會有新的學習經驗去強化、補足那些經驗。我們在第三章提過，人類在學習不同氣味時排名的依據，部分取決於對氣味所留下的記憶是好是壞。跟許多美好回憶連結在一起的氣味，就會獲得正面評價。因此我們或許可以想像，胎兒若是

* 譯註：又稱為南非葉、桃葉斑鳩菊、扁桃斑鳩菊。

在子宮中接觸到大茴香的氣味，他可能出生時就已經會偏好大茴香的香氣與風味。而如果他在嬰幼兒時期或是往後的童年中，又繼續累積與大茴香相關的正向經驗，他出生時的偏好就會進一步加強。相對來說，與病痛相關聯的氣味，人們馬上就能牢牢記住那很糟糕。比方說，若是某種氣味跟嘔吐的經驗牽連在一起，人們只需要那一次經驗，就有辦法記住從此要討厭那種氣味（這種現象稱為加西亞效應〔Garcia effect〕）。因此，人類可能會透過在子宮中或是出生後的經驗，逐漸學會喜愛那些讓食物得以安全食用的香料。而缺少香料的料理只要讓人吃壞肚子一次，就足以讓人記得，沒放那些香料的食物香氣是糟糕的。

從薛曼的想法，可以推導出好幾項預測。有一些預測比較複雜微妙。比方說，人們使用香料的方法，應該會能夠讓各種香料中所含的殺菌成分維持最高的活性。加熱後依然有活性的成分，就可能會使用在烹煮過程中；而未加熱時活性最高的成分，則比較可能用在生食中。但是最基本的一項預測，就是香料應該要能夠殺死食物中的致病菌。起碼根據在含有特定香料和不含香料的培養皿中分別培養細菌的結果來看，許多香料確實有這個功效。如圖六之二可見，實驗室中的研究結果顯示，**有些**香料植物確實有抗菌能力。或者應該說，起碼它們在實驗室中測試的濃度之下具有抗菌能力（但有些植物則即使在那些濃度之下，也完全沒有抗菌能力）。在具有抗菌能力的香料中，大蒜以及其他蔥屬植物

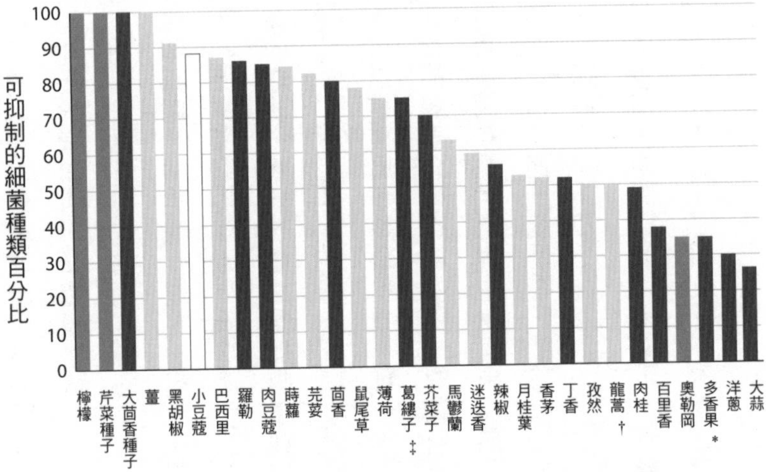


**圖6-2　各種香料或其內含成分，在食物中能夠抑制生長的病原菌種類百分比。不同的顏色代表該香料來自不同的植物部位。深灰色代表鱗莖、根或塊根；黑色代表種子或果實；唯一的白色代表樹皮；淺灰代表用作香料的葉片。**

---

* 譯註：又名眾香子、牙買加胡椒。

† 譯註：又名香艾菊。

‡ 譯註：又名凱利茴香、香芹籽、藏茴香。

（*Allium*，像是洋蔥和韭蔥）是研究比較透徹的例子。

大蒜和其他蔥屬植物具備一套獨特的化學武器，可以用來保衛自己。在大蒜裡面，這套武器仰賴兩種關鍵的成分：蒜苷（alliin）和蒜苷酶（alliinase）。這兩種成分儲存在大蒜鱗莖細胞*中不同的部位，只有在鱗莖受損時兩者才會接觸到。蒜苷酶是一種酵素。當鱗莖受啃咬時（不管啃咬的是昆蟲、囓齒類動物或人），蒜苷酶便會接觸到蒜苷，並立刻將其轉換為大蒜素（allicin）：蒜頭的刺鼻臭味就是大蒜素造成的。洋蔥也是類似的情況，只是有額外多一個反應，將洋蔥之中類似大蒜素的成分再次轉換成一種「催淚劑」成分。洋蔥不是唯一一種會製造催淚劑的蔥屬植物；大蒜也會。但是洋蔥所製造的催淚劑比其他蔥屬植物都多。這些催淚劑跑進你的眼睛（或是森林中囓齒類動物的眼睛）之後，會刺激神經末稍，還會分解為硫酸和其他甚至更討厭的化合物[8]。

即使有這種防止自己遭動物取食的強大防禦措施，大蒜和其他蔥屬植物還是廣泛出現在世界各地的食譜中。這類植物很有可能就是我們所描述的，人們可能曾經因其抗菌能力而（從古往今來的母親身上）學會喜愛的香料植物。但是至今還沒有人做過實驗，復刻出

* 譯註：原文沒有提到「細胞」，但實際上是蒜苷存在於細胞質中、蒜苷酶存在於液胞中。為避免讀者誤以為兩者是存在不同的組織中，這裡特別說明。

含大蒜和不含大蒜的版本的遠古料理，看看會發生什麼事。於是我們決定自己來試試看。最近，我們與北卡羅萊納州羅利市兩間高中的學生合作，烹煮一道叫做普哈迪（puhadi）的燉羊肉料理，分別準備含有蔥屬植物和不含蔥屬植物的兩種版本[9]。接著我們將這道燉肉放在室溫下，觀察過幾天後裡頭會長出什麼樣的微生物。我們所使用的普哈迪燉羊肉食譜，來自耶魯—巴比倫典藏庫（Yale Babylonian Collection）中，在三千六百年歷史的的黏土板上用楔形文字寫成的一系列食譜[142][10]。最近，哈佛大學和耶魯大學的學者們在一本名為《古代美索不達米亞會說話》（*Ancient Mesopotamia Speaks*）的書中重建了這些食譜[143]，其中幾乎每篇食譜都使用了不只一種蔥屬植物。我們選了普哈迪燉羊肉，是因為這道菜用上了四種不同的蔥屬植物：洋蔥、紅蔥頭、大蒜和韭蔥。食譜如下：

燉羊肉。使用肉。準備水。加脂肪。加入磨細的鹽、乾燥大麥糕、洋蔥、波斯紅蔥頭和牛奶。將韭蔥和大蒜切碎後加入。

類似這樣的蒜味燉肉，很有可能早在古巴比倫的年代之前，巴比倫地區或是其他地方，就曾經有人品嚐過了[11]。

高中生們照著食譜煮出了普哈迪燉羊肉，並且煮了有加大蒜和沒加大蒜的版本。接著開始觀察會發生什麼事。讓他們十分高興的是，沒有加蔥屬植物的版本很快就餿掉發臭，而有加蔥屬植物的版本，基本上維持了好幾天都沒什麼變。

歷史上人們運用蔥屬植物的方式，似乎吻合我們在「有些香料最初功能是抗生素」的假設下會預期觀察到的情況。蔥屬植物有抗菌能力，包括在實際加入料理的時候也是如此。而且人類有能力學習去喜愛這些植物的味道，雖然我們先天傾向避開那味道（而植物的原意也是如此）。但是如果香料主要與食物保存有關，那麼哪裡的人們會使用香料、會如何使用香料，我們應該也能觀察到一些整體規律。我們應該能預期，在氣候炎熱潮濕、病菌生長迅速的地方，人們會比較常使用香料。預測很容易，但是要實際驗證卻不簡單。薛曼和一名學生珍妮佛．比靈（Jennifer Billing）嘗試了一個方法：他們整理世界各地的食譜，並比較食譜中平均使用幾種香料。結果發現：一個地區的氣候越炎熱，平均在食譜中就會出現越多種的香料，一如他們所預期（圖六之三）。但是也有其他原因可以解釋這種規律。比方說，也許只是在炎熱潮濕的環境中有比較多種適合作為香料的植物生長。理論上，我們應該有辦法透過統計分析來分辨這兩個假說何者的解釋力較好，但是目前還沒有研究檢驗過這一點。

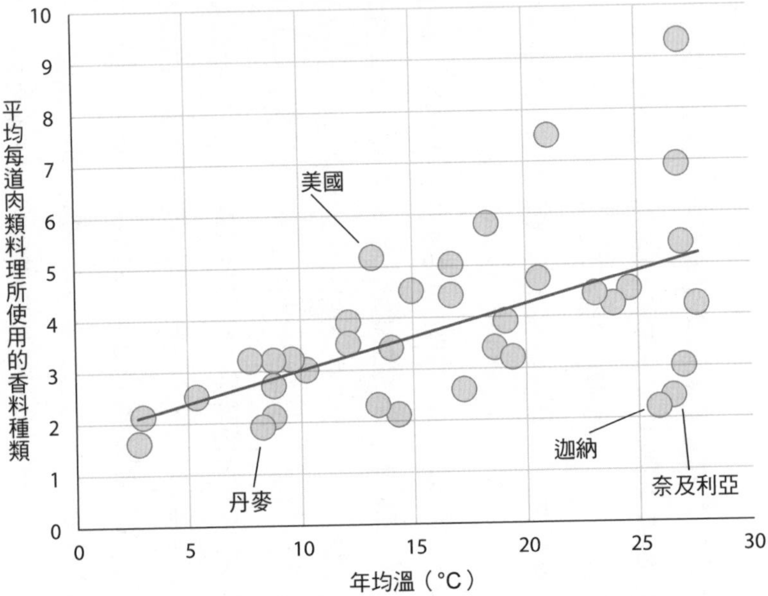


圖6-3　各個國家的年均溫，以及該國家平均每份食譜所使用的香料種類多寡。每個點代表一個國家。氣候較溫熱的國家，通常會在料理中使用比較多種香料，特別是肉類料理。如丹麥、迦納和奈及利亞等在斜線下方的國家，使用的香料種類比由年均溫所預測的來得少；如美國等在斜線上方的國家，使用的香料種類比預測的多。

薛曼和比靈也預測，香料應該更常使用於肉類料理（因為肉類料理比較容易滋生病菌），而較少用於蔬菜料理中（就歷史來看，在蔬菜料理中會滋生的病菌少很多）。至少經過初步分析所顯示的結果，似乎是符合這項預測。但是也有可能，記載在在料理書籍裡面的食譜及其所屬文化，並非隨機採樣自世界上所有的食譜及文化。有些飲食比較依賴（或曾經比較依賴）肉類的人類族群，例如亞馬遜地區或北極圈的狩獵採集者，便很少使用香料，或是根本不使用香料。只是這些文化在料理書籍中較少出現。即便如此，薛曼和比靈的分析結果，最起碼證實了人們在烹調肉料理時，確實很常使用香料。

在肉上加香料並不是現代的嶄新發明。我們可以想想古羅馬人馬庫斯．加維斯．阿皮修斯（Marcus Gavius Apicius）（生卒年份約為西元前八十年至西元二十年）在他的著作《烹飪的藝術》（*De re coquinaria,* *"On Culinary Matters"*）中提到的一道肉類料理。這本又名《阿皮修斯》（*Apicius*）的書中提及，要準備這道料理只需要：

> 胡椒、歐當歸、巴西里、乾燥薄荷、茴香，以及用葡萄酒潤濕的花朵；加入來自本都地區（Pontus，現今土耳其北部）的烘烤堅果或杏仁、一點點蜂蜜、葡萄酒、醋，並加入清高湯調味。在鍋中倒油、加熱並攪拌醬汁、加入綠芹種子和貓薄荷。分切家禽肉並淋上

醬汁。

我們算了一下，這一道菜餚裡就用了起碼七種香料：這道料理就算沒有任何香料，也已經充滿了豐富的風味，而在增添了如此繁複狂野的化學成分之後，大概可以抵禦病菌很長一段時間了。

看起來，似乎已經有足夠充分的證據顯示，人們使用某些香料，跟那些香料抑制食物中病菌滋生的能力有關。人類學會了珍惜那些造福他們生活的香料，同時也很快學會要避免那些經常讓他們生病的香料和其他食材。要能夠學會這些事，關鍵在於人們認識氣味、並將氣味與正面或負面的感官經驗連結起來的能力。

但這並非故事的全部。首先，許多曾經作為某種食用藥材使用的香料，在今天使用的地區已經不怎麼有辦法發揮實際功效。比方說，想像一下你在義大利南部享用著一塊瑪麗娜拉披薩（marinara pizza）：那塊剛烤好的披薩閃耀著在地橄欖油的光澤、散發出滿滿大蒜香氣，已經準備好馬上給人們吃掉。病菌在那塊（不含肉的）披薩上滋生的風險幾近於零，而且大概放不放大蒜都沒差。也許，就算人們最初是因為特定的功能才開始利用某種香料，香料也還是可以很快地扮演新的角色，為食物增添充滿趣味與刺激的層次。但我們

（在西方社會的這些人）現在是如此喜愛大蒜，乃至已經很難想像大蒜除了帶給人們享受之外，還會有什麼別的用途。所以也許我們可以透過另一種香料來思考這個現象——啤酒花。

啤酒花是蛇麻（*Humulus lupulus*，唸起來有些逗趣的名字）這種植物的花。人們最早是基於安全考量，而將這種花朵（或是其圓錐狀的花序）加入啤酒之中。我們會知道這點，是因為啤酒花的使用起於中世紀，而且使用原因也被記載了下來。加入啤酒花有助於殺死可能會讓啤酒腐壞的細菌。因此，加入啤酒花的傳統啤酒保存期限較長，也較適合運送。但是啤酒花味重的啤酒一開始並不受消費者歡迎，即使在今日，還是有些消費者不喜歡那一味，而較習慣喝啤酒花味較淡的啤酒。但是隨著時間演進，越來越多人開始欣賞啤酒花的風味。它為啤酒增添了獨特、嶄新的層次。有些習慣喝啤酒的人，開始學會將啤酒花味與愉悅感做出連結（我們希望這個學習過程不是發生在嬰兒出生前，雖然確實有可能曾發生過）。如今，啤酒花對於啤酒的保存幫助已經有限（在啤酒釀造的過程中，有許多其他方法可以抑制有害的細菌），所以加入啤酒花的原因，顯然已是為了它帶來的獨特風味。這種可說有點苦的味道，其實是個警告訊號，但即使它不斷叫我們遠離，我們卻還是越喝越上癮。

所以回頭來看，我們可以想像，在炎熱潮濕（且病菌滋生較快）、沒有冷藏技術、或是其他病菌滋生容易造成問題的環境中，使用一些香料可能具有實用價值。但是我們也可以想像，在食物比較清淡無味、人們更有動機增添新層次飲食經驗的地區和文化中，香料的使用也可能會更頻繁。這種情境或許發生在人們開始馴化穀物之後：在那個年代，人類的飲食——特別是都會地區的人類飲食——開始變得沒那麼多樣化，而更主要由稻米、小麥、小米或玉米等穀物占據要角。也就是說，香料可能是把人們身邊的食物變得比原本更誘人的利器。從這個角度來看，在一碗飯中加入香味為其增添風味，跟黑猩猩使用工具捕食螞蟻並沒有太大的差別。雖然這項假說聽起來可能性很高，但是要從歷史的角度來研究卻是困難重重。要探討香料在人類享受食物的過程中扮演的角色，也許最簡單的方法，是去研究那些沒有抗菌能力的香料。

從圖六之二中，你大概可以注意到，雖然有些香料的抗菌能力很強，但並非所有香料都是如此。黑胡椒就屬於那些保存食物、抑制病菌滋生能力很低的香料之一。黑胡椒在歐洲，自古至今都是一種具有指標意義的香料。哥倫布會出航尋找通往印度的新航路，就是為了找尋包含黑胡椒在內的數種香料。在歷史上的某些時刻，黑胡椒甚至比黃金更值錢。但是現代研究食物安全的專家，像是我的同事班・查普曼（Ben Chapman），反而將黑胡椒視為食物中致病菌潛在的**來源**之一[144]。有些病原菌就藏在胡椒粒的縫隙之中，十分愜意地生存著。使用黑胡椒，似乎跟抑制食物中的病原菌沒什麼關係。人們最初開始使用黑胡叔，有可能是為了增添新的食物風味。然而，黑胡椒還有另一種效果。

黑胡椒以及其他幾種香料都能夠觸發舌頭上一種特別的受器，牽涉到一種完全不同的味覺，這種味覺獨特到人們給它取了個有點艱澀無趣的科學術語：化學味覺（chemesthesis）。當食物中的化學成分觸發了與疼痛或觸覺有關的受器，那就是化學味覺。在黑胡椒粒中，具有這種效果的成分是胡椒鹼（piperine）（*Piper* 是黑胡椒的屬名，同時也是「胡椒」一詞的拉丁文）。胡椒鹼跟我們口腔中能夠感受到高溫的 TRPV1 受器是絕配。當你將滾燙的咖啡喝進口中，就是 TRPV1 受器告訴你的大腦：你的嘴巴要燒起來了！黑胡椒裡的胡椒鹼會與這些受器結合，所激發的感受也就像火燒一樣。黑胡叔嚐起來火辣，是因為胡椒鹼的「鑰匙」跟 TRPV1 受器的「鎖」相匹配。兩者一結合，就會騙你的嘴巴相信自己感受到了真正的高溫。你的身體反應，就像是你不小心含進了一顆燒熱的石頭一樣。

黑胡椒中的胡椒鹼不是唯一會觸發 TRPV1 受器的化學物質。辣椒中的有效成分——辣椒素（capsaicin），也會觸發這種受器。不只如此，肉桂樹皮中有一種成分也跟辣椒素和胡椒鹼有類似的效果，只是程度比較輕微[12]，那種成分就如同辣椒素和胡椒鹼一樣，會跟相同的受器結合。辣根、山葵和芥菜子中所含的化學成分，也會跟那種受器結合，但那些成分主要是在鼻腔（人類鼻腔中也有 TRPV1 受器）而非口腔中引發反應（因此除了舌尖的燒灼感外，還會讓人感覺鼻子被嗆到）。而如果你吃太多的話，這些成分既會讓嘴巴起火、也會讓鼻子感覺又嗆又起火。我們吃薄荷的時候也會發生類似現象，但又有點算是相反：大部分的薄荷，包括綠薄荷和野薄荷，都含有薄荷醇（menthol）。薄荷醇具有我們聞得到的氣味，但是在口腔中它也會跟感受低溫的受器結合（TRPM8 受器，如果你有在記的話）。因此，薄荷醇會讓我們的嘴巴感到清涼。花椒並非胡椒或辣椒的近親，而花椒所含的成分會觸發感熱受器（TRPV1 受器），但也會觸發 KCNK 和 TRPA1 受器，這些受器被觸發後，會透過一些我們至今還不十分理解的機制，而產生麻麻的感覺。

起碼在某些植物之中，製造這類化學物質似乎具有篩選特定種子傳播者的功能，辣椒就是一個例子。鳥類的口腔中有一種特定的感熱受器，但是跟哺乳動物的同種受器組成不同，兩者差異大到辣椒素甚至無法觸發鳥類的感熱受器。因此，鳥類在吃辣椒的時候其實感受不到辣味。看起來，辣椒會演化出在果實中製造辣椒素的現象，一部分也具有吸引鳥類前來食用果實的功能。沒有辣椒素的辣椒通常會被囓齒類動物啃掉，但囓齒類動物不太可能將辣椒的種子帶到很遠的地方。但是有辣椒素的辣椒，囓齒類動物不會去碰，牠們並沒有聰明到知道嘴巴的燒灼感並不真的危險。但同時，鳥類則完全不會感到燒灼感：牠們叼起果實、一口吞下，然後飛往其他空曠野地並在那些地方「種下」那些種子。一舉兩得的是，有辣椒素的辣椒也比較能夠抵禦真菌感染。有辣椒素的辣椒不僅更容易到達它們想去的地方，抵達新地方之後，存活的可能性也更大[13]。

但是，這些都沒有辦法解釋為何人類會使用辣椒或是黑胡椒作為香料，反而是告訴了我們一件相反的事：辣椒、黑胡椒等會製造具這種效果的成分的香料植物，不只是放出警告訊號而已，還是特別放出針對我們的信號：「你這哺乳動物，給我走開！」至於我們為什麼會使用這些香料，其中一個解釋是，它們給食物提供了一種特殊的新面向：飲食上的冒險。

有些人的冒險是從橋上玩高空彈跳，考驗繩子的牢固程度。多虧了化學味覺，我們可以在口中放進許多看似危險，但實際上安全的食物，進而在日常生活中也體驗到類似的刺激。這是心理學家保羅・羅津（Paul Rozin）在研究了豬、狗、大鼠、人類及兩隻黑猩猩之後，蒐集整理眾多證據而提出的假說。羅津將研究的重點放在辣椒上，雖然他當初也大可選擇研究黑胡椒粒或是花椒。

在一項人類研究中，羅津決定去探討辣椒的辣度和人們心目中辣椒的美味程度有什麼關聯。他選出一群人，其中包含喜歡吃辣的和不喜歡吃辣的。他給那些人吃一塊接一塊的蘇打餅乾，餅乾裡含有來自辣椒的辣椒素，而且每次提供的餅乾中，辣椒素的含量都會增加一點點，直到人們說「不要再給了」。之後，他再詢問這些人覺得哪一塊餅乾最好吃。理論上，他們可能不喜歡任何帶有辣味的餅乾，也可能每個人都覺得相同辣度的餅乾最好吃（食物保存效力最大的辣椒素濃度）；或者也可能每個人偏好的辣度都不一樣，完全隨機。但以上預測全都不符合實際結果。人們通常傾向於認為，在他們忍受範圍內辣度最高的那塊餅乾，就是最好吃的那一塊。他們最偏好的，是只差一點點就會開始讓他們感到痛苦的辣度。如果人們吃辣椒是為了享受危險刺激所帶來的生化享受，這樣的結果就說得通了。痛楚叫我們停止當下正在做的事情，恐懼叫我們快跑。但這些情緒也同時促使腦內啡（endorphin）以及其他腦中化學物質的釋放。也許食用辣椒能帶給我們逃離危險的快感，又不需要真的耗費精力或將自身置於生死關頭。羅津這項實驗的樣本數並不大，但是研究結果非常有趣。正是基於這項研究以及其他類似研究的結果，讓羅津主張人們喜歡辣椒，是因為它看似危險但實際上並不危險：辣椒提供給人們他稱為「無害的受虐」的機會[145]。他主張這種無害的受虐是人類獨有的特徵。簡單來說，羅津認為我們人類夠單純，可以享受稍微弄痛自己的後果，但是也夠聰明，可以明白那種痛楚不是真的，很快就會過去。

羅津認為，要喜歡辣椒，哺乳動物必須學會忽視危險訊號、並知道那訊號是假警報。羅津猜想，這項能力可能是人類所獨有，或者至少是人類以及學會信任人類的物種所獨有。[14]顯而易見的是，許多種人類以外的動物都有學習能力，但光靠一般的學習，恐怕不足以讓動物愛上辣椒。要學會喜愛能觸發化學味覺的香料，可能需要具備格外發達的自我覺察能力，或是格外深厚的信任。羅津決定在寵物狗以及豬身上進一步測試這些猜想。他將測試寵物狗和豬是否能透過自我覺察、信任、或是兩種策略併用而學會喜愛辛辣的食物。狗以能夠學會喜愛多種氣味而聞名，豬也是。但是平心而論，這兩種動物的自我覺察能力還是比不上人類。如果動物需要明白自己所感受到的燒灼感不是真的火燒，才有辦法喜歡上這些香料的話，那麼就算豬和狗天天吃辣，也很可能沒有辦法學會喜愛辛辣的香料。

羅津動身前往墨西哥瓦哈卡州（Oaxaca）的一個小村落中，那裡幾乎所有食物都是辣的，所以提供給豬或狗吃的廚餘也幾乎都是辣的。羅津問了二十二個當地人，他們的寵物狗或是豬是否偏愛辛辣的食物。即使這個問題聽起來很可笑，人們還是給了羅津回應。二十二位主人之中，只有兩位回答他們的狗或豬偏愛含有辣椒的食物——兩位所提到的都是狗。他隨後做了實驗，將含有辣椒或不含辣椒的食物提供給那兩隻據稱喜歡辛辣食物的狗。結果那兩隻狗喜歡兩種食物的程度不分軒輊：牠們並沒有偏愛辣椒，只是根本不在意辣椒。二十隻狗不喜歡含有辣椒的食物，而兩隻狗對辣椒不置可否[146]。這個結果符合我們先前的假說，那就是要學會喜愛辣椒，一部分的先決條件，是不只要能夠感受到辣味與食物美味的關聯，也要能夠清晰意識到，那種看似危險的疼痛感受，只是嘴中的幻覺。

羅津又多做了一次辣椒實驗，這次是拿兩組大鼠做試驗對象：其中一組從出生開始就使用含辣椒的食物來餵養，另一組則一開始餵養不含辣椒的食物，之後才慢慢開始在食物中加入辣椒。兩組大鼠都有充分的機會去學會喜愛辣椒，不論是一出生就開始學習，或是在出生後慢慢學習。但是當兩組大鼠可以選擇含辣椒或不含辣椒的食物時，全部都還是偏好不含辣椒的食物。研究結果似乎顯示大鼠沒有能力學會享受辣椒的美味。為了確認這一點，羅津更進一步做了一項加碼實驗。他提供給大鼠含有辣椒或不含辣椒的食物，但在不含辣椒的食物中摻入了一種會讓大鼠嘔吐的成分，然後再觀察大鼠們的偏好。結果，大鼠還是喜歡不辣的食物，即使牠們每吃必吐。看來大鼠和狗以及豬一樣，都沒有辦法學會喜愛辣椒[147]。順道一提，下次保羅．羅津給你東西吃的時候，最好小心一點。

一般來說，哺乳動物似乎都無法學會喜愛辣椒，除了兩個例外。一個例外就是人類，而極少數被圈養的哺乳動物似乎是另一個例外：牠們夠聰明，能夠理解辣椒帶來的痛覺並不是真的、或是夠信任提供辛辣食物的人，而明白那食物不會真的危險。這極少數的哺乳動物，包括了兩隻由人類照顧的黑猩猩、兩隻寵物獼猴，還有一隻非常信任人的美國狗「麋鹿」（Moose）[148]。羅津並沒有用黑胡椒、花椒或薄荷等香料重覆他的實驗，但是結果大概不會差太多。

最後讓我們回歸宏觀的角度，思索香料與人類的關係：我們認為如果進行更多研究，越會發現香料在人類的史前時代及歷史之中，都扮演了多樣的角色，就像香料的成分在自然中扮演了多樣的角色一樣。當人類開始長期貯藏食物、並且逐漸長期定居在同一地點的時候——大概在農業誕生不久之前——人們可能就開始會在食物中加香料，以確保其安全可食了。人類藉由鼻子和大腦下意識的學習，得以輕易學會愛上那些幫助人們避險的味道。有些香料還會提升食物所帶來的愉悅感，而隨著人類聚落規模擴大、最美味的動物物種逐漸罕見，這會成為一種優勢。有些時候，愉悅感是來自吸引人的味道、風味或複雜性，有些時候則是來自於刺激。隨著人們馴化糧食作物、聚落規模逐漸擴大（經食物傳染的疾病日漸頻繁），人們的日常飲食也越來越仰賴如飯、樹薯、玉米或小麥等單調的主食，香料所能帶來的健康益處、風味和刺激也隨之增加。

一旦香料變得普及，也就開始受到歷史的偶然左右了。有些香料物以稀為貴，有些則染上了魔幻、助性或兩者交織的諸多複雜色彩。但這些香料全都是源自於植物掙扎求生存的過程中產生的化學物質，不論我們如何使用，這些化學物質的性質都反映出了防禦、戰爭和生殖，人們至今才剛開始認識這些物質，但它們早已彰顯於我們所吃的幾乎每一道菜之中[15]。

# 7 一口沼澤裡的馬肉配一口酸啤酒

可以把濃酒給將亡的人喝，把清酒給苦心的人喝，讓他喝了，就忘記他的貧窮，不再記念他的苦楚。

——《箴言》第31章第6節

在撰寫本書的過程中，我們有幸訪問來自各種食物研究領域的學者，相談一陣子後，立即感到受訪者淵博的學識令我們自嘆弗如。即便無法完全消弭彼此的知識差距，我們的長談至少使彼此的認知更接近，本章討論的酸味演化學就是最好的案例之一。

我們在第一章沒有花什麼篇幅介紹酸味，因為它跟其他味覺的原理很不同。對人類來說，酸味遠不如甜味那樣討人喜歡，卻也不像苦味那樣令人反感。以苦味來說，我們通常都要長到一定年紀、或是懂得其中的好處後才有辦法欣賞，例如巧克力的苦、茶的苦、咖啡的苦、啤酒花的苦……。人類對酸味則有不一樣的反應，小嬰兒不用學習就對酸味有反應（他們嚐到酸味整個臉都會皺起來）[149]。大部分的小孩都喜歡酸味，但大人對於酸味的反應，卻因個人喜好和文化背景而大有差異。有些人對酸味的反應是後天學習的，有些則是天生的。人類對酸味的感受，是後天與先天因素共同造成的結果[1]，目前的科學研究尚無法給出令人滿意的答案。

有個假說解釋：酸味的存在是為了防止動物誤食酸性食物而造成傷害，這聽來滿有道理的，但自然界裡要酸到可以傷害消化道的物質很少見，我可以列出來的大概就某些水果、胃酸……呃，要不就偶爾迸發的火山熱泉吧。我絞盡腦汁想到另一個類似的假說，主張酸味跟苦味皆屬於引發反感的味道，但其實包含人類在內，至少有些動物並不討厭酸味。第二類的假說與維他命C有關，蒙內爾化學感官研究中心的一位研究味覺演化學家保羅．布雷斯林（Paul Breslin）認為酸味可以幫助動物找尋含維他命C的水果。維他命C也叫抗壞血酸，本身就能造成酸味，例如酢漿草屬（*Oxalis* spp.）植物嚐起來酸酸的，就是因為含有抗壞血酸與草酸。對於自身無法製造維他命C的動物如靈長類，特別是棲息在維他命C來源稀缺的草地的物種，能辨認食物中是否含有維他命C是一種寶貴的能力[150]。雖然保羅的假說很精采，但只適用於喜歡酸味的動物。關於酸味演化的假說林林總總，但目前尚未有針對它們的深入研究，而且這些假說也不比剛剛提到的兩種更具說服力，我們幾乎可以說，酸味的演化就是一團謎。雖然本書無法帶領讀者破解這個謎團，但我們會談談酸味在近兩百萬年史前人類演化史中扮演的角色。

去年，羅伯受邀至葡萄牙辛特拉（Sintra）參與一場由韋納格蘭基金會（Wenner-Gren Foundation）贊助、為期一週的研討會，來自不同領域與國家的學者在這個禮拜內在大談發酵料理、享受發酵料理、暢飲發酵飲料。以羅伯的話來形容，這個會議就是一個「讚」字，他也因緣際會認識了西北大學的靈長類學家凱蒂．亞瑪托，多虧了與凱蒂交流的機會，我們才開始認識酸味在動物演化上所扮演的角色，即使不適用於所有哺乳類，也至少適用於近三千萬年的靈長類動物演化史。凱蒂在研討會上發表了關於發酵作用起源的假說，令人大開眼界，她認為在幾百萬年前，靈長類人亞科（hominins）可能已開始有意識地製作發酵水果。這個假說幫助我們釐清了如謎團的酸味味覺受器在演化上的某些片段，無論它是否足以解釋酸味的起源。

在生物學家眼中，發酵作用就是微生物在缺氧的狀態下，將含碳物質轉化成能量的現象；以飲食的眼光來看，發酵作用就是將食材轉換成人類食品的一連串步驟，以製造出日常食物或飲料，如酸啤酒、德國酸菜、味噌與清酒等。發酵作用在植物性原料（如穀類、植物根莖、果實等）與衍生形式上發展出驚人的多樣性，但常見的發酵食物可以分成兩大類：酸性食物與飲料，以及具有酒精成分的食物與飲料。酸性食品的發酵主要依靠乳酸菌與醋酸菌的作用，酒精性食品的發酵則依靠酵母菌。實務經驗上，天然發酵的食品大多同時透過兩種發酵類型作用，所以既有酸味又有酒味，酸啤酒、康普茶與酸種麵包就是常見的例子。

在許多人類食物史假說中，由植物學家強納森．紹爾（Jonathan Sauer）提出的假說指出：人類首次在食物製作過程中馴化的生物，就是製作酸啤酒與酸種麵包時使用的微生物。當人類懂得馴化微生物後，便發現餵養這些微生物需要穩定的飼料來源，於是人類開始種植穀類。在這個假說裡，人是為了製造啤酒所以馴化微生物、為了餵養微生物進而馴化穀類，微生物反而成為食物史的主角，穀類則位居配角[151]。

這個假說的部分描述與其時間軸確有其真實性。史丹佛大學考古學家劉莉與她的團隊，在以色列一處一萬三千年的史前狩獵採集考古遺址中，發現岩床被鑿出洞來，並被做成一座座圓石槽。這些圓石槽的凹洞被用來存放籃裝的穀物與植物性材料，籃子上方再用石頭覆蓋。劉莉的團隊認為，這些圓石槽的用途應該包含釀造大麥啤酒，而且劉莉推論這種酒的口味偏酸且酒精含量極低[2]。等釀到可以喝的程度後，史前人類可能會用小容器把石槽裡的成品舀出來，甚至用手掬起[152]。這個考古遺址可能是人類進行大麥發酵的最早證據，而且時序上更早於農業的發生。

以色列考古遺址是否是人類進行發酵的證據，考古學家目前仍爭論不休（畢竟很難直接證明某個古代石造容器是用來釀酒的），不過在我們訪談過的考古學家當中，就連對於以色列遺址抱持懷疑態度的人，也覺得一萬三千年前的人確實可能會釀啤酒，而且釀造飲料推動農業發展的情況在其他地區也可能發生。英屬哥倫比亞大學人類學家約翰．史墨里（John Smalley）和麥可．布萊克（Michael Blake）認為玉米在美洲被馴化前，其莖部就已被用來製作發酵酒精飲料。與玉米同屬的野生植物「大芻草」（teosinte）其莖幹因為內含的醣類可被發酵作用分解，比大芻草果實（玉米粒）更早被人類利用[153]。更甚，史墨里和布萊克指出美洲原住民在發酵大芻草之前，就可能拿其他植物部位來進行發酵，畢竟果實比起草莖更容易進行發酵作用。

大麥、玉米與稻米這些植物之所以被人類馴化，很可能部分是為了生產更多糖分，以製作發酵飲料。在當時的環境中，這些飲料給予我們的人類祖先還算乾淨且營養的液體，而且內含酒精，讓他們喝了既愉悅又會繼續渴望。在這個脈絡下，發酵作用不僅是農業的濫觴，也隨農業進步而蓬勃發展；在風味與食物史上，發酵飲食的發明首次將人類使用其他生物的歷史和農業歷史連結在一起。不過，凱蒂．亞瑪托在研討會上的發表反駁了這樣的說法，或至少點出了此論述的缺點。

凱蒂的博士論文是在中美洲熱帶雨林中追著吼猴跑的過程中完成（因為她必須收集吼猴的糞便，然後分析腸道微生物相）[154]。她不僅對於靈長類生物學有著敏銳觀察，能捕捉到其他人忽略的細節，更擅長將她的觀察放入更高層次的靈長類演化故事，她在本次研討會的發表，正是其中一項觀察結果的分享。

凱蒂為了準備在辛特拉的演說，詢問了幾位國際學者有關靈長類動物與發酵飲食的關係，其中一位回覆的學者叫做伊莉莎白．馬洛特（Liz Mallot），她過去在哥斯大黎加做研究時，曾觀察到巴拿馬白面捲尾猴（*Cebus imitator*）用非比尋常的方式食用巴拿天蓬樹（*Dipteryx panamensis*）的巨大果實。要進一步了解伊莉莎白的發現，我們要先知道關於巴拿天蓬樹的三件常識：首先，它們非常高，往往超過三十公尺；第二，它們的果實非常大，屬於史前巨型動物如巨懶會在地上撿食並幫忙傳播種子的那類大果實[155]；最後，它們每兩年結一次果，所以會有某年產非常多果實、隔年卻沒有半顆果實的情形。

伊莉莎白的科學發現在尋常的某一天發生了，那天她把前一晚剩下的豆子與飯炒成中美黑豆飯，配炒蛋一起當早餐，吃完後就出門找猴子。她找到一群猴子，在一棵結滿果實的巴拿天蓬樹附近（這一年剛好是巴拿天蓬樹盛產的年份）。不過正如其他與史前巨型哺乳動物共演化的大果實一樣，巴拿天蓬樹果實的堅硬外殼並非小小的捲尾猴有辦法咬破的，即便是下顎最強壯的猴子，也僅能偶爾以不是很優雅的姿態啃進一點果皮。然而，伊莉莎白卻看到成年猴子爬上巴拿天蓬樹那幾百呎高的樹頂，然後開始把果實往地面砸。這個景象很難不令靈長類學家側目，尤其當那些又大又硬的果實因地心引力往下墜時，站在樹下的靈長類學家儼然公親變事主。

當然，捲尾猴不是唯一懂得利用地心引力砸破果實的猴子，但砸完果實後牠們仍無法吃到果肉，所以牠們肯花這麼大力氣處理果實，這確實不尋常。當猴子們體力耗盡，也只能從樹頂爬下，此時滿地都是牠們無法享用的巴拿天蓬樹果實，牠們百無聊賴地滾了滾幾顆果實，以哨音彼此應答一會兒後便離開了，但這不代表牠們不會再回來。伊莉莎白不久後便發現，這些猴子只是暫時離開，幾天後地上的果子開始腐爛，猴子們便會回到樹下查看這些落果。如果果實徹底腐爛，其棕色的果皮便會黑化並脫落，露出茸茸的綠色果肉，成為猴子們的大餐。

從猴子砸果、等待果爛到猴子們返回原地享用果肉，伊莉莎白觀察到的這一連串事件出現了不下三次，她所做出的結論是：這些巴拿馬白面捲尾猴是刻意把巴拿天蓬樹果實往下丟，任果實在地上發酵，而發酵作用會使果肉變得更軟、更容易消化，同時也可能因乳酸菌的作用而產生一點酸味，並產生伊莉莎白所形容的類似豆子發酵的香味[3]，同時在酵母菌的作用下，果肉可能也略帶酒味[156]。這一顆顆果實基本上變成了一碗碗果肉狀的康普茶，只是跟一般康普茶不同的是，它用了聞起來類似孜然的果實種子來調味（因為在地人會把巴拿天蓬樹的種子當成香料使用）。簡言之，伊莉莎白認為：巴拿馬白面捲尾猴學會利用發酵作用，使牠們得以享用過去只有史前巨獸才吃得動的果實，發酵作用所需的微生物，成為了猴子處理食物的工具。

從上述伊莉莎白的發現，以及其他靈長類學家在野外的觀察紀錄，凱蒂・亞瑪托推測我們的人類祖先可能在好幾百萬年前，就已經會發酵食物了。若凱蒂的推測正確，而且如果在以色列出土的遺跡也確實是早期人類用來發酵的器具，那代表當時人類製作發酵食物已發展到更高級的規模，因而需要使用更大、更耐用的容器。然而這中間還有一件難以解釋但極度有趣的小事：捲尾猴要怎麼知道果實發酵的程度是安全可食的呢？

事實上，進行發酵並不是什麼難事，不過就是一種使用工具的技能，好比把棕櫚堅果放在一個鐵砧般的石頭平面上，然後再挑一塊形狀大小適當的石頭去敲開，類似這樣的技能（有另一種捲尾猴就懂得這麼做）[157]。只要動物夠聰明，在工具技能上都能夠觸類旁

**圖7-1　在伊莉莎白·馬洛特位於哥斯大黎加的實驗樣區內，一隻白面捲尾猴正在享用巴拿天蓬樹的果實。另外值得一提的是，捲尾猴頭毛像是經過宗教剃髮禮，這也是牠英文俗名（capuchin monkey）的由來之一。**

通，但進行發酵真正困難的地方，在於其中的微生物學。我們要知道，發酵其實是一種食物腐敗現象，全球的食物安全系統就是在規範食物腐敗的程度和樣態。當食物以非預期的方式腐敗時，會對人體造成危害；但當食物以「正確」的方式腐敗（就人類的觀點而言）時，則會產生啤酒、麵包、康普茶、火腿等等。所以問題就是：捲尾猴或是幾百萬年前的人類祖先，到底要如何分辨食物腐爛的程度是安全可食還是對身體有害？畢竟叢林裡的水果可不會標示賞味期限啊！

凱蒂在研討會上提出了一個推論，她認為靈長類動物可能是以食物嚐起來的酸度來判斷其發酵程度是否安全。有些水果不管有沒有熟，嚐起來都是酸的，像是檸檬、梅子、野蘋果，甚至葡萄。但一旦水果開始腐爛，連本來甜度很高的水果也會變酸，其關鍵在於進行發酵作用的主要細菌種類，或具體地說，就是特定幾種細菌會造成這種結果。無論是肉類還是水果，這些食物腐敗時所產生的酸就是由乳酸菌（製造乳酸）或者醋酸菌（製造醋酸）的其中一類細菌所製造。乳酸菌與醋酸菌之所以會產生酸，是為了擊退它們的競爭者，這當中當然也包含對哺乳類有害的微生物。因此，酸酸的食物通常不會有病原體，經常製作酸麵包、泡菜、酸啤酒的人都知道這是常識，凱蒂認為靈長類動物可能就是利用酸味來判斷發酵食物是否安全，這對靈長類來說也不難，因為酸味通常是靈長類喜愛的味道。但我們不能因此說辨識酸味的能力或者動物對酸味的偏好，就是為了確認發酵食物的安全性而演化的。我們應該說酸味味覺可能因為其他機緣演化，且剛好有附加功能，也就是使動物有辦法用舌頭來測試發酵食物的酸度。

令人驚訝的是，還沒有人特別列出可以使用酸味味覺受器來偵測酸味的動物有哪些，我們更找不到哪篇文章討論哪些動物喜歡或討厭酸味。雖然近來科學家找到了控制酸味味覺受器的基因（OTOP1），但這個基因也同時調控許多身體機能，例如控制平衡感的前庭系統。由此可見，即便我們可以研究基因變異，卻不能斷然推論這些變異必定與某一種功能有關——OTOP1 基因的變異，可能跟酸味的演化一點關係都沒有。

羅伯從葡萄牙研討會回來後，便嘗試以最土法煉鋼的方式來研究酸味演化的謎團，即，研讀不同科學領域於相關主題的早期文獻，畢竟這有什麼難？羅伯也在他以飲食風味為主題授課的班級上，鼓勵一位學生漢娜．法蘭克（Hannah Frank）從文獻中整理出能嚐出酸味的動物清單，漢娜也同時歸納出哪些動物喜歡酸味、哪些不喜歡，她所整理的結果不僅一目瞭然，也相當出乎意料。她的報告清楚列出可以從食物中嚐出酸味的物種，包含目前為止相關研究測試過的所有哺乳類、鳥類、魚類與兩棲類，都能以牠們的酸味受器辨識酸味，由此可見，在幾百萬年前魚類爬著登陸前，脊椎動物就已經能嚐出酸味了，至少照文獻紀錄看來是這麼一回事。目前的味覺研究仍未觸及許多哺乳類與鳥類類群，比方說肉食動物與腐食動物，只有一份很古老的文獻是針對家犬，但是研究結果曖昧不明。無論如何，漢娜從文獻中找到三十種可以辨識酸味的動物，算是預期中的結果，預期之外的結果則是這些動物對酸味的喜好——有二十六種動物（幾乎全部）連一點酸味都不能接受，牠們寧願餓肚子也不肯吃酸酸的食物，其中很多動物是連酸味甜味兼具的食物都不喜歡，例如小家鼠、褐家鼠（大鼠）、家牛、山羊、綿羊、黑手絹毛猴、松鼠猴、以及其餘十幾種動物，不過凡生物學必有例外。

第一個例外就是家豬，豬的祖先是雜食動物，所有可以找到的食物牠們都能吃，而且牠們通常是在地面上覓食，所以很容易找到已經不新鮮的落果。第二個例外是豚尾獼猴，牠們的食性和野豬很接近[158]。第三個例外是夜猴[159]。夜猴都在晚上時找水果吃，所以牠們覓食時通常依賴嗅覺，腐爛的水果在漆黑的夜晚比較容易被聞到，因此夜猴可能比其他靈長類動物吃更多腐爛的水果。

第四個例外就是人類，人類對於酸味的喜好可能是天生的，也可能是後天輕易學習到的偏好。具有酸味的食物通常含有高濃度的檸檬酸（如柑橘）、醋酸（如醋）、或者乳酸（如德國酸菜）。雖然人類都很喜歡這些食物，但我們不禁好奇，若換作大猩猩或黑猩猩是否也會如此？如果大猩猩或黑猩猩也喜歡酸酸的食物，便可以推測我們共同的靈長目人科祖先也可能喜歡酸味；如果這個祖先並不喜歡酸味，那麼無論是透過後天學習還是基因變異，人類對於酸味的喜好都可能是很近期才發生的演化事件。漢娜所整理的報告裡並沒有黑猩猩或大猩猩的資料，我們也找不到任何相關文獻。根據黑猩猩的大腦研究，我們已知牠們有能力辨識酸味，但我們不確定牠們到底喜不喜歡酸味，所以我們寄電子郵件詢問許多黑猩猩學者，結果沒有人聽過任何研究黑猩猩對酸味偏好的實驗。羅伯後來傳簡訊問克里斯多夫．伯施（精確地說，應該是羅伯先傳簡訊問咪咪．阿朗傑洛維奇〔Mimi Arandjelovic〕，咪咪轉問克里斯多夫，克里斯多夫回覆給咪咪，然後咪咪才轉達給羅伯）。

到底黑猩猩喜不喜歡酸酸的食物呢？克里斯多夫回答：「牠們愛死了！」他轉寄給我們一篇關於黑猩猩喜歡吃檸檬的科學論文，我們這才回頭看西田利貞針對黑猩猩偏好的水果的研究，發現研究報告裡提到的許多水果不是酸酸甜甜，就是同時帶有甜味與強烈酸味。在探討酸味時，西田提及早期由喬迪．薩巴特．皮（Jordi Sabater Pi）在赤道幾內亞所做的研究，發現黑猩猩與大猩猩都喜歡極酸的食物，而且黑猩猩在莽原生態系（例如塞內加爾方果力之類的草原）裡主要會吃的水果若不是酸酸的，就是酸甜兼具（或至少對於會吃這些水果的人來說，嚐起來是酸酸甜甜的）。

從這些研究看來，黑猩猩與大猩猩很可能天生就喜歡酸味，或至少是很快就學會了喜歡酸味。薩巴特．皮推論這種對於酸味的偏好可能與牠們（特別是大猩猩）在地面上的活動時間增加有關。在五十年前他就提出，因為黑猩猩與大猩猩在地面活動的時間增加，牠們因此較少有機會直接在樹上摘取新鮮果實，反而是落果對牠們來說更容易找到，也更容易取得，而落果通常可能不太新鮮。當動物主要的熱量來源是稍微腐爛的水果，那麼如果牠們能透過酸味味覺，選擇食用由乳酸菌或醋酸菌發酵的水果，便會擁有生存上的優勢。

讓我們再回到凱蒂提出的發酵假說，如果史前人類已經對酸味有所偏好，他們就能輕易學會如何使水果在安全範圍內進行發酵作用，並且學會製作類似康普茶香氣與味道的飲料或食物，這也是讓他們聯想到營養與愉悅的風味。我們甚至也可以推測：越喜歡酸味的個體，可能擁有更好的存活優勢，因此如果對酸味的偏好是由基因控制，相關基因也就越可能傳遞給下個世代。不過根據凱蒂在葡萄牙研討會的演講，這個故事還有個轉折：包含水果在內的食物，在腐敗的過程中，乳酸菌與醋酸菌會與其他細菌競爭養分，競爭者包含酵母菌[4]。

酵母菌的能量來源是糖分，它們每吃一個分子的葡萄糖（$C_6H_{12}O_6$）就會產生兩分子的二氧化碳（$CO_2$）和兩分子的乙醇（$C_2H_5OH$），乙醇就是蘋果酒、啤酒或葡萄酒裡的酒精。在這個神奇的生化反應中，酵母菌獲得能量後便將酒精排出細胞體——是的，你豪飲的快樂水是某種真菌排泄物。不過產生酒精並不是酵母菌唯一的選擇，酵母菌在分解花蜜或水果時如果不產生乙醇，就能更完整分解葡萄糖並獲得更多能量。那為什麼酵母菌要產生乙醇？這原理就跟細菌產生酸以抑制其他細菌與酵母菌一樣，酵母菌產生酒精是為了殺死其他細菌[160]。由此可知，具有酒精成分的水果或其他食物，通常對動物來說是安全的，因為酒精跟酸一樣會殺死病原體。但這裡又有個轉折：酒精的確會殺死大部分的細菌（醋酸菌是例外，醋酸菌演化出分解有酒精並製造醋酸的能力），但也可能造成包括靈長類在內的大部分的哺乳動物不適。

對大部分哺乳類來說，即使攝取很少量的酒精都會酒醉（對需要在樹上跑來跑去的動物來說，這是個危險的狀態）。動物體內代謝酒精後，會在肝臟產生乙醛與醋酸，而野生靈長類特別會因此感到不適，例如暈眩、頭痛、以及感到所謂「高等靈長類」會有的宿醉。這個現象尚未有清楚的解釋，但至少我們可以判斷，人類與猩猩祖先不太可能為了吃腐敗的水果，而冒著酒醉的風險去品嚐與測試水果發酵的狀態。不過故事再度出現轉折：黑猩猩、大猩猩與人類的肝臟都能快速分解酒精並產生無毒性的產物。所有哺乳類的肝臟都會透過「酒精去氫酶」把酒精轉化成乙醛[5]，乙醛接著被另一種酵素的作用而轉化成醋酸（乙酸）。轉折還沒完呢：黑猩猩、大猩猩與人類的酒精去氫酶效率極佳，分解酒精的速度約為其他靈長類動物的四十倍！也因此，這幾種動物酒喝多一些也沒關係，甚至還能從酒精中獲得更多熱量，而不用過於承受酒醉的副作用。在演化過程中某個未知的時間點，人類開始沈醉於飲酒造成的亢奮感，我們尚未推測出這個現象演化的時間，我們也不知道這種亢奮的反應是否屬於適應環境的性狀、抑或只是酒精與大腦之間複雜作用下的演化插曲。

統整上述討論可以得知：猴子們顯然能自己領略出製作發酵水果的方法。凱蒂．亞瑪托認為，如果猴子可以，史前人類應該也可以，而且史前人類不僅懂得享受發酵水果中的酸味與複雜香氣，更能享受其中的酒精成分，這是來自生理的本能，他們的味覺、嗅覺與對發酵食物的偏愛，會帶領他們品嚐各種乳酸桿菌（*Lactobacillus* spp.）與酵母菌所發酵過的果實。凱蒂認為人類開始在森林覓食發酵食物的契機，發生在人類離開森林樹冠層、並遷徙到林邊與草原地面的某個階段，因為離開樹冠層後能取得新鮮果實的機會變少，所以把較難消化的果實與植物根莖製成發酵食物的能力，也許就給了人類更好的生存優勢。此時人類祖先也正好演化出快速代謝酒精的能力[161]。在研討會期間的某晚，凱蒂與我們同坐品嚐葡萄牙波特酒，酒的甘醇與微酸帶給我們味覺上的饗宴，其釀造的化學原理對我們更是知識上的饗宴。凱蒂與我們分享發酵對人類演化的重要性，她認為在有效掌握發酵的技術後，人類祖先「直立人」便能獲得足夠能量來支持腦容量的發展，以及捨棄壯碩的下顎與牙齒。

無論人類是什麼時候開始撿食發酵食物，不論它們是發酵的果實或根莖，都可能因為發酵食物更豐富的滋味，而一試成主顧，這在人類使用植物根莖製作發酵食物的案例中可見一斑。根據對白面捲尾猴的研究，我們也確定腐爛發酵的果實不僅更容易咬食，嚐起來也更美味。發酵的功能正如烹飪，讓原本難以下嚥的食物更柔軟易入口；發酵作用也常伴隨著麩胺酸的產生，所以發酵食物通常具有鮮味；發酵作用還會分解食物中造成苦味的物質，進而使食物的風味更有層次。梅林．謝德瑞克在成功將牛頓蘋果樹的後代所產的蘋果發酵成酒後，在書中說道：「這支蘋果酒真是出乎意料的美味！蘋果原有的苦味與酸味完全被轉化成花香般的細緻味道，蘋果的甜度化成酒精，在舌頭上留下爽口的氣泡感。灌下一大口，只覺欣喜滿溢與近乎升天的快感。」謝德瑞克因此形容蘋果酒是世俗的地心引力，作為讓蘋果落果的理由一點也不為過。

我們的祖先會想要製作發酵的水果或植物根莖，可能是基於發酵食物的美味，但其實他們也從發酵食物帶來的營養價值而受惠。發酵正如同烹飪，使食物的熱量更容易釋放，也增加了食物的營養成分，如維他命$B_{12}$，不過某些發酵食物還多了氮的成分[162]。後來，當人類開始習慣定居在幾個固定棲地後，發酵就變成保存食物的方法。當蔬果經發酵後出現酸味或酒味，就可以保存數個月或甚至數年。當人類面臨生機蕭條的季節，如熱帶地區的乾季或是高緯地區的寒冬，這些保存起來的食物便成了重要的熱量來源。

味覺是帶領人類踏入乳酸發酵領域的嚮導，幫助我們判斷什麼是安全的發酵，不過嗅覺其實也幫了一把，大腦中的生化反應也在幕後運籌帷幄。當我們的祖先嚐到果實中些微的酒味，便感到愉悅，大腦則會將這種愉悅感受與嗅覺資料庫中的特定香氣、酒香及常與酒精一起出現的化學分子連結起來。簡言之，我們祖先裡有些人依靠超倫的味覺與大腦中的嗅覺資料庫，學會選擇具有些微酸味與酒味的發酵食物，不僅從中獲得愉悅，還可能比他們的親戚更容易生存下來[6]。

照我們的猜想，凱蒂．亞瑪托推測的演化時間點應該是對的，即史前人類製作發酵食物的行為，與他們離開森林到草原生活，是在差不多的時間發生。在草原要是能喝上一杯酸啤酒，想必非常怡人；而且如果史前人類有辦法製作複雜的石器，他們應該也想得到把水果或植物根莖放在葫蘆裡等發酵。不過，亞瑪托的推論僅僅是人類對發酵食物產生需求的其中一種假說。還有更直白的另一種假說：製作發酵作用只需要水、吃不完的肉、石器與幾顆大石頭，當然，還需要對酸味的執著。

一九八九年，古生物學家丹尼爾．費雪（Daniel Fisher）經歷了他職涯中的高潮時刻，那時他已經花了十年研究北美洲與歐洲極高緯地區的猛瑪象，並以美洲史前人類生活為主題，撰寫了許多極具原創性的科學論文。當時他是密西根大學地質科學系的助理教授，同時兼任密西根大學古生物學博物館的策展人，而他手上的研究出現了一些令他無法忽視的觀察結果，使他好奇的腦袋直至深夜仍無法停止思考。費雪所在意的，是在北美五大湖地區克洛維斯文化遺址觀察到的現象，他已經在好幾處遺址的湖泊或沼澤中發現美國乳齒象遺骸，這些乳齒象顯然都被人類屠宰過，而且有個不尋常的共同特徵，那就是都能找到疑似用來填充內臟的砂礫與石頭[163]。在乳齒象出土的其中一窪池塘中，費雪還發現柱子直立的遺跡，好似一種標記「此處有乳齒象」的方式。費雪一開始對這些現象感到困惑，但後來他認為，這應是克洛維斯文化的漁獵採集者為了過冬而將乳齒象保存在水裡的證據，他們將大象的腸胃塞滿砂礫與石頭，讓大象彷彿船錨一般沉到水面下。

保存與發酵肉類，對史前人類的價值不言而喻，除了與發酵蔬果一樣提供熱量與營養價值，更可能呼應史前人類的生活型態。試想：有一小群人合力殺死了一隻乳齒象或一隻大型的馬，他們會獲得遠超出一餐能消化的肉量，甚至分好幾餐也吃不完，那麼當他們四處移動時，就要把剩下的肉帶在身上，費雪形容給我們聽：「假設你成功獵捕到一隻乳齒象或猛瑪象，你根本不可能在一個下午內把幾千公斤的肉吃完，甚至給你一個禮拜也吃不完，那你要怎麼辦呢？做臘肉嗎？就算做成臘肉，你也要背著一大坨臘肉走來走去，然後呢？不就剛好吸引跟熊一樣大的恐狼、或是跟現生犀牛一樣大的巨熊來吃自助餐？」[164]如果這些肉可以保存更久、保存狀態也夠好，那人類就不需要常常出去打獵，也能減少與飢餓的野狼或熊正面衝突的風險。

上述保存肉類所帶來的好處，看似理所當然，但當時的人類是否有能力做到這件事，仍需存疑。費雪並無法確定克洛維斯文化的漁獵採集者（或更早期的狩獵採集者）是否真的掌握了發酵與保存肉類的方法。更精確地說，這些史前人類必須知道如何安全地發酵與保存肉類而不招致食物中毒，因為肉類在腐敗的過程中，有好幾株屬於肉毒桿菌（*Clostridium botulinum*）和產氣莢膜梭菌（*Clostridium perfringens*）的細菌，會使新鮮安全的肉類變成害死人類的毒物。許多科學家認為：這些細菌為了要跟其他分解者競爭，因而在分解肉類的過程產生毒素，甚至許多屬於生態系清道夫的腐食動物都無法倖免。一篇針對腐食動物免疫力的研究指出：九成的美洲鷲、四成二的短嘴鴉、二成五的郊狼、以及一成七的褐家鼠體內，都有對抗肉毒桿菌的抗體[165]。這些腐食動物接觸肉毒桿菌這類細菌的頻率之高，使免疫系統產生抗體，以記住這樣具有威脅性的病原體[166]。

所以，克洛維斯文化的史前人類真的有辦法在保存肉類時，防止危險致命的細菌滋生嗎？畢竟跟發酵水果比起來，要發酵一隻乳齒象或是巨型哺乳類，而且還要保證產物安全可食又美味，這個難度完全是另一個等級。費雪於是設計了一些實驗，他從難度較低的動物開始測試：在一九八九年秋天，他從密西根州東南部選了幾處池沼與酸性泥炭沼澤作為樣區，各丟了一些鹿頭進去（不久後也丟了羊腿進去），因為他必須不斷往返各樣區進行池中採樣，他的學生與同事笑稱他是「摸蛤仔兼洗褲」，只是摸到的不是蛤仔是鹿頭。而那些被他丟進池裡、血淋淋的鹿頭，在沼澤泥巴或泥炭蘚中度過一個月後，竟然變得好像可以吃，其表面上長了一層黏黏的微生物層，底下的肉則是粉紅色的，聞起來有點像臭起司。這味道不會令人反胃，反而相當香濃誘人。根據費雪「聞起來像藍乳酪」的說法，大概類似味道最烈的斯蒂爾頓乳酪（Stilton）或卡夫拉萊斯乳酪（Cabrales）吧。費雪無法確定這些熟成的鹿肉吃了會不會有危險，但它散發著可食的酸味，好似對費雪豎著大拇指。實驗進行一陣子後，費雪開始有信心進行更大膽的想法了[7]。

費雪設法「借到」了一隻重達一千五百磅（約六百八十公斤）的大型工作馬，這匹馬在不久前自然死亡，屍體還很新鮮，不僅如此，牠剛好死在初冬，正是最適合本實驗的季節，因為史前人類在秋末冬初時需要收集食物，就像松鼠度冬前要囤積堅果一樣，獵人與採集者都需要為接下來物資缺乏的日子做準備。而且費雪獲得的證據顯示，有一隻在岩石旁沼澤中發現的乳齒象，正是在初冬時被史前人類存放在池裡[167]。為了要處理這匹馬，費雪首先重製了史前人類的屠宰工具，再用這些工具把馬脫皮、肢解，接著他想仿效一般使用冷凍庫冰肉品的概念，把馬肉一塊塊浸泡在池子裡。這時問題出現了，因為肉塊會飄浮在水面上，他必須想辦法讓馬肉往下沉，所以他效法了克洛維斯人的智慧，將馬的腸道塞滿砂礫與石頭做成錨，固定在馬肉上，接著他在當時水面形成的冰層挖洞，將一大塊一大塊的馬肉全部丟進沼澤裡。這個新實驗需要一些時間，但不算太久，技術上也很容易達成，至少跟史前的獵人比起來，我們不需要擔心打獵的部分。再接下來幾個月，費雪安排了採樣工作，也就是回到沼澤並在表面冰層挖新的洞、把馬肉拉出來聞一聞、採一些組織，回去進行微生物分析。

費雪第一次採樣是在兩週後，他在冰上把一些馬肉拉起來仔細嗅了嗅，想靠鼻子來判斷馬肉熟成的程度。聞起來不錯，甚至感覺肉還滿新鮮的，可見這肉還可以吃。他把馬肉拿去餵給朋友養的三隻德國牧羊犬與狼的混種狗，嗯，狗狗吃了沒事，所以他自己也嚐了一些。到了二月，已經又再過了兩個禮拜，湖水開始回暖，費雪持續採樣，此時馬肉聞起來開始有點酸味跟乳酪味，就跟上個實驗的鹿頭和羊腿一樣；這時的肉，就微生物分析結果看來細菌數頗高，但從肉的氣味可以發現乳酸菌還是優勢種，所以肉還是安全可食的程度（為什麼要用聞的咧？因為費雪希望遵循古法，用克洛維斯人當時能使用的工具，也就是鼻子）。費雪決定依據他發現的考古證據來重現克洛維斯文化中的冬天場景，也就是在冰面上升火，接著抓起一塊聞起來已經像是藍乳酪的馬肉，插進一根棍子，伸到火上文火慢烤。但因為實在太慢了，所以費雪決定使用另一種方式，他等火熄之後，把一塊厚切的馬肉放在木炭上，這種烤法比較有效。費雪把肉烤到他喜歡的三分熟，便開始大快朵頤，吃起來有點像牛肉但更甜，且甜中帶著微酸。

實驗做到這樣，一般人大概就想收工了，但是費雪的字典裡沒有「停止」這兩個字。到了四月，他又進行了一次採樣工作，此時他撈上來的馬肉表面蓋滿了藻類，但把藻類撥開，底下的肉還是可以吃，肉香甚至還略勝以往，不過仍保有藍乳酪般的強烈氣味。到了六月，他繼續採樣，此時的肉已經很接近乳酪了，但還在可食的範圍內。實驗過程中，費雪在實驗室分析肉表面上的細菌組成，他把家裡冷凍庫的肉品拿去跟沼澤裡發酵熟成的肉比較，發現冰箱肉竟然比沼澤肉含有更多有害細菌！而沼澤肉上的優勢細菌主要為乳酸桿菌，乳酸桿菌所製造的乳酸，可能可以抑制其他細菌生長，使沼澤肉得以保存至春天。春暖花開，史前人類又可以開心打獵與聚餐，此時保存肉類便不那麼重要了，甚至先前保存的肉還可能會被當成廚餘。費雪很好奇沼澤肉可以保存到什麼地步，所以實驗仍然進行下去，到七月繼續採樣。最後，沼澤肉放到八月時，肉質開始變得鬆散，已經不是塊狀，而此時實驗已經進行了七個月，即便過了這麼久，沼澤肉仍安全可食，只是散得不成原形。密西根大學人類學家約翰·史貝斯（John Speth）在撰寫這篇研究文章時指出：如果費雪把肉放在洞穴裡發酵，而不是放在池水裡，肉質將會更緊實，能再多保存幾個月。[168]費雪藉由這個實驗讓我們知道，要是史前人類獵到一隻乳齒象，他們有機會吃上七個月，甚至八個月[8]。

費雪的實驗，並沒有證明克洛維斯人發酵肉類的方法就是將它浸在池子裡，他也沒有企圖證明更早的史前人類或其他人科的祖先會做類似的事，但他的實驗結果讓我們知道，對於史前人類或其他人科的祖先來說，發酵肉類是件很容易的事，基本上自然而然就發生了。因為料理魂大爆發而做出第一道發酵肉品的史前人類，可能戰戰兢兢地嘗試利用這些肉眼不見但無所不在的發酵細菌。不過比起生火或烹飪，發酵乳齒象、長毛象或馬來吃，其實簡單得多。當然，費雪的實驗可能有碰運氣的成分，但克洛維斯人何嘗沒有？史前人類能從意外成功的料理小實驗累積成功經驗，好不斷精進自己使用看不見的細菌來發酵肉品的技術，終至能成功把乳齒象發酵成自己滿意的味道、香氣與肉質。而且，這些史前人類有的是時間與機會來磨練自己的發酵技術，畢竟比起只有一次實驗機會的費雪（因為他朋友沒有養死第二隻馬），舊石器時代的人類有幾十萬年的時間實驗上千隻他們獵到的馬。史前人類與後來出現的漁獵採集者在發展出農耕技術前，可能早就懂得利用周遭的細菌來發酵肉類，而且不僅是為了拉長肉品的保存期限，根據費雪的說法，這也可能是為了要養特定幾種微生物。這幾種微生物不僅能發酵肉類，也能發酵水果，例如某些乳酸桿菌。當費雪的沼澤實驗肉繼續腐敗，他憑藉肉所散發的臭酸氣味與嚐到的酸味，便能判斷這肉是否還可食用；即使史前人類嗅覺與味覺可能與現代人有所差異，他們也有能力辦到一樣的事[9]。

費雪的實驗所展示的，只是食物發酵的其中一種類型，發酵的食材通常是大型動物，而實驗地點密西根州是個四季分明的地方，冬寒夏熱。史前的狩獵採集者如果居住在類似的環境，就需要依靠發酵食物來度冬。一旦他們學會發酵肉類，便能根據不同的肉品類型與居住環境，開發出各種發酵食譜，當然若是環境允許，他們一定會常常使用能製造豐富風味的發酵食譜，尤其所處環境不易取得不同味道的食物時更是如此。

當環境氣候較乾燥，且能獵到的都是小型動物，數量也不多的時候，獵肉通常以乾燥的方式保存。風乾肉的製作條件當然就是環境要夠乾燥，例如棲息在南美海岸的獵狗會將部分獵物晾起來，獵豹會將獵物掛在比地面乾燥的樹枝上，生活在炎熱大草原生態系中的史前人類若遭逢旱季，也可能出現類似行為，尤其當人類未知用火時，他們就只能用晾乾的方式。

當史前人類習得用火後，他們開始以煙燻的方式處理獵肉，煙燻其實就是一種加速版的風乾方式。對火念茲在茲的史前人類可能會以煙燻方式處理小塊的肉，只要柴火來源充足，就算天氣不算乾燥也可以進行煙燻，製作出來的成品可謂德國版金華火腿「農人火腿」（bauernschinken）的始祖，農人火腿的傳統做法是先將肉風乾後再以刺柏樹的木材進行煙燻，史前人類也可能跟我們一樣，製作煙燻肉時懂得使用具有特殊香味的特定木材。

風乾過程需要在乾燥的環境進行，煙燻則需要使用火與木材，第三種讓肉品脫水的方式是施鹽，最重要的材料當然就是鹽巴，而且是大量的鹽巴。我們不確定人類第一次鹽醃野味時用了什麼步驟，但可能跟老加圖（Cato the Elder）所記錄的義大利南部火腿食譜很類似，老加圖在他的著作《農業志》（*De agri cultura*）中列出了製作鹽漬火腿的步驟：

> 準備一個大缸或大盆，把買回家的豬大腿切除豬蹄，再準備所需的鹽量，每條腿需用半斗（約九公升）磨細的羅馬鹽。先在準備好的容器底部鋪一些鹽，把豬腿以皮朝下的方

式放上去，再用鹽覆蓋表面。接著把第二條豬腿一樣皮朝下的方式疊在第一條豬腿上，一樣在表面蓋上鹽，接下來的豬腿也都重複一樣的步驟，確保鹽把兩條豬腿隔開。所有的豬腿都放入容器後，再次用鹽覆蓋，確保豬肉完全被蓋住，再把最上面蓋的鹽壓平。待整缸豬腿埋在鹽裡五天後，把缸裡的豬腿拿出來重新排列，覆蓋豬腿的鹽繼續留在豬腿上，原本放在最上面的豬腿要改放在最底部，接著重複先前放豬腿與蓋鹽的步驟，再靜置七天。等到豬腿埋在鹽裡的時間總共十二天後，就可以把豬腿拿出來，移除表面的鹽，把豬腿掛在乾燥通風處醃個兩天。到第三天就可以把豬腿拿下來，用海綿刷洗後，在表面抹上橄欖油與醋的混合液，再把豬腿掛在你平時放肉的地方。[169]

依循老加圖的這份食譜，便能製作出充滿鮮味與滋味豐富的好吃火腿，因為整個過程等同長時間的發酵作用，當中發生的梅納反應就是美味的關鍵，可是這份食譜不僅耗時，更會耗費大量的鹽巴。當人類發現用鹽醃肉可以造成慢速發酵（等於利用「嗜鹽菌」這類良性且喜歡鹽分的微生物來工作）的效果時，鹽巴的價格就水漲船高。在世界大多數地區，鹽醃法出現相對晚近。鹽醃法確實讓食物更美味，不過到了晚近才開始流傳且所費不貲，僅限少部分族群會使用，但是誠如馬克・庫蘭斯基（Mark Kurlansky）在著作《鹽》

（*Salt*）[170]中指出，鹽醃肉品也為船運和貿易帶來紅利，進而為歐洲帶來歷史上的輝煌時代。歐洲出了很多熱門的鹽醃肉品，例如知名的西班牙伊比利火腿（jamón ibérico），其製作方法類似老加圖所描述的長時間發酵法，只是它靜置的階段長達數個月甚至數年之久。

其他類型則屬於濕式發酵，也就是費雪模擬史前人類利用沼澤保存乳齒象的方法，並從中衍生出許多變化。濕式發酵不見得會用到鹽巴，但一定會需要液體，相關案例常見於容易有大量漁獲的海岸地區。在瑞典東南部海岸的「諾耶桑南桑德」（Norje Sunnansund）考古遺址，考古學家雅當．波愛修斯（Adam Boethius）挖出了上千塊骨頭，經推估可能來自六萬噸的漁獲[171]。由此可見，在農業或畜牧尚未發展的幾千年前，曾有人類久居諾耶桑南桑德，除了冬天以外，這個地方的其他季節都可以捕魚。有一部分漁獲是現捕現吃，與海豹肉、麞鹿肉、野生櫻桃、歐洲酸櫻桃和黑刺李一併成為日常一餐；但大部分的漁獲則會拿到一套長方形、龐大的專門設備裡進行發酵。遺址內的柱穴指出屋頂樑柱的位置，其他穴痕則是地椿的位置，目的是為了拴住用野熊皮和海豹皮包裹的發酵魚肉。這個發酵系統並不算簡易，但因為當時鹽巴尚未傳入斯堪地那維亞半島，這套複雜的發酵方式必須採用類似費雪的沼澤馬肉製作原理，耗時數月甚至數年發酵的肉品在化學特性上產生質變，可以說，史前人類是利用時間與微生物把肉「煮」到爛掉為止[10]。

雖然就現代的眼光來看，肉類的濕式發酵看起來很不尋常，但這其實是全球普遍的現象。對許多北半球高緯地區的原住民族來說，發酵的植物、魚、肉都是重要的食物。以尤皮克人（The Yupik）為例，他們會把植物放入動物胃製的皮袋裡熟成，做成叫作kuviikaq的菜；楚科奇人會把鹿血、鹿肝、鹿蹄、炙燒過的鹿唇，以及具有甜味的植物根莖部一起放入鹿胃裡發酵；動物肉與脂肪也可以同時塞入海象皮製成的袋子，做成一種叫tugtaq的肉捲[172]。即便是在現在的斯堪地那維亞半島，不同的飲食文化都有各自獨特的發酵魚料理（顯然是從諾耶桑南桑德的發酵魚肉所演變而來），其中一道現代瑞典人特愛的料理叫surströmming（瑞典鹽醃鯡魚），主要內容就是發酵到爛掉的鯡魚，通常搭配一種叫tunnebrød的瑞典傳統麵包一起食用[11]。敢吃瑞典鹽醃鯡魚的人都很愛它，但是它會為我們的鼻前嗅覺帶來令人極度不適的臭味，臭到連喜歡吃的人都覺得臭，所以瑞典人都要在室外開這種魚罐頭。瑞典鹽醃鯡魚的臭味可說綜合了各種臭，包含臭雞蛋味（硫化氫）、餿掉的奶油味（丁酸）、以及醋酸味（醋酸）[12]。在斯堪地那維亞半島上放眼望去，各地仍可見許多遵循古法的魚（或肉）發酵料理，再看看世界其他地方，其實發酵魚做成的醬料也是一種日常食品，比如光是菲律賓、泰國、越南三個國家，每年總共就吃掉上百萬加侖的發酵魚類[13]。

以濕式發酵製作的魚或肉料理，常富有鮮味和多層次的味道（魚醬之所以被廣為使用，也是這個原因），但發酵料理可能同時為鼻前嗅覺和鼻後嗅覺帶來迥然不同的感官刺激。瑞典鹽醃鯡魚就是很好的例子，我們可能很討厭它在鼻前嗅覺造成的味道，但卻同時沈醉於它在鼻後嗅覺上帶來的香氣與豐富滋味。另一個來自阿拉斯加的例子，一位美洲原住民瑪莉．捷尼（Mary Tyone）分享他們部落的發酵食物：「我們處理鮭魚頭的方式，就是把它們都裝在一個桶子裡，然後埋在地下，等十天後再拿出來吃。」她講的正是「臭魚」（stingfish）[14]。講到臭魚她不禁讚嘆：「我超愛臭魚，雖然聞起來有點奇怪，但真的很好吃啊！」在中文裡，「香」不僅用來形容美味料理中令人愉悅的氣味（鼻前嗅覺），也形容食物的味道（包含鼻後嗅覺感受到的香味），例如烹調過的雞油、烤肉、煸炒過的洋蔥，都是吃起來很香的食物[173]。看來我們真的需要創個形容詞，來形容像臭魚這樣在鼻前嗅覺不討喜，但吃起來很美味的食物。

人類喜歡吃的發酵料理竟然如此多樣，這可能多虧了人類對酸味的喜愛，人類學會利用微生物分解肉類與魚類，進而製作出發酵的肉類料理，正如人類利用微生物製作帶有酸味或酒味的飲料或蔬食。不過如果仔細深究這些發酵料理，撇開那些經過鹽醃、煙燻或是風乾處理的，你可能會發現，要學會製作並且喜愛肉或魚的發酵料理，要先學會去喜歡它們嚇人的氣味，就跟去喜歡特殊的在地香料是一樣的道理。某個程度上，不少會讓人打從心裡感到噁心的氣味，都與肉類發酵的味道有關[174]。由此可見，肉或魚的發酵料理需要我們用盡身體五官去欣賞，不是一官而是五官。舉例來說，要愛上遵循古法發酵的無鹽鮭魚，你需要讓鼻子愛上世間百味，需要讓舌頭愛上鮮味與酸味，還需要大腦有意識地將眾多感官刺激整合起來，認識這種用盡身體五官才會愛上的風味。

關於發酵的故事就講到這裡，我們提到了發酵的水果、蔬食、肉、魚，現在可以簡單整理史前人類與現代人類的發酵料理史。我們的史前祖先在某個時期學會製作簡單的發酵食物，首先發酵果實，接著發酵植物的根莖部。與生俱來的味覺與嗅覺引領史前人類開發更多發酵食物，發酵產生的酸味是他們判斷食物安全時的綠燈，而且發酵食物還可能帶給他們意外的享受，例如更軟爛易入口的質地、更甜、更酸或微醺的效果（當然微醺的部分，要等到我們的酒精去氫酶演化出超高效率後才會有）。接著，在此之後或在此之前，總之我們的祖先也開始發酵獵肉與漁獲。跟發酵蔬食一樣，肉與魚用適當的方法靜置後，變得更加好吃（產生更多鮮味），產生鼻後嗅覺上的香氣因而增添風味，同時更能增加保存期限。這種發酵料理方式在人類的狩獵與捕撈技術進步後，變得更加重要，因為他們越來越常獲得超過一餐能吃的食物量。我們尚未確定上述時間點，但史前人類是依賴氣味與酸味來判斷發酵肉品的安全性，我們的舌頭就是檢查發酵食物的工具，而這些發酵食物就是我們人類的最初的花園——一座屬於微生物的花園[15]。

# 8 乳酪之藝

乳酪就像是長大成人的牛奶……這是種格外有人性的食物——年歲越長，乳酪的人性也會漸趨完備，到了熟年時甚至幾乎會需要一間可以自己獨處的房間。

——愛德華．邦亞德（Edward Bunyard），《美食家的夥伴》（*The Epicure's Companion*）[1]

那日我向他們起誓，必領他們……到我為他們察看的流奶與蜜之地。

——《以西結書》第20章第6節

幾年前，我們全家大小跟著一位朋友荷西．布魯諾—巴塞納（Jose Bruno-Bárcena）及他的家人，一同去拜訪他們位在西班牙阿斯圖里亞斯地區（Asturias）的家鄉卡雷尼亞（Carreña）。我們在那裡與他的整個大家族中的成員見面，包括他的母親、兄弟、堂表親和其他遠房表親（基本上就是整個村莊裡大半的居民）。家族成員中，也包括了卡夫拉萊斯乳酪（Cabrales cheese）：這乳酪是他家中的一份子，而且還是個名人。二〇一九年，一整塊直徑十二英吋、青白相間的完美無瑕卡夫拉萊斯乳酪，以兩萬零五十歐元的高價售出。製作出那塊乳酪的地點，從卡雷尼亞往上坡走去不過區區五公里的距離。

卡雷尼亞小鎮離我們開車出發的法國多爾多涅地區並不太遠。從多爾多涅的壁畫岩洞出發，要抵達阿斯圖里亞斯地區或是相鄰的坎塔布里亞地區（Cantabria）的壁畫岩洞，只要開到波爾多後轉向南方，沿著比斯開灣（Bay of Biscay）一路到達巴斯克地區（Basque Country）的邊境；穿越邊境之後一路向西、確認海灣在你的右手邊；在畢爾包（Bilbao）的古根漢美術館（Guggenheim Museum）稍作停留、接著一路婉蜒穿越巴斯克山區、順道品嚐一點巴斯克羊乳乳酪。過沒多久，你就會發現自己身處於眾多岩洞之間。去造訪一下坎塔布里亞地區的那些古老壁畫岩洞吧，它們跟多爾多涅地區的岩洞相似、但是依然別具精采特色。當你已經盡可能地造訪過一個又一個岩洞，直到孩子們再也受不了的時候，便可以前往卡雷尼亞找乳酪去了。

我們一到達卡雷尼亞，便直接前往荷西全家長久以來使用的乳酪地窖。荷西和他的表親瑪諾羅就是在那裡跟著瑪諾羅的母親學做乳酪的[2]。這座地窖可能從舊石器時代開始就為人類所利用；中世紀的礦工也曾使用過；在西班牙內戰期間甚至還曾經作為家庭防空洞之用。而它便是卡夫拉萊斯乳酪誕生之路上的眾多居所之一。

這座地窖是一整片烹飪生態系之中的一小環節。天花板的鐘乳石上垂掛著蜘蛛網，蜘蛛能吃掉原本可能會在乳酪裡下蛋的蒼蠅。所有東西的表面都長滿了成絲成條的青黴菌。在這地下國度中住著眾多狀態不一的乳酪，或白或藍，或是橘紅點點。乳酪在脫胎換骨的過程中會散發出上百種氣味，氣味之強烈，我們那平時熱愛岩洞有如其他小孩喜愛電動玩具一般的兒子聞了一口後，便決定他還是一個人坐在外面就好了。

我們在前往卡雷尼亞小鎮途中看到的那些舊石器時代岩洞壁畫，需要畫家做出相當大的犧牲奉獻。畫那些壁畫需要時間、還需要藝術家從日常生活中抽出時間鑽進氧氣稀薄的地底工作，古生物學家朗．巴爾凱甚至認為那裡的氧氣稀薄到會引發某種瘋狂。製作卡夫拉萊斯乳酪也一樣耗費心力，自古以來就是如此。負責製作這種乳酪的人，日常生活的重心便不能是校園劇表演、運動比賽或宴會，而必須終日與乳酪為伍。對卡雷尼亞鎮上的乳酪師傅來說，乳酪是從辛勞中破繭而出的歡愉。

製作卡夫拉萊斯乳酪需要用到山羊奶、綿羊奶和牛奶。不同的動物需要使用不同的工具照顧。人們需要鈴鐺以避免綿羊走丟；另外一種鈴鐺用來避免山羊走失；另一種大上許多的鈴鐺用來避免乳牛走失；還需要一隻牧羊犬看守這三種動物。（狗身上一般不會掛鈴鐺，但是荷西有個身為鈴鐺師傅的親戚，所以每一隻狗身上都戴了一只不同的特製鈴鐺，每一隻雞身上也有。在一座小鎮裡就是可能發生這種事情。）更困難的是，整套系統每年還要搬家兩次。山羊、綿羊和乳牛冬天在谷地裡放牧，夏天則在山區放牧。只有當牠們在鎮上公有的山地草原上吃著飽滿鮮綠的高山野草時，產出的奶能才能做出品質最棒的乳酪[3]。此外，只要是乳酪師傅想做乳酪的那天，就得為每一隻動物擠奶，通常一天要擠兩次。牠們必須都在同一天擠奶，雖然牠們覓食時幾乎總是四散各地，這裡一隻、那裡一隻，好幾座小山頭上都聽得到牠們的鈴鐺響。傳統上，他們一年可能要跟在這些動物後頭走上好幾百里。這是場孤獨的跋涉：唯一可以聽見的人話常常是對著動物說的，而由於卡雷尼亞這既美好又艱難的環境使然，那些說出口的人話多半全是髒話。

動物的奶收集完畢之後，必須混合在一起。混合之後，就得使其凝結、切塊、加鹽。加完鹽之後，就得將乳酪一路扛下山坡回到鎮上、放進乳酪地窖中，讓它繼續發酵熟成（起碼傳統上是如此）。這其中每一道步驟都有可能出錯。乳酪在帶到地窖之後，更是特別容易出狀況，而且只要有一塊乳酪壞掉，地窖中所有的乳酪也可能跟著壞光光。

從乳牛用又大又鈍的牙齒咀嚼青草葉片開始、一直到你將一塊乳酪放進口中的那一刻為止，整個過程大約要花上兩個月。若是這兩個月中一切順利，能收穫的成品便是一個活生生的生態系，既不算動物也不算植物，風味豐富強烈到足以自成一餐。這成品是一種活生生、不斷變化的乳酪，深受卡雷尼亞鎮谷地的居民們所熱愛。他們喜歡將這乳酪搭配在地傳統食物一起吃。例如配上阿斯圖里亞燉豆砂鍋（fabada）——使用蠶豆和兩種香腸、湯底用豬背肥肉（就如字面上的意思，是來自豬的背部的肥肉）調味的一種燉菜料理。或者一邊啜飲以三種不同的蘋果釀成的蘋果酒，一邊咀嚼這種乳酪。他們還喜歡用這乳酪製作牛排餡餅（cachopo）：兩塊小牛肉排，中間夾一片卡夫拉萊斯乳酪——還會夾什麼別的呢？他們甚至喜歡將這乳酪融化、淋在薯條上吃。每到晚餐時分，卡夫拉萊斯乳酪的香氣便會從幾乎每一間廚房的窗中飄出、飄上卡雷尼亞的街頭。這香氣也會從乳酪地窖中飄出，甚至會沿著河流向下游飄散，我們也不完全明白為什麼。

因為它那層次複雜的風味、以及製作它得花的工夫，卡夫拉萊斯乳酪經常被評為世界上最棒的乳酪。但是要解釋它為什麼會存在卻不容易。為什麼在西班牙北部一座小山谷中，且過去數千年間幾乎都生活得十分困苦的居民，當初會決定開始製作這種乳酪？較簡單的解釋是，乳酪是個將動物的奶儲存起來的方法，可供日後在生活艱困，乳牛、綿羊和山羊都沒有育幼（也因此不泌奶）的時候食用。就這點來說，乳酪和發酵魚肉沒有太大的不同，都是為了度過困苦日子的飲食必需品。

但是把乳酪的製作過程弄得那麼困難，用上三種不同的奶、還花上如此長時間發酵出相對軟質的乳酪，就沒那麼必要了。在阿斯圖里亞斯地區製作乳酪，還有更簡單的方法。到了凝乳（curd）開始成形的那個步驟時，我們可以先在凝乳裡加鹽，並且用力擠壓出一個固定的形狀，再進行發酵。我們甚至可以先煙燻過凝乳，使其更加乾燥。多了這些步驟，做出來的成品便會是半硬質或是硬質的乳酪。這類乳酪製作起來容易許多，也比較好運送貯藏。僅隔著一座山的另一處谷地中，人們長久以來都是這樣製作乳酪的。要確切明白卡夫拉萊斯的人們當初是為什麼決定製作過程如此繁複的乳酪，大概是不可能的任務。但是有天晚上，當我們在鎮上跟荷西及他的家人享用晚餐、啜飲蘋果酒的時候，荷西提出了一個假說。「原因就是這乳酪很好吃啊。」他說。「這可是世界上最好吃的乳酪了。」荷西繼續解釋，並補充了其他在地食物是多麼平凡無味。「我們小時候得蒐集栗子當晚餐。整頓晚飯吃的就是烤栗子而已。」也就是說，卡雷尼亞的人們不惜克服萬難、偶爾耐住飢餓去製作這種乳酪，起碼有部分原因是為了為了追求它的美味。特別是跟他們吃得到的其他食物相比，這乳酪對他們來說更是好吃得不得了。我們很喜歡荷西的這項假說，這大概沒什麼好意外的。說穿了，這就是我們這整本書一直費盡唇舌希望傳達給大家的想法：就算

圖8-1　西班牙卡雷尼亞鎮上的卡夫拉萊斯乳酪地窖。

找尋或製作風味較佳的食物比較困難，人類和其他動物有時還是會選擇這麼做。荷西只是把這個想法延伸到農業社會的人們罷了，這算不上什麼激進的想法。這想法並不激進，但是要驗證卻很難。

要驗證這個猜想，我們理想上會希望能找到一個情境，有許多不同的人同時受到文化改變的影響，飲食因而變得較為缺乏風味。若可進行關於乳酪的實驗則更加理想，因為乳酪的風味、香氣強度以及製作的難易度都相對容易描述（而且兩者之間通常有關聯性）。幸運的是，還真的有人在全歐洲的尺度進行過這樣的實驗——本篤會（Benedictines）的修道士們。

從第三世紀開始，一些埃及和敘利亞的基督教徒開始奉行離群索居的隱士生活，並相信艱苦生活能夠幫助他們專注、抵抗誘惑，且引領他們更靠近上帝。這些隱士在希臘文中被稱為「monos」（意為「一」，意指他們的獨居生活）或「monakhos」，之後就成了英文中的「monk」。雖然這些修道士過的是獨居生活，但他們還是會聚在一起參與宗教禮拜儀式。假以時日，有些修道士便開始共同居住在稱為「修道院」（monastery）的地方。但是共同生活並非易事。有相當多的實務上的問題，需要大家一同達成共識、做出結論。比方說，大家應該放棄哪些享樂？還有，到底需要祈禱多久才足夠？應該穿什麼樣的衣服？人們迫切需要一套規章：日子一久，便陸續出現了一些相互競爭的教規書籍。[4]有一本後來廣為流傳的教規書，是由西元五百三十四年聖本篤（Saint Benedict）所寫。這本書中的教規夠嚴格，（一開始）可以讓那些最虔誠的信徒滿意，同時也夠寬鬆到可以讓多數人們接受。

聖本篤來自義大利的努西亞地區（Nursia），那裡以美味的火腿、香氣濃郁的橄欖油、烤鴿肉（配上黑橄欖和紅酒）和令人沉醉的香醇美酒著稱。他十分清楚，再怎麼虔誠的修道士，要過著完全缺乏美味飲食的生活方式都不可能長久。於是他所建議的飲食規範合理地簡樸，但也不完全缺乏享受。他規定一天可吃兩餐，每一餐可以有兩種熱食。另外，他也允許修道士一天飲用一赫米納（hemina）——大約是半品脫——的葡萄酒，天氣炎熱、有人感覺身體不舒服、或是在農田中的工作太過累人的時候（那時就可以喝更多）除外。此外，雖然修道士不應該吃有四隻腳的動物的肉，但是可以喝牠們的奶，也可以製作、食用乳酪。修道士透過這些教規為自己創造的環境，跟卡雷尼亞鎮上卑微的乳酪師傅所面對的環境相差不遠。他們的飲食風味，跟更嚴格實行禁慾主義的修道士比起來豐富許多，但是跟他們心中渴望的比起來，還是極為匱乏。他們能拿來創造出更美味食物的材料，最主要就是動物的奶了。

根據荷西的假說，關鍵的問題在於：在食物缺乏風味的情況下，修道士是否會製作風味和香氣特別強化的乳酪。從這方面來說，修道院就是個飲食實驗的場所。不只如此，還有許多重覆樣本的實驗：不同地區的修道院，大致上是各自獨立地決定要製作哪些食物，並受到十分不同的當地文化、語言及氣候影響。每一座修道院都相對獨立地對荷西的假說做了一次測試。

有好幾件事有利於修道士潛心製作風味豐富的乳酪。修道士的文化跟卡雷尼亞小鎮的文化一樣，都很看重勤勞的價值。本篤會的座右銘是「勞動即禱告」（to labor is to pray）；相反地，懶惰則是「靈魂之仇敵」。因此，為了擺脫惰性而辛勤上工生產乳酪，本身就是神聖的行為。而因為修道士取得了大片土地，還受他人捐贈而獲得甚至更多土地（通常是那些想要在天堂佔個好位置的人），因此他們得以大規模地進行這項神聖的工作。虔誠的耐心以及豐富的土地資源，讓修士們得以革新農業技術、發展新的食物來源，而且許多傳統的食物生產技術及材料的保存，也常被歸功於他們的協助——起碼符合他們需求及偏好的那一部分是這樣沒錯。在這一點上，他們跟古代食物的關係就像是跟古代經典的關係一樣。修道士反覆手抄並翻譯在古羅馬及希臘時代的經典文學及科學文獻中，他們心目中最為重要的篇章。他們也一樣手抄並翻譯對於古代當地食物的描述，並將與自己生活最切身相關的食物版本流傳給後人。

**圖8-2　努西亞的聖本篤發送教規書的場景。雖然一般來說聖本篤會避免浮誇的事物，但顯然在此描繪他的畫家覺得他不會介意坐在一張華麗的椅子上。**

就像卡雷尼亞鎮的乳酪師傅一樣，修道士也需要做出各種抉擇，決定他們要傳承或發明什麼樣的乳酪。他們的選項基本上可分為三大類：新鮮乳酪、熟成硬質乳酪、以及熟成軟質乳酪。在聖本篤之前的古羅馬時代，新鮮乳酪和熟成硬質乳酪似乎是主流。這兩種乳酪最初的製作步驟都一樣：首先必須要讓生乳「凝結」，也就是分離成凝乳和乳清（whey）。若是要製作新鮮乳酪的話，通常這樣就完成了。主要僅靠生乳凝結即可完成的新鮮乳酪，包括了現代的奶油乳酪和山羊奶乳酪。我們可以在這些乳酪之中，嚐到產乳動物所吃的食物的影響。來自餵食乾草的動物的奶，做出的新鮮乳酪味道較為平淡。來自跟著牧者在山地上上下下的放牧動物的奶，做出的新鮮乳酪的風味則依放牧地點而異：放養動物的奶做成的新鮮乳酪中，嚐得到特定草種的風味，也嚐得出牛奶或山羊奶等不同的奶做出的乳酪的風味差別。山羊奶和山羊奶乳酪含有牛奶中沒有的脂肪酸（像是4-甲基辛酸）。水牛奶乳酪所含的脂肪酸又不一樣了，其中有一些還有蕈菇味。只要有人製作乳酪的地方，就有人製作新鮮乳酪，但它們比較是「當日」限定乳酪，不太適合長期貯存。在南歐尤其如此：在溫暖的氣候下，新鮮乳酪沒多久就會壞掉。熟成硬質乳酪，可說是古代人為了貯存並運送乳酪所發展出來的解決之道。

製作熟成硬質乳酪的步驟，比製作新鮮乳酪複雜很多。凝乳必須要壓製成形：通常的做法是將凝乳切成一塊一塊，再用手捏出形狀。接著要將凝乳中的水分擠壓出來，有時候還要加鹽處理（加鹽會讓更多的水分跑出來）。這樣子做出的成品是硬梆梆的乳酪，裡面含有夠多的水分，足以讓少數可預測的耐旱細菌及真菌生長，但水分又不會多到讓乳酪很快壞掉。那些耐旱的微生物會代謝分解掉容易消化的蛋白質和脂肪，不留給其他物種一分一毫。這些細菌和真菌的代謝過程，不僅會為乳酪添上新的香氣和風味，也會抑制其他可能帶來麻煩的微生物滋生繁衍。這類風味豐富的硬質乳酪之中，歷史最悠久的包括帕瑪森（Parmigiano-Reggiano，英文稱parmesan）、曼切戈（Manchego）、阿希亞格（Asiago）以及豪達（Gouda）等各種乳酪。它們各自的差別可能非常大[5]，但是生產的程序都相似，也都同樣堅硬且耐放。從在義大利南部（今日的那不勒斯一帶）出土、最早可回溯至西元前七百年的乳酪刨刀，可以看到人們製作這種乳酪的最早證據。南義大利人刨刮著類似今日帕瑪森的乳酪，刨了至少兩千七百年。

在製作這兩種乳酪的時候，古代的乳酪師傅肯定也曾經不小心發明過第三種主要的乳酪類型：熟成軟質乳酪。但是從歷史記載來看，這些無意間發明的熟成軟質乳酪，要不是分布範圍都很侷限、要不就是存在期間很短。古羅馬歷史學家並沒有留下相關的記載，如果人們曾經製作這種乳酪的話，那多半是在古羅馬人不想多加著墨的地方。人們過去避免製作這種乳酪可能是有原因的。跟帕瑪森乳酪等熟成硬質乳酪相比，熟成軟質乳酪的要求和風險都比較高。硬質乳酪就像是醃肉一樣[6]，製作的重點是改變食品的微環境，讓特定的微生物比較容易生存。製作熟成軟質乳酪卻有點像是跟一位肉眼看不見、氣味卻日漸強烈的舞伴跳一支些微失控的華爾茲：我們可以照著排練過的步伐前進、並期望結果符合預期，但是直到音樂休止（人們切開乳酪）的那一刻，我們永遠無法完全確定成品的品質如何。不只如此，跟熟成軟質乳酪跳的華爾茲還可能有危險。這種乳酪可能會變質，還可能被病原菌全面占據。這種乳酪過去在南歐可能特別難以製作成功：據乳酪歷史學家保羅·金斯泰特（Paul Kindstedt）的說法，因為南歐溫暖潮濕的天氣，可能不消幾天，乳酪就會「在微生物的作用下餿掉」。不過金斯泰特也進一步指出：「在歐洲西北部較為涼爽濕潤的氣候下，若是各種環境條件都符合的話，結果就可能有所不同。」[175]即使如此，就算在歐洲西北部，要符合這些條件也非易事，而且既然人們也可以製作熟成硬質乳酪，就沒必要去嘗試了。

不過，熟成軟質乳酪確實有一項優勢：超群的美味。這種乳酪的口感就像肉一般滑順，能提供鮮味的成分濃度極高，而且通常帶有某種近似於體味的香氣。會有這種香氣，是因為這些肉體般濕潤的乳酪，也有利於某些常出現在動物（包括人類）身上的微生物的生長。而且隨著熟成軟質乳酪的年歲漸長，它也會變得更有「人味」——套用作者愛德華·邦亞德的說法。

如果修道士傾向於追求更濃烈、更讓人想起肉類的風味，而不去操心吃什麼最簡單或是最有能量效率的話，不難預期他們會去製作這些熟成軟質乳酪。相反地，只有興趣製作容易貯存、運送，能提供適合營養的乳酪的修道士，連半軟質的乳酪都絕對不應該去製作。根本沒必要啊。一坨坨軟軟的新鮮乳酪、一塊塊堅硬的熟成乳酪，這很可能就是過往修道士與乳酪之間的故事全貌了。世界上並沒有任何人做過官方評分，評比哪些是世界上最芳香、最鮮美似肉的乳酪。目前也沒有人用統計的方法比較過，修道院中製作的各種乳酪跟其他地方的比起來，製作配方和香氣的化學組成有什麼差別。這理論上做得到，但是得耗費非常多時間。這是個很適合讓主修修道院歷史和微生物學的研究生一同合作的計畫，讓他們一邊暢遊歐洲品嚐乳酪、一邊查閱古老文獻。（如果行文至此，我們的語氣聽起來好像在後悔之前沒學會拉丁文的話，嗯，你猜對了。）但很明顯的是，法國以及其他地區的很多修道院最終都專精於製作最難做、味道也最濃郁的熟成軟質乳酪，而這些乳酪也賞賜給了修道士們一輩子的驚奇與神祕。有時候，修道士是從農民身上抄來乳酪的作法，但是他們也有人發明出全新的乳酪作法。

某些修道士製作的熟成軟質乳酪，仰賴的是生乳的快速凝結（靠著大量使用凝乳酶〔rennet〕）。[7] 如果這些乳酪能夠在涼爽乾燥（或起碼不要太潮濕）的環境中發酵的話，便會有利於白色及灰色的青黴菌屬（*Penicillium*）真菌生長，其中包含了卡芒貝爾青黴（*Penicillium camemberti*）。這些真菌在乳酪上落腳之後，乳酪表面會長滿白白的黴，因此稱為「白黴乳酪」（bloomy-rind cheese）。白黴乳酪包括了莫城布里乳酪（Brie de Meaux）

以及卡芒貝爾乳酪（Camembert）（這種真菌的名字就是從這來的）。白黴乳酪又稱為「表面熟成乳酪」。大部分的乳酪都會越熟成越硬，但是這些白黴乳酪（表面熟成乳酪）卻會越來越軟。青黴菌屬的真菌會從乳酪表皮往內生長，讓乳酪熟成（熟成的表皮呈白色，通常人們會形容為有「洋菇味」）：熟成的過程中，乳酪內部會逐漸液化、變得像鮮奶油一般濃稠。

相對地，如果把這些乳酪放在如卡雷尼亞小鎮的地窖一般、較為潮濕的地方發酵的話，會長出另外一種青黴菌（通常是洛克福青黴〔*Penicillium roqueforti*〕），就會做出卡夫拉萊斯乳酪、洛克福乳酪（roquefort）以及斯蒂爾頓乳酪一類的藍乳酪[8]。製作這類乳酪時，人們有時會刻意在乳酪上用不銹鋼針戳洞，讓青黴菌能夠跑進孔洞中生長。這會讓整塊乳酪布滿藍色黴菌，洛克福和斯蒂爾頓乳酪就是以此外觀聞名。卡夫拉萊斯乳酪則不一樣，青黴菌會從表面長進去，就跟白黴乳酪一樣。如果要問哪一種做法比較好，這不論在卡雷尼亞或阿斯圖里亞斯地區都很可能引戰，特別是在人們兩三杯蘋果酒下肚之後。

但是在修道士所仿製或發明的乳酪之中，最獨特的並不是白黴乳酪或藍乳酪，而是洗皮乳酪（washed-rind cheese）*和抹皮乳酪（smeared-rind cheese）†。先說說洗皮乳酪。這

* 譯註：或譯為洗式乳酪、洗浸乳酪。
† 譯註：沒有查到既存的中文譯名，所以譯者採用跟 washed-rind cheese 近似的構詞原理取譯名。英文的文章也很少提及此名詞，推測跟 smear-ripened cheese 相同，也跟下文的 wiped-rind cheese 相同。

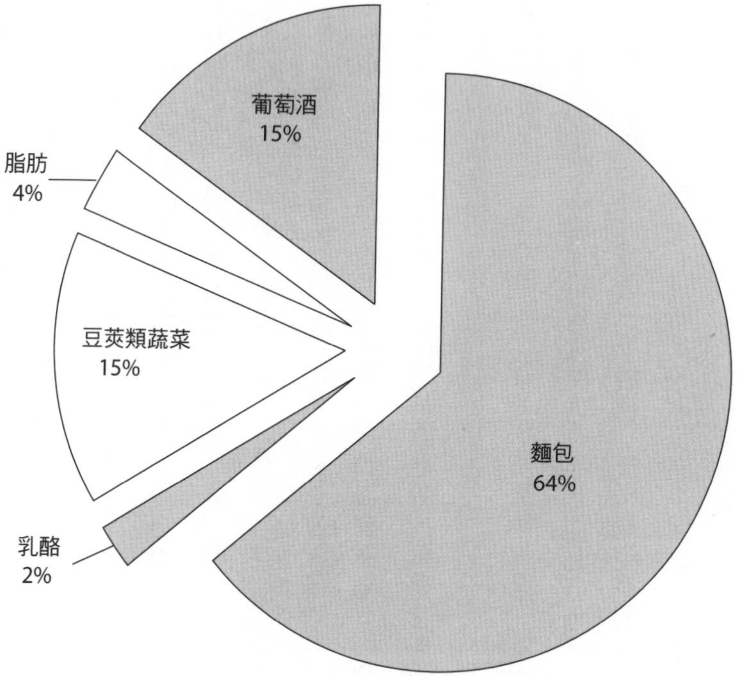


圖8-3　聖本篤教規飲食的範例。此圖為法國聖傑曼德佩（St. Germaine des Prés）修道院在西元八百二十九年的每日飲食組成（以重量比例計算）。圓餅圖中灰色的扇區，代表的是有經過發酵的飲食。修道院飲食的季節性變化並不大，因為他們所吃的大部分食物都是發酵過的，所以可以貯存起來，一年到頭都能食用。

種乳酪比白黴乳酪或藍乳酪更難製作，也有更濃郁的動物體香。洗皮乳酪跟藍乳酪一樣是貯藏在相對潮濕的地下室或地窖中。但跟藍乳酪不同的是，它們在熟成的過程中會用高濃度的鹽水洗過。鹽分有利於喜好乾旱環境的細菌生長。經過洗皮過程之後還適合生長的細菌，包含了亞麻短桿菌（*Brevibacterium linens*）及其近親。亞麻短桿菌既會出現在乳酪上，也是人類腳掌上又鹹又乾的環境裡的居民。這種細菌會在乳酪上長成橘色的斑點和斑塊。在洗皮乳酪上，還會出現來自海洋、可能經由海鹽所帶來的細菌，例如嗜鹽單胞菌（*Halomonas*）或假交替單胞菌（*Pseudoaltermonas*）等[176]。洗皮乳酪的製程會促進生長的這些細菌，對於生長環境條件十分挑剔。它們需要氧氣，因此只有在乳酪表面才能存活。它們也沒辦法在酸性環境下存活，因此只有在熟成乳酪上的真菌已經將乳酸菌所製造出來的酸性成分全部消化完畢後，才有這些細菌生長的空間。

《天然乳酪製作法》[177]一書的作者，乳酪師傅大衛．艾雪（David Asher）猜想，在修道士開始製作洗皮乳酪之前，這種乳酪大概不可能在任何地方普及過。原因之一是，製作這種乳酪需要大量的生奶，超過一隻動物一天所能生產的量，而修道院總是比窮苦農人更有機會取得較大量的生奶。不只如此，不論過去或現在，製作這種乳酪的過程中，都需要天天都在乳酪表面抹上鹽滷水，一天都不能間斷，宗教節日亦不例外。即便最終報償只有乳酪的香氣、味道和口感等感官享受，還是非做不可[9]。這項工作所需的，正好就是聖本篤主張極為重要的勤勞與細心等態度。但它也需要人們有辦法享受辛勤工作所收穫的飲食歡愉。用鹽滷水塗抹過的洗皮乳酪，有足以與肉媲美的鮮美和「咬勁」：你咬下它的時候，它還會反咬你一口[10]。這種乳酪反咬得令人愉快，讓修道士能把那種乳酪當作肉類一般享用，即使他們不能吃肉——也許正是因為他們不能吃肉。

修道士所發現的進一步調控微生物生長的方法，還不只洗皮乳酪而已。他們也發現，可以拿一塊布或是其他的材料，把乳酪上橘色的斑塊（他們那時候還不知道那就是亞麻短桿菌的聚落）抹在整塊乳酪表面、或者是從一塊乳酪抹到另一塊上面：抹皮*乳酪就是這樣發明出來的。這些斑塊被抹開來之後，短桿菌便會蔓延覆蓋整塊乳酪表面，同時蛋白質的分解也帶來了新的香氣：只要是有人正在製作乳酪，或是正在切開乳酪盛盤享用的地方，這些香氣在遠遠數哩之外都聞得到。

對修道士來說，辛勤工作是虔信的表現。透過如此的虔信以尋求、發揚新風味，這是人性。而學會調控各種影響乳酪風味組成的因素，則是科學。不同的修道院發展出了不同

* 譯註：原文為 wiped-rind cheese，推測跟先前出現的 smeared-rind cheese 意指同一件事。

的調控技術，反映出了修道士的虔信、人性、科學以及特定的修道院文化融合的結果。虔信、人性和科學，全都經由洗皮乳酪被串連在一起。

在歐洲各地的修道院中，都有人獨立發現並發展出洗皮乳酪的製作過程。每間製作洗皮乳酪的修道院，製作方法都有些許不同，甚至有不只一種方法。如果乳酪較為乾燥、熟成過程中只有一部分的時間進行塗抹處理，成品便可能會是格呂耶赫乳酪（Gruyère）。瑞士格呂耶赫修道院中的修士，長久下來已經專精於製作這種乳酪（並以此為樂）。而法國馬魯瓦勒（Maroilles）修道院中的修士則是發明了稍微不同的做法：馬魯瓦勒乳酪（Maroilles）所使用的牛奶發酵時的環境，濕度比在製作格呂耶赫乳酪時更高；這種乳酪呈正方形，外表橘色，聞起來既有腐臭味、又有肉的鮮味和果香。在法國阿爾薩斯地區孚日（Vosges）山區中的修道院修士，則又嘗試了另一種不太一樣的做法。他們給乳酪一而再、再而三地抹上鹽滷水，做出了蒙斯特乳酪[11]。然後還有在同名修道院中製作的埃普瓦斯乳酪：在洗皮乳酪之中，它可說是最輕盈、最濕潤的一種。這種乳酪的特殊風味，部分來自於修道士拿來刷洗乳酪表面的白蘭地（一樣是修道士釀造的）；但剩下的功勞，就全部得歸功於微生物的神奇魔力了。共同撰寫《舌尖上的法國史》（*A Bite-Sized History of France*）一書的史蒂凡・埃諾（Stéphane Hénaut）和珍妮・米契爾（Jeni Mitchell）表示，

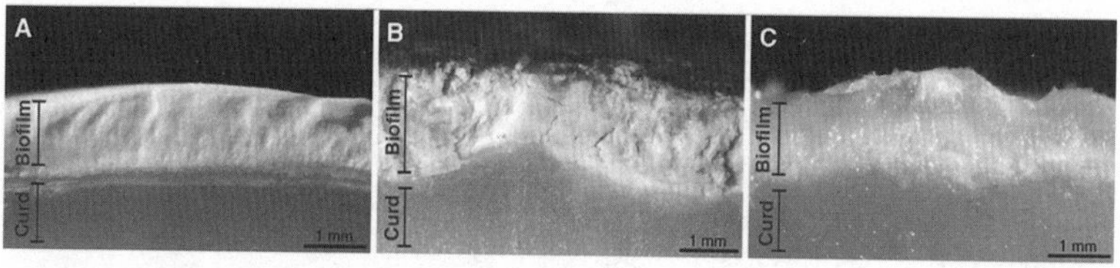


**圖8-4　各種乳酪。左圖（A）為一種白黴乳酪，表面長出了厚厚一層生機盎然的青黴菌。中圖（B）為帕瑪森乳酪一類的乳酪外皮。右圖（C）為洗皮乳酪上，表面結構複雜、長滿了短桿菌的外皮。在每一張圖中，我們都可以看到凝乳（位於下方）和生長於其上的那層生物膜。**

埃普瓦斯乳酪的香氣強烈到可能會影響婚姻和諧（當然，修道士不需要煩惱這點）[12]。另外還有修道士發現可以用啤酒取代鹽滷水抹在乳酪表面，在希邁（Chimay）等地的修道院中，至今仍是這麼做的。

總結來說，修道士實際製作出來的乳酪特性，正好符合我們最初的假說，亦即修道士製作乳酪是為了追求新的風味。跟修道院外的乳酪師傅比起來，他們是否更常製作這類乳酪，則有待進一步的研究（雖然答案很可能是肯定的）。但這整件事中還有另外兩點需要考慮。第一點是，修道士製作的乳酪，有一部分是要賣出去的（在某些地方，大多數的乳酪都是要賣的）。他們要賣乳酪的話，製作過程就不只會考慮自己的風味偏好，還會考量到那些闊氣都市人（中世紀版本的雅痞文青美食家）的喜好。我們可以想見，就像現代藝術和飲食一樣，有時候這些出錢的老大會影響修道士要製作什麼樣的乳酪，而有時候他們單純是提供經濟支持，讓修道士有辦法繼續製作乳酪，而沒有對他們製作的方法多加干涉。不過買家的影響力，應該對於熟成硬質乳酪比軟質乳酪來得大。保羅．金斯泰特在《乳酪與文化》（*Cheese and Culture*）一書中就指出：熟成軟質乳酪，特別是洗皮乳酪，在過去大概很難運送到市場，而不受任何損傷。

至於另外一點，則不只牽涉到修道士最喜愛什麼樣的乳酪，更關乎修道士是如何訓練自己的嗅覺系統，以至學會喜愛風味複雜的乳酪。戈登．薛普德在《神經釀酒學》中提到，人們經過訓練之後，對個別單獨香氣的辨識能力通常很好[178]。舉例來說，某項研究中的受試者，學會辨識了七種不同的香氣，正確率高達百分之八十二。但是當不同的香氣兩兩配對在一起的時候，這群受試者正確辨識單一或兩種香氣的能力就都弱了許多（降到大約百分之三十五，實際數字看你怎麼計算。）如果有三種香氣混合在一起，受試者全部答對的比例只有百分之十四，而如果有四種混合在一起的話就只剩下百分之四了[179]。新加入修道院的修士在嘗試辨認乳酪的香氣時，應該也都遇過類似的情況。然而我們也知道，人花越多時間在嘗試辨認不同的香氣上（或者甚至只是接觸那些香氣越久），他們的辨認能力就會越來越好。部分原因是，數種經常共同出現的香氣，會在腦中漸漸地被視為一體，並獲得特有的名稱及印象；此外，個別的香氣和與其相關聯的記憶也會逐漸變得更鮮明、更容易回想。

因此，人越常食用香氣複雜的食物，那種食物就會提供給他越多可供辨識的香氣以及風味。而且因為乳酪、葡萄酒、肉類及水果等食物的組成是如此複雜（遠遠不只四種香氣而已，而是有上百種），就算人們開始能夠辨識出最主要的香氣，還是會有新的香氣逐漸浮現、供人學習。薛普德表示：「學會分辨兩種不同的葡萄酒，會協助大腦中的嗅覺皮質做好準備，在之後更精準地分辨其他不同種類的葡萄酒。」乳酪也是如此。對修道士來說，學會分辨好的乳酪和不好的乳酪、肉味濃厚及肉味較淡的乳酪，也讓他們接下來能「更精準地分辨」其他種類的乳酪。隨著人們逐漸精進自己的辨別力，他們也越來越能夠欣賞、享受他們所辨識到的不同風味。而他們並不是唯一會這樣做的人。

修道士和乳酪的故事既奇妙又獨特。但其中還是有個普遍的啟示，那就是在許多不同背景的文化中，人們都學會了去追尋複雜的風味和香氣，特別是當身邊可接觸到的風味並不豐富的時候。缺乏風味豐富的食物，可能是讓某些黑猩猩族群使用樹枝取食螞蟻（而其他族群卻不那麼做）的原因；也可能是克洛維斯文化的獵人選擇狩獵某些特定物種的原因；還可能是古代美索不達米亞人用香料為燉肉增添風味的部分原因。最近，在羅伯去日本沖繩的一趟旅途期間，我們再度體會到了風味的故事是如何一再重演。他去那裡跟同事們開會，試著一同勾勒出各種螞蟻的全球地理分布，並研究螞蟻吃什麼食物、理由為何（當時他的科學生涯中，食物、靈長類和螞蟻各自占了差不多的比重）。在會議的最後一天晚上，他跟以前學生管納德（Benoit Guénard）共進晚餐。管納德在香港擔任教職，但是他曾在沖繩住過好幾年，也是在那認識了他現在的妻子。管納德的家庭是日法聯姻的產物（雖然管納德總是強調自己不是來自法國，而是來自布列塔尼——法國裡面自主意識高昂的一個地區），對法國和日本食物都非常熱愛。兩人興高采烈地一同造訪一家沖繩傳統料理餐廳。在享用了各種醃漬物、一種當地的海菜、花生豆腐和墨魚麵之後，羅伯點了一道豆腐餻（tofuyou）。

豆腐餻似乎是奠基於古代中國鼓勵僧侶在特定時期吃素（就像本篤會修道士一樣）的傳統，而由沖繩的廚師（其中包含了日本僧侶）所發明出來。它的做法是：將凝結的黃豆豆腐（跟凝乳十分相似）脫水陰乾，使其能夠稍微發酵。接下來將凝結的豆腐用泡盛（awamori）這種以米為原料的沖繩產烈酒洗過（就像希邁乳酪用啤酒洗過一樣）。用泡盛洗過豆腐表面後，會抑制許多不耐酒精及乾燥環境的微生物生長，同時有利於耐受酒精和乾燥環境的微生物生長。（其他發酵豆腐，通常靠的是鹽滷水，跟洗皮乳酪的製作流程有些相似。）[180]

表面上看起來，發酵豆腐和長時間熟成的半軟質乳酪有許多相似之處。兩者都是從凝結物開始；都需要經過發酵過程；且兩者都可以用鹽或酒精以抑制某些微生物、並幫助另外一些微生物。羅伯沒有料到的是，當他將豆腐餻放入口中時，嚐到的香氣和風味竟然也像極了熟成乳酪。豆腐餻有種柔軟的質地——真要說的話有點像布里乳酪（Brie）——還有一系列豐美的風味，而最後是以湧入口腔深處、如同卡夫拉萊斯藍乳酪的一種香氣作結[13]。人類的故事總是有著無窮無盡的面向；文化和學習過程，會讓不同地方的人喜愛迥然不同的食物，但是即便如此，在美食這件事上，有些情節還是會一再上演。

# 9 晚餐開啟人類的文明

食物和語言不僅在文化與演化上有相似的發展……兩者本是同根生。

——戈登．薛普德

在我們停留庇里牛斯山腳下、法國布里耶格的小鎮期間，我們全家受邀參加一場小鎮餐宴[1]。不要誤會，不是因為我們有多尊貴才受邀，當時鎮上的所有人——不論是在地居民還是遊客，不論階級與國籍為何——都會收到鎮長的熱情邀請。所以，無論是孩童還是長者，無論是奧客還是好客，無論是幽默的還是無趣的人，大家都齊聚餐宴。餐宴從傍晚開始，大家首先隨意地飲酒聊天，人手一杯在地釀造的布朗克特氣泡酒，這種酒是五百年前由僧侶所研發出來的。蜿蜒溪流上的峭壁佈置了兩排長椅，酒後，大家坐在長椅上欣賞夕陽。我們坐在一位英國藝術家與一位牧羊人之間，英國藝術家名叫艾爾文．布斯（Alvin

Booth）他的創作以舞者的裸體攝影為主，而牧羊人身上還散發些微的羊騷味（多虧我們有寫這本書，我可以告訴你：這羊騷味有一部分是來自葵酸）。

就在我們談話間，更多酒被端上，接著沙拉上桌，然後一位光著上身的廚師把剛做好的豬肋端出來，後面又來一位戴著貝雷帽、挺著啤酒肚的廚師推著一台獨輪車分送煮好的馬鈴薯，還有一群少女發送著水果做的甜點。夜幕漸低垂，我們只能透過閃爍的燭光看到彼此的臉龐，此時乳酪拼盤上桌了，一盤盤簡單幾何造型的乳酪，有方形、三角形與梯形等，不過比起不同的形狀，這些乳酪的氣味更各有特色。餐宴安排的音樂舞蹈節目也在此時開始了，三位音樂家依序表演單簧管、小提琴、手風琴，一邊表演一邊在座席間走動，同時端上了更多的酒[2]。

我們沈浸在音樂、美酒、以及乳酪的美味之中，暢談著各種話題，包含藝術、歷史、僧侶、羊群、在某個英國地區最好的釣點、下一屆布里耶格市長的人選……我們還討論到艾爾文・布斯與妻子奈琪・蘭寧（Nike Lanning）最近完成的創作。他們錄下二十四個小時的法國文化電台節目，然後特別把主持人與來賓發出無意義的聲音獨立剪出來，像嗯嗯、啊、欸這類發語詞。我們有幸賞聆，聽起來像是一種療癒但難以參透的音樂。就在起司拼盤上桌之後、艾爾文播放他們的創作之前，我們聊到黑猩猩會享用的食物。

這個話題對我們來說是信手拈來，我們夏天大部分的時間都在德國，當時我們連日常談話都會講到黑猩猩與其進食習性。日間工作時間，羅伯與許多黑猩猩專家共事，下班後我們仍常會跟這些專家喝一杯或是共進晚餐，結果就是我們在離開萊比錫前就獲得了許多有趣的冷知識，包括晚餐派對的由來、共享共食的概念與好處、語言的發展、人類與高等靈長類之間的異同之處等等。

我們是在一場家庭戶外派對遇到羅曼．魏蒂格（Roman Wittig）時，因緣際會獲得了這些冷知識[3]。魏蒂格的生活兩地往返，住在萊比錫的時候，他與這群在戶外庭院烤豬開趴的人類為鄰，住在象牙海岸共和國的塔伊國家公園時則與黑猩猩為鄰。他對於黑猩猩的進食與共食行為之了解，可以說是世界上數一數二。

魏蒂格的團隊待在塔伊國家公園時，觀察黑猩猩的行為長達上百甚至上千個小時，其中由魏蒂格的學生莉然．山姆尼（Liran Samuni）主要負責的一個研究近期發表了，他們觀察兩群黑猩猩各約兩千個小時，也就表示他們要待在野外超過兩千個小時監視黑猩猩、記錄其行為、然後轉錄成實驗用的資料，而山姆尼和同事共記錄到三百一十二次獨立發生的黑猩猩分享食物的行為事件，牠們分享的食物包括紅疣猴的肉、水果或僅僅種子，大概每幾天就可觀察到四十隻黑猩猩裡至少有一隻會分享食物。山姆尼、魏蒂格與其他同事根據對於塔伊黑猩猩的觀察，歸納出牠們分享食物的三個原則。

原則之一：黑猩猩會與一起合作採集和掠食的其他黑猩猩共享食物，尤其當食物屬於很難取得的類型，例如紅疣猴的肉，這個原則會更加明顯。

原則之二：黑猩猩除了會與一起覓食的同伴共食，還會分享食物給已經與牠們有長期穩定社交關係的夥伴、以及牠們想建立新關係的黑猩猩，換言之，就是會分享食物給朋友或是利用食物來交朋友[181][4]。

原則之三：分享食物的朋友都是屬於同種社會地位的，所以在塔伊黑猩猩社群裡屬於邊緣人的黑猩猩，不會分享食物給高地位較高、具有權勢的黑猩猩，而會將食物分享給同屬於邊緣人的黑猩猩；反之亦然，具有社交優勢的黑猩猩只與地位相等的黑猩猩共食。

魏蒂格與另一組同事，也研究食物共享行為對於黑猩猩尿液裡催產素（oxytocin）濃度的影響。我們的神經科學家朋友海瑟．派蒂索（Heather Patisaul）如是說：「催產素幫助我們信任他人或是與他人建立關係，主要的機制是減少焦慮感。大部分雌性動物在成為母親後，體內的催產素濃度會大量上升（有些物種則是發生在雄性動物身上）。」不過真正調控神經反應的物質是多巴胺（dopamine），催產素生成後會刺激身體製造多巴胺，這種生物化學反應常發生在具有社會性、且採一夫一妻制的動物身上，就類似小嬰兒喜歡被抱抱、父母也藉擁抱孩子增進彼此關係的情形。

目前已知黑猩猩與同伴互相理毛時，體內會產生更多催產素，而魏蒂格團隊進一步發現食物共享行為會促使黑猩猩體內生成更大量的催產素（至少從尿液中催產素的濃度看來是如此），而且當牠們共享越珍貴難取得的食物時，這種催產素濃度上升的現象越加顯著[182]。黑猩猩與朋友共享食物、或以分享食物來結交新的動物朋友時，也都出現催產素激增的反應。總結魏蒂格與山姆尼團隊的研究，他們推論黑猩猩的共享食物行為使體內催產素濃度上升，進而使多巴胺激增，愉悅感隨之而來，強化了既有的社交關係，也能幫助黑猩猩建立新的友誼[5]。所以，有時黑猩猩會挑選並分享好吃的食物，因為牠們不僅能藉由吃獲得快樂，透過共食行為還能感受到雙重的快樂。現在拉回我們在法國小鎮的場景，我們與陌生人共進晚餐、分享各自的故事，我們同樣感到十分快樂，周圍的陌生人也看起來相當高興，大家一同沈浸在體內的催產素與桌上的美酒——即無形與有形的催產素。我們與黑猩猩在這方面的相似，大概來自我們演化上共同祖先所擁有的社會行為與生物化學機制，不過人類的晚餐飯局可比黑猩猩的共食行為複雜多了，因為我們多了由言語所構成的飯間談話，每個人講出的話都不一樣。

我們的言語能力，讓我們得以邀請陌生人來共餐，也讓我們能選擇真正想邀請的陌生人。我們說的話就是我們的社交工具，在日常談話與故事分享的基礎上，人類確立了彼此的關係。在所有的文化裡，食物、會話與談判三者密不可分。黑猩猩藉由分享食物或幫忙理毛、挑毛蝨來增進彼此感情，我們人類也會藉由分享食物或接受食物來拉近關係，而且我們還會利用言語來強化這些關係，語言就像是無形的手，為我們握住身邊的友誼。

這並不是說黑猩猩沒辦法進行口語溝通，而是牠們發出的聲音只能表達摘要式的訊息，各種不同的情緒都只用單一的聲音去表達，而且牠們表達的都是祈使句，也就是要求其他動物做某件事。舉例來說，一位研究黑猩猩溝通的靈長類學家艾咪．卡蘭（Ammie Kalan）發現當黑猩猩看到了長滿美味果實的果樹時，牠們會發出叫聲代表「欸來吃好吃的水果唷」，這個聲音出現的時機，至少是果實數量充足，可以分享給其他黑猩猩，或者牠們知道後面有朋友還沒跟上腳步的時候[183]。艾咪能解讀黑猩猩想傳遞的訊息，她可以判斷黑猩猩是否找到不錯的食物，甚至知道牠們想表達找到多少食物[184]。

在此起彼落的叫聲中，黑猩猩還可以辨認彼此的聲音，如此一來，這些訊息之於牠們就像是「尼克說快來吃東西啊」，這種宣告叫聲還可以描述食物的品質或數量，例如「尼克說快來吃『超好吃的』東西啊」，這類附加資訊會以聲音的音高、音色與音量的變化來表達。食物的質與量還有其他表達形式，即群體中的黑猩猩發出聲音的比例，如果牠們找到的食物越好，發出宣告叫聲的黑猩猩就會越多，當下變得越喧囂，聽到叫聲的黑猩猩就可能就越興奮。可以說在黑猩猩的文法中，集體喧鬧是一種驚嘆號，是在黑猩猩以團體聲音提供食物訊息的情境下，有如母音般重要的語音單位。這種集體喧鬧表面上聽起來，其實滿像布斯與蘭寧收集法國電台裡嗯嗯誒誒的人聲，就是在有意義的言語之間發出的無意義聲音，只不過黑猩猩的集體喧鬧更為嘈雜，就好像我們前往布里耶格餐宴路上所聽到的，由母音所譜成的歡騰歌曲。

不過與人類相比，我們目前仍未從野生黑猩猩的聲音溝通中發現更複雜的意思，也未發現牠們試圖描述不在眼前的東西（例如果實之類）。牠們不會理解其他黑猩猩的想法，也不會想要改變別人腦中的想法，更不會想要創造新的叫聲。不同的黑猩猩族群會有不同的飲食傳統、會使用不同的食物處理工具、會關注不同的食物，但牠們都透過叫聲來傳達同樣的意思。可以說，黑猩猩在晚餐時的談話重點，永遠在於是不是有水果或肉出現、要不然就是這些食物有多好，如果我們是黑猩猩的客人，我們一定會被這種內容重複的叨絮給煩死。

再回到布里耶格的晚餐，與我們共桌的新朋友輕鬆地在法語和英語間轉換，談論著魚、羊、食物、鄰居等各種話題，這讓我們感到興味盎然，也不禁好奇人類精細的語言能

**圖9-1 在象牙海岸共和國的塔伊國家公園的森林中，一群黑猩猩在小小的晚餐聚會裡享用一隻被肢解的疣猴。**

力是如何演化的。在討論這個問題的同時，羅伯又從大桌上的乳酪拼盤拿了一片乳酪，從共用的麵包上撕下一塊，再請旁人把酒傳過來。史前人類創造新詞彙的能力可能就是在餐桌上發展出來的，因為在用餐時免不了要討論食物分享的規則，這就超越了塔伊森林裡的黑猩猩或是我們兩者共同祖先能處理的程度。即便語言的起源與食物無關，至少語言複雜化的過程也跟用餐情境脫不了關係。正如布西亞—薩瓦蘭所言，語言使用餐過程蘊含了各種社交性，包含友誼、愛、或是「交易、猜疑、權力、要求、贊助、抱負、詭計」。因此，雖然不同文化的用餐禮儀形形色色，但至少共餐的重要性超越了人類文化間的差異，這是亙古不變的。而且與人共餐也讓食物更好吃，因為同伴的存在與彼此分享的故事，會提升我們的愉悅感。

對我們的史前祖先來說，幾千年來他們就是在火邊聚會時分享彼此的故事。坐在火堆旁，手裡拿著食物，他們能盡興的交換知識與所見。在這樣的交流中，流言蜚語能被消弭，假消息會被澄清。火邊閒聊就是我們史前的同儕審查機制與共識大會，也集人類最早的大學、科學學會、廚房、餐廳等眾多機能於一。

在火堆旁，我們的祖先分享自己分類周遭動植物的方法與使用它們的智慧，他們研究著大自然的時序與各種物候現象（這關係到哪些動植物在什麼季節會最美味）。他們關心這些事不僅是為了生存，也為了讓自己的生活更加愉悅美妙。食物與自然史的關聯藉由世界各地的餐桌和廚房源遠流傳，這也是西方科學的重要傳統。希臘學者會在論壇中相聚，而論壇的英語 symposium 包含意為「喝」的字根（posium）與意為「共同」的字首（sym）。科學研討會仍延續這樣的傳統，科學家會聚在一起共飲或共食，然後分享各自的研究與見解，除此之外，很多科學家個人的重大發現，都跟某次聚餐或連續好幾天的聚餐有關。達爾文搭上軍艦小獵犬號的航程，讓他收集了許多後續用來發展天擇說的資料與觀察紀錄，尤其當小獵犬號沿著南美洲海岸行駛期間，達爾文發現了生物會演化的證據、以及「適者生存」對演化的意義。但當初達爾文並非以科學家身分登上小獵犬號，而是被請來當船長費茲羅的同行友伴，以免船長在漫長航程中因為長期與人群隔絕及心理壓力而崩潰。達爾文之所以能勝任這份（不給薪的）工作，原因有二：其一，達爾文的社會階級與學歷和費茲羅船長相符（道理類似黑猩猩只會跟與自己社會地位相近的黑猩猩共享資源）；其二，達爾文過去在英國參加各種飯局時，他在餐桌上的風評極佳，因為他總是能分享有趣的事。追根究底，達爾文之所以能發表出顛覆世人對自然世界運作的認知的偉大理論，根據馬丁・瓊斯（Martin Jones）於其著作《飯局的起源》（*Feast*）中的說法，就是因為達爾文「掌握了餐桌上的樂趣」[185]。

由上述內容，我們也許可以說：食物的風味與美味開啟了人類的共享行為、語言的發生與發展，最終還促成了科學的起源（以及人類研究風味與食材的能力），不過我們知道這是有點牽強的說法。套一句羅伯的朋友尼可拉斯・戈特利（Nick Gotelli）常引述他俄羅斯祖母說的諺語（又好像是波蘭祖母，他每次講的都不太一樣）：「當你有了鐵鎚，所有亮亮的東西看起來都像釘子。」食物風味就是我們剛得到的鐵鎚，所以我們情不自禁的想把所有有趣的事情都跟風味扯上關係，即便我們對自己的論述沒有把握。不過我們可以確定的是，不論食物與風味在科學研究的發展上曾扮演過多重要的角色，它們現在已經無足輕重了。這跟食物風味相關的研究發展好壞沒有關係，而是因為牧羊人與藝術家、乃至神經學家與食物科學家之間，已經很少有坐下來對談的機會。食物科學家研究特定食物製作的原理或增進食物風味的方法（通常是能量產的方法）；食物安全專家則研究如何抑制食物中衍生的病原體；生態學家研究可以成為食物的生物彼此的交互作用，或者食物在生態系中扮演的角色；演化生物學家研究食物史與人類品嚐食物的感官機制；神經生物學家研究大腦對不同化學物質的反應；古人類學家試圖挖掘出史前人類的牙齒以研究齒列；家庭煮婦煮夫維繫著料理的傳統。每個不同專長的人，無論是否有研究背景，都擁有他自己的智慧與知識，然而卻沒有人站出來，收集這各式各樣的經驗與想法。

這本書的寫作過程讓我們有了許多機會，把過去沒有機會互相認識的專家全兜在同個場合。我們安排了好幾場「火邊談話」的飯局，那個火邊可能是真的火堆、加泰隆尼亞傳統房屋內的老灶、法國西部的餐桌，抑或是德國普朗克研究院的員工餐廳。我們於是獲得了更宏觀的眼光，得以在本書分享這麼多精采的故事。這些故事集結了眾人的見解，在我們促成的跨領域對話下誕生（例如牡蠣生物學家與牡蠣歷史學家的對話，或者黑猩猩學者與蜂蜜專家的對話）。其實我們可以書寫的故事還很多，只是我們仍未動筆[6]，因為關鍵的飯局尚未約成，關鍵的人物尚未見到，故事的拼圖仍散落各處。從另一個角度來說，這也是件好事，畢竟，要是所有世上的奧祕都已經窮盡、所有精采的對談都已經發生，我們接下來還有什麼事可以做呢？

有關風味與演化的故事，還多的是有待世人研究，可能幾個世紀都探尋不盡。我們人類的天性，除了品味美食帶給我們的愉悅，也品味探索因果而產生的樂趣，這種好奇的天性正寫在我們的學名裡：大家總說智人（*Homo sapiens*）的意思是有智慧（*sapiens*）的人（*Homo*）；不過我們的種小名 *sapiens* 源自一個意為「品嚐」的動詞，後來才演變成「擁有」，所以我們也可以解讀成智人是藉由味覺或品嚐食物風味來進行判斷的人。我們藉由品味進行判斷與決策，透過食物去尋覓、研究和學習，而且我們人類尤其適合與同伴們一起進行這些事。無論是同坐在火堆旁，還是相約在餐桌上，我們都一同咀嚼著這個世界的內涵[7]。

# 各章註釋

## 序言　生態演化下的美食

1 在莫奈爾化學感官中心（Monell Sensory Center，譯按：查到的名字應為 Monell Chemical Senses Center）工作的味覺專家麥可．托多夫（Michael Tordoff），在讀到這段文字後分享了一段故事：在消化行為研究學會（Society for the Study of Ingestive Behavior）（其實就是「飲食研究學會」的華麗說法罷了）舉辦的一場會議上，學會的每個成員都被要求提出十個可以描述他們研究興趣的關鍵字。麥可說，為數眾多的關鍵字都是像「腦部機制」（brain mechanism）、「膽囊收縮素」（cholecystokinin）、「進食模式」（meal pattern）等專業技術性詞彙：在場的三百多名科學家中，只有一位提了「享受」（pleasure）一詞。那位科學家的答案是如此與眾不同，過了二十年後，麥可都還記得他的名字。

2 這一長串當成書名或許有點太長，但是當副標題應該正合適。布西亞—薩瓦蘭自己所下的副標題也是個精采的繞口令：「對於超驗美食學的沈思：一部反映歷史及時事的理論作品。由身為數間學會成員的一名教授所著，致獻給巴黎美食家。」

3 美味（delicious）一詞來自於拉丁文 *deliciosus*，描述使人愉悅、帶給人美感，甚至激起情慾的事物。

## 第1章 舌尖上的世界

1 或者如盧克萊修所說的：「連我們肉眼可看到的最大天體，也就是太陽與月亮，皆由原子組成，就如同人類、白斑蛾蚋，或是一縷沙。」

2 歷史學家認為這份手稿出自德國富爾達的修道院。當時富爾達的修士大多很重視複製手稿的工作，許多手稿被借來借去就是為了抄寫出更多謄本（為的是增加圖書館的館藏），而且這也能為圖書館內的手稿備份，避免原本因意外遺失。結果圖書館的館藏最終累積了多達兩千份以上的古代文獻。

3 牛津大學的文學名譽教授大衛・諾布魯克（David Norbrook）特別向我們提到，對盧克萊修來說物種之間沒有高低之分、動物所體驗的各種愉悅感也沒有等級之分。不論是人類、老鼠或魚類，凡是 *animantum*（拉丁文意為有生命的），都為了愉悅感而生。不過諾布魯克補充道：盧克萊修同時也認為人類在找尋愉悅感時，是有能力做出選擇，甚至會自己付出勞動去加工。我們跟其他動物一樣藉由感官與感官在大腦中創造的刺激去尋求愉悅感，但我們能學習喜歡上新的事物，或以新的方式體驗舊愛，更詳細的說明可見第三章。

4 日語裡的「Itadakimasu」（開動了）是為了表達謝意，不是感謝廚師，而是感謝犧牲生命成為食物的各種生物，Itadakimasu 便是在說「感謝你們奉獻生命給我」。

5 類似問題還可以繼續問下去：生物不僅需要獲得正確比例的這些元素，生物還必須獲取自身無法製造的化學化合物，即便都是由這些簡單元素所組成的。舉例來說，人體和某些動物體無法製造維他命 C 這種化合物，即便組成維他命 C 的所有元素在我們體內都有，我們還是必須依賴進食含有維他命 C 的食物才能獲得這種營養成分。

6 我們大概可以說，在營養階層中位階越高的動物（例如比草食動物更高的是掠食動物，比小型掠食動物更高的是高級掠食者），牠們體內的磷與氮濃度便較高，也因此當貓即使吃了一整隻老鼠，牠可能還是需要補充磷 ，因為一隻老鼠能提供的磷含量仍無法滿足體內需求。文獻來源：Angélica L. González, Régis Céréghino, Olivier Dézerald, Vinicius F. Farjalla, Céline Leroy, Barbara A. Richardson, Michael J. Richardson, Gustavo Q. Romero, and Diane S. Srivastava, "Ecological mechanisms and phylogeny shape invertebrate stoichiometry: A test using detritus-based communities across Central and South America," *Functional Ecology* 32, no. 10 (2018): 2448–63.

7 味覺受器細胞也會分布於消化道、鼻竇、甚至肺部，這些零星出現的味覺受器會把所有進入人體的物質做簡單的好壞分類，但各有不同機制，而且不會引發味覺感受。它們的功能似乎是讓身體知道如何處理特定幾類化學物質，而非告訴身體該不該吃這個食物。文獻來源：Paul A. S. Breslin, *Chemical Senses in Feeding, Belonging, and Surviving: Or, Are You Going to Eat That?* (Cambridge University Press, 2019).

8 我知道高中生物是教你舌頭上不同區域負責品嚐不同味道，但事實並不是這樣。每個味蕾中集結了許多如花瓣般的細胞，裡面有各種類型的味覺受器。

9 柴魚片的原料是鰹魚（*Katsuwonus pelamis*），或俗稱煙仔、日文稱 katsuo，其肉身需要先在鹽水中小火慢燉一個小時，煮熟的魚肉

（已去皮）會接著以硬木柴火煙燻「培乾」整整二十天，然後接種真菌孢子（裡頭通常有麴菌屬、散囊菌屬、青黴菌屬等）並放入發酵用的可密封容器。幾天後燻魚肉上長的黴菌會被刮掉，並且在一個月內重複此發酵過程約五次，在第五次刮除魚身上的黴菌後，同時有煙燻味與發酵味的柴魚（鰹節）就完成了，再削成一片片薄片就是柴魚片，日文稱 katsuobushi，即日式高湯最重要的原料。

10 不過，體型大小不同的動物，其甜味味覺受器的敏感度也會有所不同。體型小的動物有更高的新陳代謝率，也因此需要更高濃度的糖分作為身體的燃料，如此一來，唯有極度甜、全糖等級的花蜜與果實對於小型哺乳類（例如最小型的猴子）才算甜；大型哺乳類的單位體積所需能量比小型哺乳類小，所以牠們不需要甜度高的糖分（每口食物的含糖量可以更少）。另一方面，大型動物的腸胃道也較長，因此更有餘裕讓腸胃道中的微生物和腸胃以更長時間來分解複合型碳水化合物，並獲得能量，所以對於像大象這麼大的哺乳類，就算是一根草吃起來都是甜的。身為人類的我們，對於甜味的敏感度大概落在多數動物的平均值，比如說我們覺得甜的食物，對絨猴之類小動物可能完全不甜，反過來說能吸引小型哺乳類的甜食，對我們來說也甘之如飴。

11 近期一則與紀錄片導演安娜瑪莉亞・塔拉斯（Annamaria Talas）的訪談有提到。

12 近來有科學研究指出：某些脂肪酸也會使我們產生味覺。脂肪與油係由三酸甘油酯構成，三酸甘油酯就是三個脂肪酸分子以一個丙三醇（甘油）分子連結在一起。當脂肪開始分解時，脂肪酸分子就會開始脫離丙三醇，而比較短鏈的脂肪酸就會啟動酸味味覺受器，而讓我們嚐到酸味（例如乙酸就是一種非常短鏈的脂酸）；中等長度的脂酸則會有非常特別的味道，這種味道除了難以形容外，完全不是美味的味道，理查德・麥提斯（Rick Mattes）與他的團隊稱之為「油脂味」（oleogustus），拉丁文裡 *oleo* 意指油膩或肥，而 *gustus* 則是味道的意思。 參考文獻：Cordelia A. Running, Bruce A. Craig, and Richard D. Mattes, "Oleogustus: The unique taste of fat," *Chemical Senses* 40, no. 7 (2015): 507–16.

13 這個苦味警示系統也被我們政府用來維護人體安全，例如人類目前發現最苦的化合物「苦精」（苯甲地那銨）常被加入家用清潔用品與殺蟲劑中以避免誤食，也就是用苦味來作為毒物的警示。

14 兒童對苦味的反感更強烈，他們若吃了苦苦的食物（例如咖啡、巧克力、有啤酒花的啤酒等），反應會比成人更大。我們尚未清楚小朋友的腦袋怎麼處理苦味，也不知道人類對味道的敏感度如何隨年紀變化，但顯然這當中有些故事。也許人類在幼年時期對苦味產生強烈反感，可以幫助避免吃到具有毒性的物質，因而更有生存優勢，在演化上可以幫助那些容易接觸到多樣陌生食材的人在幼年時存活下來。小朋友也非常喜歡高糖分或高鹽分的食物。所以我們可以這麼說，小朋友的舌頭在嚐味道時的反應若轉換成言語，應該會是高八度的：「吃啊吃啊！欸不！不！不！不要吃不要吃！」相關文獻可參考：J. A. Mennella, M. Y. Pepino, and D. R. Reed, "Genetic and environmental determinants of bitter perception and sweet preferences," *Pediatrics* 115, no. 2 (2005): e216–e222.

15 在盧克萊修說的這件事情上，他並不認為其他動物與人類有什麼差異。

16 這個故事不只如此。即使大貓熊沒有了鮮味味覺受器，牠們竟然還是可以找出蛋白質含量最高的竹子種類作為食物，然後在一年中大部分的時間都是吃著這種首選的竹子。不過當竹筍季節到了，牠們就會改吃竹筍，而竹筍的蛋白質含量比竹子更高。當首選竹種的竹筍與葉子的蛋白質含量逐漸減少後，大貓熊便會遷徙到海拔更高的地方，改吃別種竹子的竹筍 ，而這時這類竹筍含有更多氮。簡言之，大貓熊就是懂得在竹子最營養的時候吃它們，但我們還不清楚牠們是怎麼知道這種時令營養變化的。有一種可能就是：牠們擁有的其中一種味覺受器特化成可以偵測常見於竹子裡的氨基酸的含量，因而可以判斷竹子的蛋白質含量。不過這種假說尚未被實證過。參考文獻：Yonggang Nie, Fuwen Wei, Wenliang Zhou, Yibo Hu, Alistair M. Senior, Qi Wu, Li Yan, and David Raubenheimer, "Giant pandas are macronutritional carnivores," *Current Biology* 29, no. 10 (2019): 1677–82.

17 本篇章中涵蓋的許多重要概念，皆來自我們與各路專家持續合作的成果，感謝與我們合作的下列專家：Mick Demi、Brad Taylor、以及 Ben Reading；我們感謝以下先進協助試閱，且提供寶貴的建議：Michael Tordoff、Stan Harpole、Jon Shik、Matthew Booker、Chad Ludington、Rick Mattes、Carlos Martinez del Rio、Wei Fuwen、Annamaria Talas、Karen Kreeger、Dani Reed、Lee Fratantuono、David Norbrook、以及 Neil Shubin。並感謝 Kim Wejendorp 和 Josh Evans 從料理的角度來解析味覺。

## 第2章　尋味者

1 不只如此，最近在同一地點還發掘出土了一些石塊和錘子，是如今已滅絕的黑猩猩族群在四千多年前曾經使用過的。不只不同的黑猩猩族群有各自的飲食傳統，那些傳統和工具的發展還可能已經有上千年的歷史。

2 我們可以假設，樹枝時代起始於我們與黑猩猩最晚近的共同祖先所生存的年代，而終結於人類祖先開始使用銳利的石製工具的年代。

3 黑猩猩用指關節著地行走所花的能量，是我們人類行走所花的能量的四倍之多。關於人類祖先演化過程中骨架所發生的變化，可參閱丹尼爾．李伯曼（Daniel Lieberman）的著作《從叢林到文明：人類身體的演化和疾病的產生》（*The Story of the Human Body: Evolution, Health, and Disease*）（商周出版）之中精闢的解說。

4 在這裡我們必須給幾個詞下定義，因為不是所有的根部都真的是「根」。植物學家克里斯．馬丁（Chris Martine）在寫給我們的一封電子郵件中這樣說：「植物體的結構，基本上只有分成兩個部分：莖系（shoot system）和根系（root system）。莖系通常在地面上，包含了莖、葉、花。根通常在地底下，負責固定植物、運輸各種物質進出植物體，以及儲存養分：許多植物會將養分儲存於根系之中。有時候，植物也會另尋他法，利用一部分的莖系在地下儲存養分。塊莖（tuber）是其中一個方案：說白了，就單純是一段儲存了大量養分而腫大的莖。我們會知道那是莖，是因為上面有芽（像是馬鈴薯的芽眼），而塊根上面完全沒有芽（像是沒有芽眼的蕃薯）。另一個方案是鱗莖（bulb），由許多肥大的貯藏葉（或起碼是葉的基部）疊在一起所構成。因此，廚師會稱為「根菜類」（root vegetables）的食材，實際上可能是各種不同的植物器官。雖然從植物學的觀點來看，根、塊莖和鱗莖各自不同，但是這些蔬菜在烹飪時往往有相似的特性，所以我們在此主要採取烹飪的角度，用「根」一詞來統稱，除非是我們要特別將塊莖或是鱗莖提出來討論的時候（植物學家大概會覺得「地下貯藏器官」〔underground storage organ〕比較好，但那不僅十分拗口，甚至聽起來有些不雅）。應該會有一些植物學家因此不開心吧。我們對此十分抱歉：我們實際上是很敬愛植物學家的。（譯註：中文常用「根莖類」統稱塊根及塊莖等蔬菜，所以其實沒有原文註解所提到的問題。譯文中也主要使用「根莖類」來翻譯 roots）

5 關於人類祖先和黑猩猩祖先分道揚鑣這段時期的演化歷史，我們至今仍所知甚少。這段年代中的的演化故事，大多發生住於森林中或林地邊緣等化石難以保存的地區。丹尼爾·李伯曼指出，目前所有已出土、來自這段年代的人族（hominin）化石，少到可以全部裝進一個購物袋之中。

6 這些物種叫什麼名字，依你問哪一位專家而異。舉例來說，粗壯南猿（*Australopithecus robustus*）有時也被稱為粗壯傍人（*Paranthropus robustus*）。不管是什麼名字，總之它跟其他的南方古猿（*Australopithecus*）物種關係非常相近（但還是有明顯的不同）。

7 萊頓大學（University of Leiden）的阿曼達·亨利（Amanda Henry），最近針對兩個南方古猿源泉種（*Australopithecus sediba*）個體所進行了一項研究，證實了零散的森林是南方古猿生存所需的棲地。發現那兩個個體的地點，是一處各種食草動物及草本植物共存的棲地，但是卡在那兩個南方古猿的牙縫中的植物殘渣，卻是堅果、果殼、葉子以及樹皮。除此之外，牠們牙齒中所含的碳元素的形式，也很符合從森林中取食的飲食習慣。也就是說，這兩個個體即使生存在草原圍繞的環境中，依然仰賴森林維生。參見：Amanda G. Henry, Peter S. Ungar, Benjamin H. Passey, Matt Sponheimer, Lloyd Rossouw, Marion Bamford, Paul Sandberg, Darryl J.

de Ruiter, and Lee Berger, "The diet of *Australopithecus sediba*," *Nature* 487, no. 7405 (2012): 90.

8 古生物學有很大一部份都是繞著牙齒打轉：不論是化學組成、大小、形狀或是磨損狀況，不同牙齒之間就算只有細微的差異，背後也蘊藏精采的故事。但我們明白，不是大家都覺得遠古牙齒的故事精采。就拿我們的小孩來說好了：前陣子在西班牙瓜地斯（Guadix）近郊的博物館中，我們十分興奮地指給他們看一件看上去是遠古人類牙齒的館藏。那顆牙齒至少有上百萬年的歷史——有些人甚至認為有將近兩百萬年——十足是一件震撼人心的歷史瑰寶。起碼我們是反覆向孩子們這樣解釋的，但他們到處看來看去，就是不瞅那件館藏一眼。

9 煙霧會有這個效果，也有一部份是透過阻斷蜜蜂觸角中的嗅覺受器而達成：這讓蜜蜂不僅聞不到前來搜集蜂蜜的人的氣味，就連一開始若是有蜜蜂看到、感覺到或是聞到蜂蜜採集者氣味後釋放了警戒費洛蒙異戊酯，牠們也聞不到。參見：P. Kirk Visscher, Richard S. Vetter, and Gene E. Robinson, "Alarm pheromone perception in honey bees is decreased by smoke (Hymenoptera: Apidae)," *Journal of Insect Behavior* 8, no. 1 (1995): 11–18。（譯註：蜜蜂所使用的警戒費洛蒙應該是乙酸異戊酯）

10 因此，當你去店裡買未經煮熟或加工的食材時，上面的熱量標示並不完全是真話。那些標示代表的是你將食物完全消化掉後所能獲得的熱量：但是食物能消化得多完全，取決於你如何處理食材、還有你的腸道裡住著哪些種類的微生物。

11 蘭翰姆毫不避諱地承認，過去已經有其他人曾提出過類似的想法，其中一人正是布西亞—薩瓦蘭。他曾寫道：「人類透過火馴服了自然。」並進一步主張肉在煮熟之後會變得更令人垂涎並渴望。

12 此外，人類學家艾莉莎．克里頓登（Alyssa Crittenden）向羅伯表示，很多現代採集者用火的方法，若是在古代根本不會留下任何考古證據。艾莉莎說：「諸如哈札人（Hadza）等現代採集者，每次生火的時間都很短暫。我們完全沒有辦法預測那些爐床（哈札人的爐床，也就只是三塊石頭一把火）是否會留下任何考古學上的痕跡。」參見：Carolina Mallol, Frank W. Marlowe, Brian M. Wood, and Claire C. Porter, "Earth, wind, and fire: Ethnoarchaeological signals of Hadza fires," *Journal of Archaeological Science* 34, no. 12 (2007): 2035–52。

13 據觀察顯示，馬哈萊（Mahale）的黑猩猩會食用的植物，大約佔周遭環境中所有植物物種的三分之一，跟貢貝的黑猩猩所食用的比例差不多。他們最常吃的是水果，但是也會吃花朵、葉子、蟲癭（insect galls）、樹皮、莖的髓心（pith）和樹脂。但因為馬哈萊的黑猩猩和貢貝的黑猩猩有著不同的飲食傳統，所以他們取食的植物物種也不同：雖然兩個地點的植物群落組成非常相似，但只有約六成的植物物種是在馬哈萊和貢貝的黑猩猩都會吃的。

14 舉例來說，黑猩猩喜歡吃安哥拉密花樹（*Pycnanthus angolensis*）的紅色果實——那種紅色可能是因為具有吸引鳥類的能力，才得以演化出來。對西田利貞來說，這種果實又苦又硬，吃起來十分奇怪，對蘭翰姆來說，更根本是難吃到不可置信。西田利貞當初一試吃，馬上就吐了出來。安哥拉密花樹等植物的果實對西田利貞可能很苦，但對黑猩猩們而言卻不苦。不過，也有可能是黑猩猩學會了容忍某些植物的苦味才喜歡上它們，就像人類會用啤酒花給啤酒增添風味（並因此學會享受啤酒花的味道）或是飲用咖啡一樣。

這種果實在其他的黑猩猩族群中也很受歡迎，例如喬迪・薩巴特・皮所研究的赤道幾內亞木尼河（Rió Muni）地區的族群。參見：Sabater Pi, "Feeding behaviour and diet of chimpanzees (*Pan troglodytes troglodytes*) in the Okorobiko Mountains of Rio Muni (West Africa)," *Zeitschrift für Tierpsychologie* 50, no. 3 (1979): 265–81。（譯註：*Pycnanthus angolensis* 也有人翻譯為非洲肉豆蔻，但這個譯名容易跟其他物種搞混，如假肉豆蔻／卡拉巴什肉荳蔻 *Monodora myristica*。）

15 這不代表人類不吃任何一種黑猩猩會吃的水果。在西田利貞進行研究的地點，黑猩猩們最常吃的水果之一是一種稱為邦戈果（bungo fruit）的橙香藤屬（*Saba*）植物：這種水果在非洲各地都有人拿來榨汁喝，據說喝起來有點像芒果、又有點像柳橙、又有點像鳳梨。另外一種常見的黑猩猩食物是一種異檳榔青屬（*Pseudospondias microcarpa*）植物的果實，而這也是當地人時常食用的水果（但是蘭翰姆提醒，這種水果一次最好不要吃太多。）馬哈萊的黑猩猩也會吃馬達加斯加哈倫加那樹（*Harungana madagascariensis*）：這種植物，人類也會拿來當零食吃。此外，就像我們先前提過的，黑猩猩會吃無花果，而且是吃非常非常多、五六種不同的無花果，其中有一些人類也覺得好吃。也不只是黑猩猩如此：在烏干達的山地大猩猩（mountain gorilla）和人類都愛好歐姆威法樹（omwifa）的果實，以至於每到這些甜滋滋的果實盛產的季節 ，人類和大猩猩都會跋涉前往同樣的地點去享用這些果實。參見：J. Sabater Pi, "Contribution to the study of alimentation of lowland gorillas in the natural state, in Río Muni, Republic of Equatorial Guinea (West Africa)," *Primates* 18 (1977): 183–204。

16 大猩猩似乎也身處類似的情況中。舉例來說，加泰隆尼亞的靈長類學家喬迪・薩巴特・皮在五〇及六〇年代，曾持續觀察赤道幾內亞木尼河（Rió Muni）地區的低地大猩猩（lowland gorilla）族群超過六百小時之久。在這期間，他跟西田利貞一樣跟著大猩猩們，牠們吃什麼他就跟著吃什麼。薩巴特・皮發現大猩猩是偏好有甜味或是酸甜的水果，但常常因為找不到牠們愛吃的種類，而不得不改吃索然無味的水果。木尼河的大猩猩並不使用工具，但是薩巴特・皮觀察到，有些體型較大較肥胖、不善爬樹的年長大猩猩，有時候會催促年輕的大猩猩爬上樹，將上面有美味水果的枝條攀折下來、丟到地面給牠們。

17 格瓦拉想像，這可能是因為帶有突變的雌性大猩猩得以攝取的營養比沒有突變的雌性大猩猩更多。帶有突變的雌性大猩猩，會花較多的時間吃真正含有糖分的水果，而不會浪費時間去找這種水果。因為野外的雌性大猩猩的繁殖力跟他們所獲取的熱量息息相關，因此營養攝取的優勢會帶來繁殖力的優勢，代表雌性大猩猩一生中可以產出較多的後代：一代一代下來，那種突變便會散佈開來，成為整個族群之中所有大猩猩共有的基因版本。參見：Elaine E. Guevara, Carrie C. Veilleux, Kristin Saltonstall, Adalgisa Caccone, Nicholas I. Mundy, and Brenda J. Bradley, "Potential arms race in the coevolution of primates and angiosperms: Brazzein sweet proteins and gorilla taste receptors," *American Journal of Physical Anthropology* 161, no. 1 (2016): 181–85。

18 舉例來說，維多莉亞・艾斯帖恩（Vittoria Estienne）在加彭的盧安果（Loango）地區進行野外調查，研究黑猩猩搜集蜂蜜的行為。這裡的黑猩猩族群跟幾乎所有其他族群一樣，都會用樹枝從蜂巢中採集蜂蜜。牠們既會用樹枝採集一種在樹上築巢的無螫蜂的蜂蜜、也會採集另一種在地底下築巢的無螫蜂的蜂蜜。艾斯帖恩證實了，黑猩猩在挖掘地底下的蜂巢採蜜時，常常挖一挖就放棄：挖掘的過程所需的時間，超出了黑猩猩們每次願意投注的時間長度。此外，艾斯帖恩也注意到黑猩猩們很容易分心：牠們的專注力會被其他食物打斷、被聲音打斷、還會被性感的黑猩猩打斷。（艾斯帖恩在野外錄下的一段影片中，有隻雄黑猩猩正對著地底下的蜂巢挖呀挖的時候，一隻因發情而生殖器腫脹的雌黑猩猩從旁走過。那隻雄黑猩猩忽然間就把蜂蜜徹底拋到腦後，跟在雌黑猩猩身後、消失在林徑間。）但最終，還是會有黑猩猩們回來接手：有時候是同一隻黑猩猩繼續挖，有時候是換別隻黑猩猩挖同個蜂巢。挖掘過程依土壤硬度、蜂巢的深度及其他因素而異，有時前後可能長達五年，一共得花上數十小時的工作才得以完成。當一切大功告成、黑猩猩總算把蜂巢弄到手之後，便會將整巢的蜂蜜、蜂蛹及幼蟲雙手捧起，與任何在身旁的黑猩猩分享：黑猩猩們會在辛苦工作後共享牠們的戰利品。艾斯帖恩沒有親身品嚐過，但她相信這些戰利品一定非常甜（因為有蜂蜜）且滿是油脂（因為蜂蛹及幼蟲），甚至還帶些許鹹味。沒有人精算過挖掘出地底下的蜂巢食用需要花多少力氣，但是在這過程中付出的熱量成本肯定是比獲得的熱量報償高出好幾倍。因此，我們似乎不得不得出一個結論：黑猩猩們會一直努力工作直到蜂巢到手，是因為蜜蜂和蜂蜜嚐起來太好吃了。參見：Vittoria Estienne, Colleen Stephens, and Christophe Boesch, "Extraction of honey from underground bee nests by central African chimpanzees (*Pan troglodytes troglodytes*) in Loango National Park, Gabon: Techniques and individual differences," *American Journal of*

*Primatology* 79, no. 8 (2017): e22672。

19 來自莫琳・麥卡錫（Maureen McCarthy）個人提供的資訊。

20 黑猩猩也有可能基於風味、傳統或社會互動等因素，而做出其他對自身生存並不一定有利的飲食決定。舉例來說，關於黑猩猩獵食疣猴等哺乳動物的行為，早期研究往往強調這種行為的好處在於為黑猩猩帶來更多的營養，但是近期的研究就沒有這麼篤定了。伯明罕大學（University of Birmingham）的克勞迪奧・鄧尼（Claudio Tennie）與同事們近期共同發表的一篇期刊論文中，支支吾吾、來回計算了半天，最終還是找不出黑猩猩吃肉有帶來什麼營養上的好處。這並不代表這種行為沒有任何好處（作者認為搜集更多數據、進行更多分析後，可能可以揭露出隱藏的好處），而是說明了這些好處並不如想像中的那麼理所當然，而且很可能因地點、情境而異：有時候，打獵可能完全是浪費力氣。參見：Claudio Tennie, Robert C. O'Malley, and Ian C. Gilby, "Why do chimpanzees hunt? Considering the benefits and costs of acquiring and consuming vertebrate versus invertebrate prey," *Journal of Human Evolution* 71 (2014): 38–45。

21 丹尼爾・李伯曼在一封電子郵件中表示，舉尾家蟻（*Crematogaster*）嚐起來特別好吃，「十分美味。」

22 也許更令人驚訝的是，在哈札人的排名之中，他們常食用的五種莓果（由男性與女性共同採集而來）的風味品質的評等完全相同。對哈札人來說，各種莓果完全是可互相取代的。相較之下，塊莖類的評價比莓果要低，但也還不到「不好吃」的類別：不好吃的類別中包含了各種哈札人不喜歡吃、並會描述為「味道像蛇一樣」的食物。就如同布西亞—薩瓦蘭所說的，法國人會將他們討厭的動物食品稱為「發臭的野獸」（bêtes puantes）。起碼根據布西亞—薩瓦蘭的說法，在那「發臭的野獸」榜上有名的動物包含了狐狸、烏鴉、喜鵲和野貓。

23 韃靼牛肉（steak tartare）是少數使用到哺乳動物生肉的料理：但是準備這道珍饈，需要特別挑選含極少結締組織的肉類部位（我們的老祖宗可沒有那種閒工夫），而且要將肉切得極碎（以進一步改善口感）。此外，這道料理中還有添加蛋、洋蔥和醬汁調味。

24 當然，凡事皆有過與不及。布西亞—薩瓦蘭寫道：「吃東西囫圇吞棗、不花心思品嚐食物的人，無法感受到一波一波湧上的食物味覺印象：那是只有少數人才有幸享有的特權。就是透過這些味覺印象，美食家才得以為送上眼前的各種食物分門別類、品評優劣。」布西亞—薩瓦蘭說的沒錯。近期的研究指出，必須要細嚼慢嚥才能夠完整享受食物的風味。不過「慢」也是相對的：那完美的「魔幻速率」比大多數人一般咀嚼的速度稍慢，但還是比黑猩猩迅速許多。

25 我們得暫停一下，因為這裡有一個但書。生肉對於大部分現代人來說都沒有吸引力，所以我們推測生肉對於人類祖先也不怎麼有吸引力。但是，有兩位專門研究野外黑猩猩的學者，亞爾瑪．庫爾（Hjalmar Kuehl）和咪咪．阿朗傑洛維奇（Mimi Arandjelovic）分別注意到，黑猩猩殺死猴子後，將猴子屍體撕成肉塊、大快朵頤的樣貌洋溢著愉悅感，看起來就像是樂在其中。庫爾和阿蘭傑洛維奇各自獨立提出了猜想：也許黑猩猩能夠感受到我們感受不到的味覺或口感。我們無法排除這個可能性。但是我們確實知道的是，就算黑猩猩比人類喜歡生肉，比起生肉他們還是更加喜歡煮熟的肉。

26 關於生存在約一百萬年前的各種近代人屬（*Homo*）物種之間的親緣關係，我們的理解能能夠越來越明朗，很大一部份是歸功於在牙齒和骨頭的化石中找到的古代 DNA 及蛋白質。但是關於生存在一百九十萬年前到八十萬年前的各種近代人屬物種之間的親緣關係，仍存在許多爭議。若想要進一步了解近期的研究有什麼關於古代人族物種蛋白質的新發現、以及該發現如何揭露這些物種之間的親緣關係，請參閱最近一篇精采的期刊論文，描述弗里多·威爾克（Frido Welker）及同事們如何成功地從一具位於西班牙、生存於八十萬年前的人屬牙齒化石中萃取出蛋白質加以研究（他們命名為前人〔*Homo antecessor*〕，而我們將其歸類於直立人〔*H. Erectus*〕之中）。那具古代人類化石跟現代人類的差距，差不多等同於現代黑猩猩（*Pan troglodytes*）與侏儒黑猩猩（bonobo, *Pan paniscus*）之間的差距：也就是說，有明顯差異但又沒有很大不同。參見：Frido Welker, Jazmín Ramos-Madrigal, Petra Gutenbrunner, Meaghan Mackie, Shivani Tiwary, Rosa Rakownikow Jersie-Christensen, Cristina Chiva, et al., "The dental proteome of *Homo antecessor*," *Nature* 580, no 7802 (2020): 1–4。

27 這並不是指不同智人之間、或是不同人類物種之間的味覺受器毫無差異，而是代表著那些差異跟整體相似的地方比起來只佔了非常小的比例。此外，有些在智人之間發現的味覺受器變異，在其他人類物種之中也找得到。舉例來說，我們早已知道能否嚐到苯硫脲的味道，是項因人而異的特徵。對某些人來說這個化合物有苦味，對另外一些人來說則完全沒有味道。但是這個變異不只是人類獨有：最近的一項研究發現，有些尼安德塔人能嚐得到苯硫脲的味道、有些則否。也就是說，我們就連味覺受器的變異，也有與其他人類物種共享的悠久歷史。參見：Carles Lalueza-Fox, Elena Gigli, Marco de la Rasilla, Javier Fortea, and Antonio Rosas, "Bitter taste perception in Neanderthals through the analysis of the TAS2R38 gene," *Biology Letters* 5, no. 6 (2009): 809–11。

28 Daniel Lieberman、Alyssa Crittenden、Colette Berbesque、David Tarpy、Becky Irwin、Thomas Kraft、Aung Si、Hjalmar Kuehl、Vittoria Estienne、Christophe Boesch、Katie Amato、Matthew Booker、Chad Ludington、Ran Barkai、Jack Lester、Maureen McCarthy、Carles Lalueza Fox、Mimi Arandjelovic、Amanda Henry、Roman Wittig、Ammie Kalan、Michael Tordoff、Matthew McLennan、Joanna Lambert，以及 Charlie Nunn 等人都閱讀過此一章節，並給予回饋或是進行了詳細的討論。Richard Wrangham 協助釐清了一些概念。Kim Wejendorp、Josh Evans、Ole Mouritsen、Michael Bom Frøst 等人都閱讀過此一章節，並從烹飪的角度提供了新的見解。

## 第3章　好鼻師

1 黑松露（*Tuber melanosporum*）通常在法國西南部的多爾多涅地區產出；白松露（*Tuber magnatum*）則常產於意大利北部與中部。

2 斑馬魚有非常特殊的嗅覺受器，其中一種可以辨認屍胺，另一種可以辨認腐胺。當這兩種特殊的嗅覺受氣被激發後，斑馬魚便會不由自主地產生反感。本篇研究團隊裡的資深研究人員西格魯恩．科爾辛（Sigrun Korsching）認為人類也很有可能有這種嗅覺受器，雖然很有可能但尚未被實證過。文獻來源：Ashiq Hussain, Luis R. Saraiva, David M. Ferrero, Gaurav Ahuja, Venkatesh S. Krishna, Stephen D. Liberles, and Sigrun I. Korsching, "High-affinity olfactory receptor for

the death-associated odor cadaverine," *Proceedings of the National Academy of Sciences* 110, no. 48 (2013): 19579–84.

3 有趣的是，許多蝴蝶與蛾類也都使用一樣的化合物，並混雜其他化合物製成自己特有的引誘劑或費洛蒙。大象與蝶蛾的相似性使科學家觀察到兩個現象：其中一個現象是有些化合物可以成為有效的費洛蒙，可能因為它們容易在空氣中散播遠距離、或者能停留在環境中較長時間、或者容易被鼻子或觸角偵測辨識；另一個現象，是亞洲象的公象可能會覺得有些蛾類很性感（不過考量兩者量體差異之大，可能蛾類更覺得大象很性感，所以會變成「飛蛾撲公象」）。參考文獻：David R. Kelly, "When is a butterfly like an elephant?" *Chemistry and Biology* 3, no. 8 (1996): 595–602.

4 基本上，我們很難單單從物質的化學結構去預測它聞起來怎樣，但含有雙硫鍵的化合物則完全是例外。雙硫鍵就是是兩種分子（常常是兩個蛋白質）以各自的硫產生鍵結。通常有雙硫鍵的化合物聞起來都有大蒜味、或者腐爛的高麗菜味，喔應該說一定有這種味道。參考文獻：Andreas Keller and Leslie B. Vosshall, "Olfactory perception of chemically diverse molecules," *BMC Neuroscience* 17, no. 1 (2016): 55.

5 由此看來，我們可以說狗與人類食物的關聯相當古老，但此種關係不斷在演化。狗狗曾經幫助人類獵尋珍貴的美食，舉凡松露或乳齒象。如今，牠們吃我們的廚餘，不論是料理過程中產生的廚餘，或是我們吃不完的剩食，或是我們把不喜歡吃的魚類或其他動物性資源磨碎、加工成堆肥狀的罐頭食物。

6 曾經有位主廚在跟我們聊天時這麼說：「誰都可以得諾貝爾獎，但能定義烹調食物的美味的人只有他。」

7 當食材的 pH 值越高，也就是越鹼的時候，烹調上色的過程就會越快速，這也是會什麼德國蝴蝶餅（laugenbretzeln）在烘焙階段之前會以鹼水處理。

8 牛奶加熱的過程也有類似的化學反應。比如說牛奶在極高溫下加熱時，當中的乳糖與蛋白質會互相反應，並產生奶油糖般的味道。如果應用在糕點製作上，在半成品表面刷上一些牛奶再進行烘焙加熱，便可以產生這樣獨特的味道。

9 廖翠鳳與林相如母女是這麼說的：「喜愛探索食材且葷素不忌的廚師知道，水果不用煮就很美味，而且沒有其他烹飪方式可以增進其風味。」

10 很多人說人類的嗅覺是「退化」了。當然就某些數據來看，這麼說也沒錯，因為我們嗅覺受器的種類與數量都比我們原始靈長類祖先還少，跟狗狗比起來更少。整體而言，當我們人類的眼睛與腦容積逐漸增加後，我們也失去了一些嗅覺受器（人類的受器比黑猩猩少，黑猩猩比猴子少，猴子又比狐猴少……），不過我們大腦花更多力氣在詮釋嗅覺受器所偵測到的氣味。

11 目前首張氣味地圖的製作就獻給了切達乳酪。《神經美食學》作者戈登．薛普德曾出去買了一大片切達乳酪，然後拿來餵食老鼠，接著犧牲老鼠並觀察牠們的大腦。他從這個實驗中首次觀察到「切達乳酪」的嗅覺神經路徑。

12 我們不是第一個用比喻法來解釋味覺受器的人。嗅覺神經科學家真的把單一一種化合物可以激發的所有受器之集合稱為「嗅覺受器密碼」（olfactory receptor codes）。參考文獻：Ji Hyun Bak, Seogjoo Jang, and Changbong Hyeon, "Modular structure of human olfactory receptor codes reflects the bases of odor perception," *BioRxiv* (2019):

525287.

13 同樣的道理，也適用於品酒師所擁有的食物氣味與味道相關的形容詞詞彙，他們每個人都不一樣，相關發現來自一份研究，其中比較了世界上最頂尖的四位品酒師形容酒所使用的詞彙。首先，他們可能會使用一般人根本不會用來形容酒的形容詞，像是他們形容酒的香氣可能會用「紅潤」、「極好」、「純樸」。不過更有趣的是，他們四位對於同一款酒都會有各自固定常用的形容方式（不管你給他們盲測幾次相同款的酒，他們的形容方式每次都差不多），只是四位會用的形容詞幾乎找不到彼此重覆的。最後算一算，他們總共用了四千種不同的詞彙去形容酒，四位品酒師都會用的字只有「黑醋栗」與「暗沈」。參考文獻：Shepherd, *Neuroenology: How the Brain Creates the Taste of Wine* (Columbia University Press, 2016).

14 這邊有個例外，雖然並非舉足輕重。其實每種語言都出現同一個氣味的項目與分類，那就是「汗味與體味」、「強烈的動物體味」（或者是其他動物的汗味與體味）、以及「腐敗惡臭的味道」。參考文獻：C. Boisson, "La dénomination des odeurs: Variations et régularités linguistiques," *Intellectica* 24, no. 1 (1997): 29–49.

15 再往南走，到直布羅陀的戈勒姆岩洞（Gorham's Cave），從烹調中被解放的食材風味更加多樣，包含炭燒橡實、開心果、豌豆、莢果，還有野山羊、野兔、歐洲馬鹿、笠螺、鳥尾蛤、貽貝、陸龜、僧海豹、海豚和鴿子等。 參考文獻：Kimberly Brown, Darren A. Fa, Geraldine Finlayson, and Clive Finlayson, "Small game and marine resource exploitation by Neanderthals: The evidence from Gibraltar," in *Trekking the Shore* (Springer, 2011), 247–72.

16 我們感謝以下協助試閱並改善本章節的先進：Daniel Lieberman、

Gordon Shepherd、Sylvie Issanchou、Benoist Schaal、Mimi Arandjelovic、Sigrun Korsching、Natasha Olby、Roland Kays、Mary Jane Epps、Ran Barkai、Susann Jänig 、以及 John Meitzen。再次感謝 Josh Evans、Kim Wejendorp、Harold McGee 提供了料理上的觀點。

## 第4章 餐桌上的大滅絕

1 哈里森在巴塔哥尼亞鎮上的自家中過世時坐在桌前，手上還握著筆。他終生行踏、書寫、品嚐那片他所居住的土地。哈里森曾研究、獵捕並品嚐許多種在巴塔哥尼亞鎮上、他家附近可以找得到的動物。倘若哈里森還在世，我們是萬分樂意跟他一起在巴塔哥尼亞小鎮周邊的丘陵地中漫步、談論野生動物的風味。但是我們來晚了一步，哈里森已經過世了。我們也沒能趕上在哈里森過世之後為了紀念他的生平事蹟而舉辦的追思餐宴。那場宴會上總共有七十二個人出席，其中也包括一些哈里森的摯友。餐桌上供應的鴨肉隻數，幾乎跟參加人數一樣多。在菜單上，有鴨肉醬（duck pâté）開胃菜；接下來的是花了八天料理的卡蘇來砂鍋（cassoulet），內含鴨肉、豬肉香腸、白豆，上面還覆蓋一層來自鴨子的肌肉和皮膚之間的鴨油。為了那些肚子裡還裝得下東西的人，還有一道內含石斑魚、笛鯛和蝦子、使用茴香、番紅和保樂茴香酒調味的番茄高湯烹煮而成的法式濃湯；一道呼應哈里森出身於密西根州的背景的華爾道夫沙拉（Waldorf salad）；還有法國葡萄酒。在用餐過後，還有蛋糕，配上更多的葡萄酒和香菸。https://www.outsideonline.com/2291316/behind-scenes-jim-harrisons-farewell-dinner.

2 跟這些骨骸一起出土的，還有一把由哺乳動物腿骨做成、美麗且精雕細琢的「扳手」。目前還沒有人能夠對其用途提出好的解釋。

3 懷安多特人（Wyandot）發現火的神話故事，揭示了即使是單純的火烤也需要學習技巧：「造物主讓焰火洶湧，教導最初的人類將肉塊叉上竹籤在火前燒烤。但人類是如此地愚笨，一直沒有轉動肉塊，導致肉的一面已經燒焦時，另一面還是生的。」。參見：李維史陀（Claude Lévi-Strauss），《火烤和水煮》（*The roast and the boiled*）(1977), in J. Kuper, ed.，《人類學家食譜》（*The Anthropologist's Cookbook*）(Routledge, 1997), 221–30。

4 由克洛維斯人所衍生的各個族群，到後來各自都偏好非常不同的肉類料理方法。李維史陀在《生食和熟食》（*The Raw and the Cooked*）一書中提到， 阿夕尼波因人（Assiniboine ）偏好烤肉勝過水煮肉，但不論哪一種方法都喜歡煮到一分熟（rare）而已。另一方面，黑腳人（Blackfoot）則是習慣將肉先烤過後再於熱水之中快速汆燙一下。至於堪薩人（Kansa）和 薩奇人（Osage）則喜歡把肉煮到徹底熟透。在玻利維亞的卡維涅紐人（Cavineño）人會將食材水煮整夜，有時甚至會在當天煮的肉之中加入前一天煮過的肉，讓一道菜能持續煮很久（做法有點類似法國的卡蘇來砂鍋）。參見：李維史陀，《生食和熟食》（*The Raw and the Cooked*, University of Chicago Press, 1983）。

5 據作家克雷格．柴爾斯（Craig Childs）的說法，大型野牛的體型是如此巨大而令人害怕，以致於有些古生物學家稱其為「天殺的這也太大」的野牛。《失落世界的地圖集：在冰河時代美洲旅行》（*Atlas of a Lost World: Travels in Ice Age America,* Vintage, 2019）。

6 並不是只有他們的菜單揭示了失落的過去。希爾非恩（Silphium）這種植物是古羅馬人的最愛之一，但它似乎已經絕種了。如作家亞當．高普尼克（Adam Gopnik）所說，人們如今再也無法品嚐到

「海鞘佐希爾非恩」這道珍饈。希爾非恩生長於位於今日利比亞北邊的昔蘭尼（Cyrene）海岸地區，是人們趨之若鶩的一種香料。希爾非恩似乎是因為過度摘採而滅絕的。根據古典文學研究者的說法，希爾非恩吃起來有點像阿魏（asafoetida）（而阿魏吃起來又有點像開始腐爛的蒜頭）。麥加香膏（Balsam of Mecca）最原始來源的植物似乎已經消失了；柴桂（tejpat）也是。（譯註：沒有查到任何柴桂已經滅絕的說法；也許作者在此是想指一種歷史中曾有記載、至今不確定是什麼物種但有人推測是柴桂的南亞香料 Malabathrum。）

7 比如說，在亞利桑那州南部克洛維斯遺址周圍的地區，曾經從草原轉變為森林（由保羅・馬丁本人證明）。那樣的環境變化，肯定對於如猛瑪象等習慣於草原和苔原棲地中的物種是一大考驗，但也可能有利於其他如乳齒象等偏好森林棲地和水果、樹葉的物種。

8 舉例來說，最近一項研究指出：喜好寒冷天氣的真猛瑪象（數種不同型態的猛瑪象物種的其中一種）受到逐漸變暖的氣候很大的影響，分布範圍逐漸變得僅侷限於北美洲氣候最寒冷的地帶。但在牠們的族群因氣候暖化而縮小之後，狩獵對牠們所造成的衝擊就很可能變得比之前還要更嚴重。參見：D. Nogués-Bravo, J. Rodríguez, J. Hortal, P. Batra, and M. B. Araújo, "Climate change, humans, and the extinction of the woolly mammoth," *PLoS Biology* 6, no. 4 (2008)。

9 我們應該可以合理推測，所有動物都是如此。但是就我們所知，目前沒有任何人探討過人類以外的動物在覓食時的選擇與決策，如何受到牠們食物選項的風味影響。

10 接受柯斯特訪問的人們表示，他們不吃大型掠食者的肉除了風味以外還有另一個原因。不論是美洲豹（*Panthera once*）還是狐鼬（tayra, *Eira barbara*）都是肉食動物，以吃生肉為生。柯斯特注意到，很多文化都有不吃食肉動物的禁忌。最近甚至有人提出一種說法，認為食腐哺乳動物也通常會避開肉食動物的屍體。有一個可能性可以解釋這個現象，那就是肉食動物比較可能帶有（從獵物身上傳過去的）寄生蟲和其他病原菌，而有可能會危害到那些再去吃這些肉食動物的動物。參見：Marcos Moleón, Carlos Martínez-Carrasco, Oliver C. Muellerklein, Wayne M. Getz, Carlos Muñoz-Lozano, and José A. Sánchez-Zapata, "Carnivore carcasses are avoided by carnivores," *Journal of Animal Ecology* 86, no. 5 (2017): 1179–91。

11 鼴鼠是個例外，因為他們的繁殖速率似乎比其被獵食的速率還要快。參見：Jeremy Koster, "The impact of hunting with dogs on wildlife harvests in the Bosawas Reserve, Nicaragua," *Environmental Conservation* 35, no. 3 (2008): 211–20。

12 但肌肉若是跟著骨頭一起烹煮，就會增添許多風味了。

13 一個具有重要意義的例外是種子。植物的種子通常必須要很小並容易傳至遠方，並且通常會將熱量以脂肪的方式儲存起來：人們使用油菜籽油或芝麻油，便是利用了這點特性。

14 柯斯特指出，猴子的肌肉中脂肪含量會在雨季變得較高，而美洲各地的獵人都很期待那種「雨季肉」，但是在乾季期間猴肉會變得較瘦，風味也會受到影響。舉例來說，居住於祕魯的皮洛人（Piro）和馬奇古恩加人（Machiguenga）便認為，乾季期間的「瘦皮猴」並不值得追捕。

15 除此之外，有些脊椎動物具有特殊的脂肪。舉例來說，鳥類學家楊恩・菲德索（Jon Fjeldså）在一封電子郵件中提及，「有些海鳥的肉吃起來有魚油的味道。」但是他跟同事們發現，「只要在射殺海鳥後立刻將牠們體內所有的脂肪移除，就可以去除這種味道。對於鸕鶿來說，這道手續更是不可或缺：這種鳥的皮下脂肪熔點非常的低，你一將皮剝除就會像是油一樣流滿地……（移除脂肪的手續）必須要在將鳥射殺後幾分鐘之內完成：有了那道手續，即使是鸕鶿肉也可以很好吃。」菲德索會射殺那些鳥類，是為了記錄牠們的分布和生物習性。他在射殺那些鳥、移除了他研究所需的身體部位之後，總是欣然地處理利用牠們的肉，以免浪費。

16 除此之外，很多掠食者都具有麝香腺（musk gland），如果沒有小心移除的話，會留下一種似乎沒人喜愛的濃厚麝香氣味。

17 祖先原本是掠食者的雜食動物似乎特別符合這種情況：像很多種熊都是如此。這些物種依然具有相對簡單的腸道，掠食者的特徵之一。因此，牠們的肉很容易參雜進牠們所吃的東西的風味。灰熊似乎就是其中一例。蓋瑞．海內斯（Gary Haynes）在一封電子郵件中，將灰熊肉描述為「吃起來有根莖類和嚙齒動物的味道——簡單說就是不好吃的意思。噁。」相較之下，古考古學家（paleoarchaeologist）陶德．蘇洛威爾（Todd Surovell）在讀過蓋瑞的經歷之後，述說了一段他在蒙古非常不同的用餐經驗：人們請他吃了一塊極為美味的熊肉（來自另外一個亞種——東北棕熊〔black grizzly bear，譯按：較正式的英文名稱為 Ussuri brown bear〕），而他的同伴們描述那肉「有莓果和松子的味道」。

18 來自 2020 年 2 月 28 日的電子郵件通訊。菲德索發現松雀（pine grosbeak, *Pinicola enucleator*）的肉也一樣帶有美妙的香料風味。有一隻（受到賞鳥者驚嚇後）飛行間撞上窗戶而死亡的松雀，被送到了丹麥自然史博物館（Danish Natural History Museum）。他們收下那隻死鳥後，採了組織樣本以分析 DNA、皮膚樣本作其他研究，而鳥肉就，唔，拿去吃了。六個人共同分享了「這隻體重五十克的鳥的鳥胸肉，配上由波特酒和雞油菌菇製成的肉汁」。在場的大家「都同意，這鳥肉實在是美味至極，而且原因大概肯定是」因為那種鳥的飲食包括了「各種莓果和香料植物的嫩芽」。

19 跟在哈札人身邊進行研究的人類學家們也如此認為。科萊特．貝爾貝斯克（Colette Berbesque）是第一個研究哈札人飲食偏好的學者：她發現疣豬肉經哈札人烹調後，吃起來就像是美味的火腿。（2019 年 5 月 16 日，電子郵件通訊）。

20 根據楊恩．菲德索的親身經歷。

21 唯一的例外是，許多物種的公豬肉都常有一種「公豬味」。這種味道來自於豬烯酮，公豬會產生的兩種費洛蒙之中聞起來「尿騷味」較重的那一個。參見：Michael J. Lavelle, Nathan P. Snow, Justin W. Fischer, Joe M. Halseth, Eric H. VanNatta, and Kurt C. VerCauteren, "Attractants for wild pigs: Current use, availability, needs, and future potential," *European Journal of Wildlife Research* 63, no. 6 (2017): 86。

22 喬許．伊凡斯（Josh Evans）原先是在北歐料理實驗室（Nordic Food Labs）工作的食品創新員（food innovator），現在是專精於食物的地理學家：他在閱讀這章節時指出，昆蟲的情況可能相當不同。在很多文化中，草食昆蟲是常見的食物。但是喬許表示，人們偏好的似乎常是食性相對狹窄、因此濃縮了植物的獨特風味的昆蟲：像是棕櫚象鼻蟲（palm weevil）、以櫻桃樹為食的毛毛蟲和以菸草為食的蟋蟀等都是如此。若是想更深入了解關於食用昆蟲的兩三事，可以參閱《昆蟲飲食》這本精采的書：*On Eating Insects: Essays, Stories and Recipes*, by Joshua David Evans, Roberto Flore, and Michael

Bom Frøst (Phaidon, 2017)。

23 早期在討論大型動物群滅絕事件的時候，阿拉斯加大學（University of Alaska）的動物學家戴爾．葛斯瑞（Dale Guthrie）主張非反芻動物比反芻動物容易走上滅絕之路。不過他似乎沒有考慮過，非反芻動物是因為比較美味而比較容易滅絕的可能性。參見：R. D. Guthrie, "Mosaics, allelochemics, and nutrients: An ecological theory of late Pleistocene megafaunal extinctions," in *Quaternary Extinctions*, ed. P. S. Martin and R. G. Klein (University of Arizona Press, 1984), 289–98。

24 不過我們沒有辦法肯定是這樣。也有可能某些哺乳動物基於某些我們沒考慮到的生物性因素，而帶有不好的風味。哺乳動物學家羅蘭．凱斯（Roland Kays）在讀這章節時向我們提及，人們通常認為現存的樹懶物種頗為難吃。這有可能是牠們的食性所導致（牠們只吃樹葉）：這樣的話，若是大地懶的飲食習慣不同，牠們的肉還是有可能有不錯的風味。但也有可能，樹懶就是帶有一種「樹懶味」，不論體型是大是小，大家只要有得選擇都是敬謝不敏。過去的風味，至今依然是謎團重重。

25 不過這些物種本來就還是有瀕臨滅絕的風險：這可能是因為牠們的獵物消失，也可能因為人們依然認為牠們具有威脅性而持續捕獵，就算不是為了吃牠們的肉——米斯基托人的案例顯示了這一點。

26 一旦氧氣耗盡後，這種肌肉就只能慢慢等待，等到氧氣含量回升、乳酸（一種代謝廢棄物）被移除後才能再度動作。

27 但是生態學中的通則，往往是因為有例外才格外迷人。有位廚師在讀到這段時就開始好奇，有沒有可能曾經有一種長鼻目動物專吃某種美味的水果，因此導致牠們的肉具有獨特美妙的風味？這聽起來不太可能，不過我們也沒有理由去刻意戳破廚師的烹飪美夢。

28 不過如同往常一樣，這裡還是有個但書。蓋瑞．海內斯（Gary Haynes）在讀完這段文字後，提醒我們在克洛維斯文化的年代，曾有一些特別乾旱的年份。這代表也許有很多猛瑪象在旱年期間會因此而餓肚子。如果是這樣的話，海內斯猜想牠們的肉在旱年期間應該會特別乾柴。不過古人類學家朗．巴爾凱（Ran Barkai）則是指出，即使是瘦巴巴的猛瑪象，實際上應該脂肪含量還是很豐富。

29 瓦塔人（Wata，譯按：居住於東非非洲之角的博拉納奧羅莫人〔Oromoo Booranaa〕，其中的獵人階級）用長弓獵殺大象，弓箭的尖端沾著毒藥。在西元前六十三年到西元二十四年之間，史特拉波（Strabo）也記載了在紅海地帶有種相似的習俗，即使該處如今已沒有大象的身影。他描寫道，射殺大象需要出動三個人：兩個人托著巨大的弓、第三個人拉動弓弦。這也是瓦塔人在二十世紀初獵殺大象的方法。瓦塔人的弓箭上面沾了由各種植物製成的毒藥，其中包括了長藥花屬（*Acokanthera*）的樹。參見：Ian Parker, "Bows, arrows, poison and elephants," *Kenya Past and Present* 44 (2017): 31–42。

30 套用雷雪夫及巴爾凱的說法，這道菜「吃起來有象味」。

31 尼安德塔人和現代人類的生存年代，也是在多爾多涅省曾經有著最長的重疊時間（大約六千多年之久）。在這些年間，現代人類和尼安德塔人曾互相交換基因、藝術，而我們猜想他們也曾交換過食譜。

32 若想更深入了解這些抽象元素及其他相關的符號，可參閱：Genevieve von Petzinger, *The First Signs: Unlocking the Mysteries of the World's Oldest Symbols* (Simon and Schuster, 2017)。

33 風味已經不再是預測北美洲哪些哺乳動物依然常見最好的工具了。每當有好吃的哺乳動物消失之後，獵人們似乎就會在剩下的那些物種中重新挑選出最美味的物種，一次又一次地重複，直到最後只剩下體型最小、繁殖速度最快、也最不好吃的物種：在世界上多數地方，如今我們都面臨了這樣的現實。參見：Rodolfo Dirzo, Hillary S. Young, Mauro Galetti, Gerardo Ceballos, Nick J. B. Isaac, and Ben Collen, "Defaunation in the Anthropocene," *Science* 345, no. 6195 (2014): 401–6。

34 Harry Greene、Carlos Martinez del Rio、Gary Graves、Jon Fjeldså、Roland Kays、Joanna Lambert、Alston Thoms、Nate Sanders、Todd Surovell、Gary Nabhan、Genevieve von Petzinger、Jeremy Koster、Scott Mills、John Speth、Ran Barkai、和 Colette Berbesque 等人都閱讀過此一章節、並加以修改。與 Dan Fisher 的討論也幫助了我們改進這一章節。Josh Evans 和 Kim Wejendorp 也再次從烹飪的角度補充了一些新見解。

## 第5章　禁果

1 法文裡關於水果意象的詞彙更為豐富，例如，妥協就是「把梨子一切兩半」（couper la poire en deux），請教某人問題就是「把他們的檸檬擠出汁來」（presser le citron）。

2 不過果實傳播生態學裡總有例外，其中一個例外就是某種靠猴子傳播的熱帶雨林下層植物。這種植物的果實非常美味誘人，但它的種子又苦又有毒性，所以猴子只要一吃到種子就會把種子吐掉，每吐一次就是這些種子可以傳播出去的機會。文獻來源：Ian Kiepiel and Steven D. Johnson, "Spit it out: Monkeys disperse the

unorthodox and toxic seeds of Clivia miniata (Amaryllidaceae)," *Biotropica* 51, no. 5 (2019): 619–25.

3 如果要認真討論靜止不動的果實吸引遠處動物的各種機制，那就讓生態學家去煩惱就好。不過生態學家在描述「傳播模式」時選擇用了 syndrome 這樣好像疾病的字，可能就是因為無法移動的生物能誘引動物實在太神奇，就好像西方宗教流行的故事裡會出現的情節。

4 我們一行人包括諾亞·菲耶（Noah Fierer）、瓦萊麗·麥肯錫（Valerie McKenzie）和他們的女兒，還有安妮·麥登（Anne Madden）與托賓·哈默（Tobin Hammer）。其實我們本來是去找一種特殊的蜂，聽說這種蜂會在它們的卵所孵化的碗狀空間製造啤酒，所以幼蜂一孵化就可以喝啤酒。可惜我們沒有找到那種蜂，不過我們找到了詹森。

5 因為有餵食實驗的研究，我們得以知道馬偏好甜的食物，而且不喜歡酸的或鹹的食物。如果你餵給馬兒很鹹或很酸的東西，牠們會拒吃。文獻來源：R. P. Randall, W. A. Schurg, and D. C. Church, "Response of horses to sweet, salty, sour and bitter solutions," *Journal of Animal Science* 47, no. 1 (July 1978): 51–55.

6 詹森的實驗不僅止於此，他還決定要藉由自然觀察進行論證。墨西哥的契瓦瓦沙漠部分地區（西部至南部，即白頸渡鴉從巴塔哥尼雅與亞利桑納飛過的地方），有許多原生的 opuntia 仙人掌。opuntia 仙人掌的果實非常大，美國的墨西哥食物販賣店或比較大的超市都買得到（其槳狀的葉片則以「nopales」或「nopalitos」的名字販售）。它們的果實看起來像是有點變形但是色彩鮮豔的網球，也很有可能是史前巨型動物喜歡吃的類型。在非洲，opuntia

仙人掌被引進到大象棲地附近，大象非常喜歡吃它們的果實（然後也會幫助傳播種子）。在契瓦瓦沙漠時詹森曾經猜想：在史前巨型動物滅絕後，opuntia 仙人掌可能是藉由墨西哥的畜牧人放養的牛隻來傳播種子。不過詹森的實驗並非把 opuntia 果實餵給牛隻後再讓牠們跑到放養圈外的地方大便，他的實驗更簡單，他比較了牛隻被圈禁起來跟沒有被圈禁的地區之間 opuntia 仙人掌的豐富度與多樣性。牛隻被圈禁起來的地區，也就是沒有放養的地區，幾乎找不到 opuntia 仙人掌，因為植物種子無法傳播出去；更甚者，在此區域生長的植物多為牛隻可取得的無刺植物（因此牛可說是史前沙漠草食動物的現代版）。詹森的觀察發現更能支持他的假說，也就是史前巨型動物為這些大果實植物的種子傳播者，以及當美洲的巨型動物滅絕後，其他後來的動物還是可以接替牠們的生態角色。

7 在其他類似案例中，演化上的選汰會凸顯生物的某個特徵。藉由史前巨獸傳播的泡泡果樹在北美洲東部分布廣泛，它是釋迦的親戚，其果實吃起來既像香蕉又像芒果，但是它們現在在森林裡也缺乏種子傳播者，因此它們有一個傳播種子的辦法，那就是走水路。即便河岸環境並不適合它們生長，現在泡泡樹幾乎都長在河岸邊。不過近來泡泡果樹又找到了更好的生存策略。泡泡果樹的葉子對鹿來說很難吃，現在在鹿群常見的棲地，有時可以看到茂密的泡泡果樹林 ，一座座茂密又充滿美味果實的樹林。

8 本章節經過下列先進過目並提點後內容大幅改善：Maarten van Zonneveld、Doug Levey、Omar Nevo、Renske Onstein、Elaine Guevara、Gregory Andersen、Christopher Martine、Gary Haynes、Joanna Lambert、Robert Warren、Lisa Mills，以及 Thomas Kraft。並

再次感謝 Josh Evans 與 Kim Wejendorp 提供了料理層面的觀點。

## 第6章 香料源始

1 唯一的例外，可能是黑猩猩有時候會一邊嚼樹葉一邊吃肉。這可能算是使用香料，但黑猩猩是把任何一種手邊可得的植物葉片放進嘴巴的「碗」中。他們並沒有學會使用特定的香料，與口中的食物做出特定的搭配。

2 溫度此一因素也會影響諸如百里香等香草植物的化學組成。百里香葉片中的防禦性物質，跟薄荷葉片一樣，是儲存在葉片表面上一個個細小的球體中。當天氣寒冷時，這些球體有時候會結凍，而導致其內容物洩漏到百里香植株的其他部位上面。百里香所製造的防禦性物質其中有一些，特別是香芹酚和百里香酚，效果強烈到若是洩漏到植株身上，連自己都會殺死。因此，生長在氣候較寒冷的地區的百里香，通常製造的強效芳香防禦性物質也較少。J. Thompson, A. Charpentier, G. Bouguet, F. Charmasson, S. Roset, B. Buatois,…and P. H. Gouyon, "Evolution of a genetic polymorphism with climate change in a Mediterranean landscape," *Proceedings of the National Academy of Sciences* 110(8) (2013): 2893–97。

3 此植物學名為 *Acinos suaveolens*；雖然英文名為 thyme basil，但這種植物既不是百里香也不是羅勒，而且十分混淆的是，這種植物也跟另一種英文名叫做 basil thyme 的歐風輪屬植物（*Acinos arvensis*）不一樣。

4 這項研究進行的方式，就如同你所擔心的一樣。研究者首先給懷孕的母綿羊餵食大蒜，再抽取牠們的羊膜液的樣本。接著，他們請來一群「評審委員」，讓他們嗅聞綿羊新生兒的血液、母綿羊的血液、以及羊膜液。這些體液聞起來全都有大蒜味。Dale L. Nolte, Frederick D. Provenza, Robert Callan, and Kip E. Panter, "Garlic in the ovine fetal environment," *Physiology and Behavior* 52, no. 6 (1992): 1091–93。

5 新生兒沒辦法回答問題，但是就像剛出生的大鼠一樣，能夠表達愉悅和不快。一九七四年，以色列醫師雅各・史坦納（Jacob Steiner）發現可以透過面部表情判斷新生嬰兒對於不同味覺的反應。舉例來說，酸味會讓嬰兒的臉皺成一團；苦味會讓嬰兒張大了嘴、試著要將口中的罪魁禍首吐出來；而甜味，據史坦納的描述，會讓嬰兒做出一種放鬆的表情、「熱切地舔著上唇」並微微淺笑；鮮味也是如此。史坦納的研究結果經過後人重覆驗證了十幾次之多，如今這些嚐到酸味、苦味和甜味的表情已經成為新生兒對於食物味覺偏好的普遍判準了。類似的表情反應也可以用來評判嬰兒對於不同風味的偏好：關於阿爾薩斯地區懷孕女性的研究，就是運用了這種表情反應。

6 另一種類似的母體效應（maternal effect）甚至可以跨代傳遞。最近的一項研究顯示，若是有小鼠曾經學會將某些氣味與恐懼的情緒做出連結，牠們的孫代也會害怕同樣的氣味。孫代的小鼠一樣會將這些氣味（不論實際上是什麼氣味）跟負面情緒做出連結（牠們會盲目驚慌地四處逃竄）。Brian G. Dias and Kerry J. Ressler, "Parental olfactory experience influences behavior and neural structure in subsequent generations," *Nature Neuroscience* 17, no. 1 (2014): 89。

7 苦葉樹也是其中一種黑猩猩會做為藥材使用的植物。黑猩猩們在自我投藥的時候，只會選擇少數幾種樹木的苦澀、多毛且香氣濃厚的葉片（在環境中可得的數百種樹木中，他們只會選擇五六種）。

他們通常比較常在較多寄生蟲肆虐的溼季做這件事。他們將葉片像是摺紙一樣摺成小藥丸，不經咀嚼便吞下去。有研究顯示，這些藥用植物的葉片吞進肚裡後，確實可以幫助殺死一些黑猩猩腸道裡的寄生蟲。非洲各地的黑猩猩族群都學會了這種服藥療法，而且顯然是獨立發展出來的。某些大猩猩也會這麼做。我們可以合理假設，人類跟黑猩猩最晚近的共同祖先也會將植物作為藥用（而且可能甚至也會使用苦葉樹這種植物）。Michael A. Huffman, Shunji Gotoh, Linda A. Turner, Miya Hamai, and Kozo Yoshida, "Seasonal trends in intestinal nematode infection and medicinal plant use among chimpanzees in the Mahale Mountains, Tanzania," *Primates* 38, no. 2 (1997): 111–25; Michael A. Huffman and R. W. Wrangham, "Diversity of medicinal plant use by chimpanzees in the wild," in *Chimpanzee Cultures*, ed. R. W. Wrangham, W. C. McGrew, Frans B.M. DeWaal, and P. G. Heltne (Harvard University Press, 1994), 129–48。

8 任一種蔥屬植物帶有什麼樣的香氣和風味，取決於有多少蒜苷被轉化為大蒜素、以及大蒜素有多少時間可以跟其他成分起反應（並產生新的化合物）。比方說大蒜：如果你將大蒜切碎但不搗爛，只有一部分的大蒜細胞會被破壞，因此只有少量的大蒜素會被製造出來。因此，蒜末相對味道就沒那麼濃厚。如果你將大蒜搗爛，大部分的細胞都會被破壞，就會有更多的大蒜素被製造出來。如果你將大蒜搗成泥，製造出來的大蒜素含量會是最高的。而如果你不將大蒜切碎、壓碎、磨碎或搗爛就拿去煮，蒜苷酶會部分喪失活性。那樣子的大蒜味道就會很淡，只有一丁點微弱的大蒜素氣味，提醒著我們這鱗莖原有的潛力。

9 一同合作參與這項研究的，包括了北卡羅萊納州羅利市布洛頓高中

（Broughton High School）和維克理工學院（Wake STEM Academy）的學生、班·查普曼（Ben Chapman）、娜塔莉·西摩爾（Natalie Seymour）和泰特·寶麗特（Tate Paulette）。班和娜塔莉是現代食物安全專家，而泰特則是鑽研古代美索不達米亞的考古學家。（譯註：Wake Stem Academy 據我判斷應該是 Wake STEM Academy。）

10 那些黏土板是在一九三三年，隨著一批來源並不十分清楚的收藏品來到耶魯大學。根據上面的文字風格，可以大致判定那些黏土板的年份為西元前一千六百年左右，且來源據推測來自巴比倫地區南部。

11 在其他地區、同一年代的食物也一樣富含香料，雖然用的香料種類並不一定相同。舉例來說，學者們最近研究了與印度河流域文明有關的哈拉帕（Harrapa）考古遺址之中，在烹煮食物地點所找到的植物遺骸。在這大約有四千到四千五百年之久的遺址之中存留了一些植物遺骸，讓人猜想當時的料理組成已經十分複雜。在那些地方有使用的植物包括茄子、薑黃、薑、芥菜子和芒果粉：這些原料可以煮出一鍋十分美味的咖哩。Andrew Lawler, "The ingredients for a 4000-year-old proto-curry," *Science* 337, no. 6092 (2012): 288。

12 關於辣椒和肉桂中的辣味成分有個有趣的差異：肉桂中產生辛辣味的分子反—桂皮醛很輕（具揮發性）、會飄進鼻腔中，因此同時也帶來了肉桂的香氣。

13 從辣椒跟鳥類之間的關係來看，我們可能會預期胡椒也是由鳥類散播種子。實際上我們並不知道。在胡椒的原生地印度，從來沒有人研究過黑胡椒植椒傳播種子的管道。黑胡椒的種子確實很有可能是由鳥類傳播的：跟辣椒素一樣，胡椒鹼也不會讓鳥類滿嘴上火。但是還有另外一個可能性。北樹鼩從中國一路往西北方到孟加拉的熱帶雨林中都有分布。樹鼩並不是真的鼩鼱，而是靈長類有點頭腦簡單的近親，喜歡吃昆蟲和水果。在中國的一個研究團隊最近發現，他們可以餵樹鼩吃辣椒。至於為什麼他們一開始會試這件事就不得而知了。科學家也是人，也會無聊的。在樹鼩的分布範圍中並沒有原生的辣椒生長：在野外，樹鼩從未接觸過辣椒。這項研究看似荒唐，但是結果卻很有趣。當那個研究團隊得知了樹鼩可以吃辣椒後，便開始研究樹鼩身上的 TRPV1 受器基因。那個基因失效了：樹鼩嚐不到辣椒素，也嚐不到胡椒鹼。這項研究的作者們進一步主張，也許樹鼩演化出了失效的 TRPV1 受體，是因為帶有這個失效基因的個體有辦法食用一種原生於北樹鼩的分布範圍內（且含有胡椒鹼）的胡椒。這些作者們沒有探討（或甚至提起）另一個更大的可能性，那就是所有的樹鼩可能都缺乏 TRPV1 受體基因，而在熱帶亞洲（樹鼩的分布範圍），野生的胡椒屬（*Piper*）植物的種子有可能部分或甚至全部是經由樹鼩傳播的。Yalan Han, Bowen Li, Ting-Ting Yin, Cheng Xu, Rose Ombati, Lei Luo, Yujie Xia, et al., "Molecular mechanism of the tree shrew's insensitivity to spiciness," *PLoS Biology* 16, no. 7 (2018): e2004921。

14 也就是說，除了人類以外，會吃胡椒的動物可能只出現在家裡、農場上、或是動物園中。

15 本章節中的各種想法，是與以下等人合作構想而得出：Tate Paulette、Pia Sörensen、Ben Chapman、Natalie Seymour 和 Lauren Nichols，以及 Swarnatara Stremic 和 April Johnson 以及他們的學生們。庄田慎矢、Sylvie Issanchou、Patience Epps、Gary Nabhan、Joanna Lambert、John Speth、Benoist Schaal、Dietland Muller-Schwarze、

Susan Whitehead、Shilong Yang、Oliver Craig、Amaia Arranz Otaegai、Kate Grossman、Tate Paulette、Paul Rozin、Dirk Hermans、Harry Daniels、Doug Levey、Yan Linhart、Rob Raguso 和 Ben Reading 等人都閱讀過本章節的某一版本，並提供協助。再一次地，Josh Evans 和 Kim Wejendorp 補充了烹飪學的觀點。

## 第7章 一口沼澤裡的馬肉配一口酸啤酒

1 科學家其實已經開始掌握酸味味覺受器的運作原理。由艾蜜莉・李曼（Emily Liman）和 Yu-Hsiang Tu 所領導的團隊發表一篇突破性的研究，他們發現了構成酸味受器的蛋白質，叫做 OTOP1。OTOP1 會形成質子通道 ，一種只讓質子（H+）通過的匣門，如果有很多質子同時通過這道門，它好似就能知道這是酸酸的食物（然後在訪客登記表上登記「酸的」）。然而，除此之外，我們對於酸味受器的認識仍十分有限，例如我們還不知道為什麼這個蛋白質通道對有機酸和無機酸會有不同反應，以及這些酸味受器如果長在耳朵細胞或脂肪細胞時，有什麼作用？ 這些都是未解的謎題。不過如果我們要打賭誰會先用解開這些謎題，我想非李曼和 Tu 的團隊莫屬了。參考文獻：Tu, Yu- Hsiang, Alexander J. Cooper, Bochuan Teng, Rui B. Chang, Daniel J. Artiga, Heather N. Turner, Eric M. Mulhall, Wenlei Ye, Andrew D. Smith, and Emily R. Liman, "An evolutionarily conserved gene family encodes proton-selective ion channels," *Science* 359, no. 6379 (2018): 1047–1050.

2 酵母菌是擁有特殊生態的真菌。大多數酵母菌代謝糖類並依此為生。它們不像在麵包裡發霉的霉菌那樣長出菌絲，主要以出芽生殖的方式分裂複製，一變二、二變四……但造成酵母菌成長進入指數期的門檻在生長環境中稀有的糖分。假設酵母菌幸運的找到了花朵的蜜源作為養分，花蜜吃完後，酵母菌還是需要源源不絕的糖分，可是酵母菌既不長菌絲也沒有翅膀可以飛，它們也沒辦法快速地轉變成藉由空氣傳播的形態，而且因為酵母菌的細胞體相當臃腫，即便它們想藉由空氣傳播，它們可能只能往上翻滾幾圈後原地降落，像隻圓滾滾、毛沒長齊的雛鳥。酵母菌若要找尋新的糖分來源，就需要搭動物的便車，例如前來花朵採蜜的蜜蜂或黃蜂，只要跟著這些動物就能造訪一朵又一朵的花兒或一顆又一顆的果實。不過若只是坐等昆蟲來可能會曠日廢時，所以酵母菌還演化出一個能力，就是散發吸引昆蟲的氣味。羅伯實驗室裡的微生物學家安妮・麥登（Anne Madden）發現大多數的蜜蜂與黃蜂在不知不覺中隨時帶著酵母菌到處飛，尤其黃蜂就好像計程車一樣。不過其實這些昆蟲也不是笨蛋，牠們當酵母菌的駝伕是有獎勵的，就好像哺乳類幫忙果樹傳播種子時可以嚐到甜美的果實一樣。酵母菌在分裂與代謝時產生的香氣就像是「此處有糖」的招牌，可以幫助這些昆蟲司機找尋到難以察覺的糖分來源。文獻來源：Anne A. Madden, Mary Jane Epps, Tadashi Fukami, Rebecca E. Irwin, John Sheppard, D. Magdalena Sorger, and Robert R. Dunn, "The ecology of insect-yeast relationships and its relevance to human industry," *Proceedings of the Royal Society B: Biological Sciences* 285, no. 1875 (2018): 20172733.

3 乙醛接著會被解酒酵素（acetaldehyde dehydrogenase, ALDH）轉換成乙酸鹽。

4 偷偷說，雖然人類最初獲得的發酵飲食都因為醋酸菌的存在而有酸味，但還是有些發酵飲食酸味不明顯，例如葡萄發酵的過程有利於酵母菌生長，因此細菌變得弱勢。這是因為葡萄含有大部分細菌無法分解的酒石酸，但酵母菌卻可以分解酒石酸，也因此一般以葡萄發酵製作的飲料如跟麥芽發酵的飲料相比，都有較高含量的酒精與較微弱的酸味。

5 「重製」是考古學裡傳統的研究方法之一，因為如果你沒有自己做過一遍，就很難知道當中的細節是怎麼發生的。除了沼澤馬肉的例子，另一個重製的案例，是考古學家希望了解克洛維斯人是如何用他們的克洛維斯尖頭器」來獵殺乳齒象或長毛象（或者使用這個工具是不是真的能殺死大象）。當時他利用辛巴威當局為了控制生態的大象撲殺計畫，每次當地政府要殺一隻大象前，他就趕快過去使用他的投槍器，朝大象側身丟一根尖矛，結果真的可以刺中，那根矛輕易地刺穿大象的背。這種實驗並沒辦法代表過去發生的事情，但可以幫助我們了解各種假說的發生機率。文獻來源：Gary Haynes and Janis Klimowicz, "Recent elephant-carcass utilization as a basis for interpreting mammoth exploitation," *Quaternary International* 359 (2015): 19–37.

6 費雪的這系列研究裡最後一項實驗偏向純觀察。根據費雪寫給羅伯的信：「我被托利多動物園請託重建一隻大象的標本。這隻大象死去 17 年了，被園方埋葬在緻密的黏土中，顯然在地下發酵了這麼長的時間，牠尚存的軟組織就有如醃了很久的醃肉一樣，呈極酸性而且氣味比沼澤馬肉更強烈。我沒有去吃這個象肉啦，但我大概花了三天解剖牠。」這個最後的實驗結論就是，大象的內臟真的會變得非常非常酸。

7 如果發酵肉類能像費雪說的那樣為掠食動物與雜食動物帶來這麼多好處，那狼或是其他肉食動物也可以保存獵肉與發酵這些肉，好養出對身體有益的微生物並抑制有害的微生物，可是為什麼牠們沒有演化出這種行為？其實牠們有！很多野生肉食動物跟人類一樣，每次打獵都會帶來一餐吃不完的肉量，有時是因為牠們的胃實在裝不下單一隻牠們獵到的動物，有時是因為牠們獵到夠吃後還會繼續掠食，例如紅狐（*Vulpes vulpes*）就是出了名的爪子比胃還餓的掠食者，也因此造成雞農很大的困擾，因為牠們每次造訪雞舍不會只殺一隻雞而是一次殺十幾隻。所以呢？所以掠食動物其實是懂得保存肉類與發酵肉類的。當紅狐又獵捕到超越一日需求的獵物後，牠們會把獵物藏在雪中或土裡，通常會選容易暴露在日照下的地區讓獵肉進行發酵；狼也會做一樣的事；熊不只把獵物埋起來後，還會用泥炭蘚遮蓋起來，而泥炭蘚可以抑制某些微生物生長，同時促進某些微生物滋生；鬣狗則會將肉放到水裡。在上述的例子中，原先保存獵肉的動物都會再回來吃掉發酵多時的獵肉。目前看來牠們是直接吃掉發酵肉，還沒有人研究這些動物是怎麼從存放多時的發酵肉裡挑選可以吃的部位。我們的假說是這些動物會優先挑選酸度高的部分，也就是吃起來比較酸的肉，可惜我們尚未找到任何關於肉食動物能否嚐出酸味的研究，更不知道肉食動物對酸味是先天就有好惡反應，還是需要經過學習？我們甚至對於家犬對酸味的反應都不是很清楚。文獻來源：C. C. Smith and O. J. Reichman, "The evolution of food caching by birds and mammals," *Annual Review of Ecology and Systematics* 15, no. 1 (1984): 329–51; D. F. Sherry, "Food storage by birds and mammals," in *Advances in the Study of Behavior* (Academic Press, 1985), vol. 15, 153–88.

8 我們在此分享的是另一位密西根大學古人類學家，約翰・史派斯（John Speth）的精采研究成果。史派斯研讀了關於肉和魚發酵料理的文獻，並且針對其背後的文化脈絡進行對照比較。文獻來源：J. D. Speth, "Putrid meat and fish in the Eurasian middle and upper Paleolithic: Are we missing a key part of Neanderthal and modern human diet?" *PaleoAnthropology* (2017): 44–72.

9 瑞典鹽醃鯡魚最初是放在大木桶裡進行發酵的，但由於罐頭食物加工業的發達，瑞典鹽醃鯡魚得以變成罐裝並量產，銷售到瑞典各地。在目前公認為瑞典鹽醃鯡魚發源地的高海岸（Höga Kusten）有個傳統食物，就是把兩片瑞典傳統麵包抹上奶油後，中間夾瑞典鹽醃鯡魚與馬鈴薯，這種傳統三明治搭配杜松子酒真是神來一筆。想了解更多瑞典鹽醃鯡魚的精采故事，可參考以下文獻：Torstein Skåra, Lars Axelsson, Gudmundur Stefánsson, Bo Ekstrand, and Helge Hagen, "Fermented and ripened fish products in the northern European countries," *Journal of Ethnic Foods* 2, no. 1 (2015): 18–24.

10 格陵蘭發酵鯊魚，與瑞典鹽醃鯡魚之類的食物有很相似的歷史，但是鯊魚是很特別的，因為鯊魚肉沒有發酵處理就不能吃。鯊魚肉裡含有大量的尿素跟氧化三甲胺，對人體有毒性，要經過發酵才能降低其含量。發酵作用會將尿素轉化成氨，雖然氨沒有毒可是有味道。由此可知對於特定氣味的愛好可能是在嚴峻的環境條件下不得不的妥協，最後成為愛好。

11 魚醬製作的過程跟大多數魚發酵料理的食譜差不多。羅馬人浸漬魚的時候會加鹽（約九公升的魚要用掉兩三毫升的鹽），鹽巴充分混合溶解後需靜置一晚，然後這個鹽漬魚肉會放入陶製的容器然後放到太陽下曬數個月甚至一年， 羅馬人就會將從魚肉滲出來的液體收集起來當醬料，即名為魚露或古魚醬的調味料。根據詩人坦納希爾的說法，這種醬料要做得更精緻，則可以使用更高品質的魚或蝦（或者加一點點酒），但原本作法使用常見的魚就已經很好吃了，例如鯡魚、鯷魚、竹筴魚或鯖魚。歷史學家從文獻記載上，清楚得知古羅馬帝國時期古魚醬是多麼重要，當中我們個人最喜歡的文獻是一封來自西元 230 年、由一位希臘男性阿里安寫給兄弟包路斯的信。阿里安表面上是對兄弟寒暄跟問候，但其實他另有目的，他希望能跟兄弟要一些發酵的古魚醬：「你挑款好吃的魚肝醬寄給我吧……」他說的魚肝醬就是古魚醬，好吃到古代人必須寫信回家請家人寄。不過古魚醬不再是日常料理了（雖然我們在哥本哈根的某間餐廳才吃到，而且新版的《NOMA 餐廳發酵實驗》一書還收錄了十幾種新的古魚醬，其中一種竟是用餵魚的蚱蜢做成的）。文獻來源：René Redzepi and David Zilber, *The Noma Guide to Fermentation: Including Koji, Kombuchas, Shoyus, Misos, Vinegars, Garums, Lacto-ferments, and Black Fruits and Vegetables* (Artisan Books, 2018).

12 雖然近年來有些餐廳開始推廣臭魚這類食物，但真正以臭魚討生計的原民社群其實常常貶低臭魚。當代美洲原住民過去受殖民者對「食物應有的香味」的文化影響，對自己的傳統食物變得不置可否。文獻來源：Sveta Yamin-Pasternak, Andrew Kliskey, Lilian Alessa, Igor Pasternak, Peter Schweitzer, Gary K. Beauchamp, Melissa L. Caldwell, et al., "The rotten renaissance in the Bering Strait: Loving, loathing, and washing the smell of foods with a (re)acquired taste." *Current Anthropology* 55, no. 5 (2014): 619–46.

13 本章節特別感謝以下名單：Joanna Lambert、Sally Grainger、Li Liu、Michael Kalanty、Paul Breslin、Sveta Yamin-Pasternak、Adam Boethius、Tate Paulette、Jessie Hendy、Daniel Fisher、Torstein Skåra、

Emily Liman、Katie Amato、Matthew Booker、Sevgi Sirakova Mutlu、Chad Ludington、John Speth、Amaia Arranz Otaegui、Matthew Carrigan、Daniel Fisher、Shinya Shoda。再次感謝 Josh Evans 和 Kim Wejendorp 提供料理方面的觀點，Sandor Katz 和 David Zilber 則提供了咖啡與非常美味的糕點。

## 第8章　乳酪之藝

1 邦亞德當初用的詞彙是「男人」和「男子氣慨」而非「人性」。但他並非要強調乳酪的性別，而是想要傳達乳酪貼近人類的性質。我們修改了原文，以保留原文表達「乳酪熟成的過程中越來越像活生生的人」的原意。

2 荷西後來離開了卡雷尼亞和乳酪地窖，並搬到美國居住、研究出現在乳酪和其他食物中的乳酸菌。瑪諾羅留下來繼續跟乳酪為伍。荷西和羅伯一樣，都在北卡羅萊納州立大學任教。

3 動物所攝取的食物種類，可以透過許多方式影響乳酪的特性。食物可能影響母親攝取的熱量多寡、進而影響乳汁中的蛋白質和脂肪含量。而因為產乳動物攝食的植物中有一些成分會跑到乳汁裡面去，因此食物也可能影響動物乳汁的風味。但食物造成的影響還可能更為複雜：最近一項法國的草原放牧研究所（Herbipôle）的研究顯示，放牧範圍較為廣大的動物，在乳腺上以及皮膚上的整體微生物相會有所不同，因此在乳汁之中、以及最終在由那些乳汁做出來的乳酪裡可以找到的微生物和香氣也有所不同。參見：Marie Frétin, Bruno Martin, Etienne Rifa, Verdier-Metz Isabelle, Dominique Pomiès, Anne Ferlay, Marie-Christine Montel, and Céline Delbès, “Bacterial community assembly from cow teat skin to ripened

cheeses is influenced by grazing systems," *Scientific Reports* 8, no. 1 (2018): 200。

4 鑽研本篤教規、同時剛好也喜歡乳酪的中世紀俄羅斯歷史學家克莉絲塔·露拉摩爾·基爾莎諾娃（Crystal Louramore-Kirsanova）向羅伯指出，這些早期的教規可是十分嚴格的。舉例來說，克莉絲塔表示，聖卡西安（Saint Cassian）的教規書中對修道士所穿的鞋子下了一條規定。「修道士不得穿鞋，但若因『身體羸弱』而不得不為之，則可以穿涼鞋保護雙腳。修道士必須要解釋他們為何要穿涼鞋、並獲得主的恩准。他們接著必須承認他們在俗世中『尚無法完全超脫對於肉體的執著與焦慮』，且『應當隨時準備好傳平安福音』，方符合主恩允他們穿涼鞋的初旨。」

5 或者是用某種杓子或其他工具，依地方、時期和乳酪類型而定。

6 比方說，豪達乳酪的獨特的風味曾有人形容為巧克力、香蕉和汗水的綜合：這是因為它內含有甲基丙醛（存在於巧克力和香蕉中）和丁酸（存在於汗水中）。

7 中亞的乳酪師傅製作乳酪的方式，事實上就十分類似醃肉的作法；他們會在太陽光下曝曬乳酪，一邊曬乾乳酪一邊加入鹽分。

8 在修道院出現之前，這類乳酪和洗皮乳酪大概最初都有一些農人會製作，可能甚至從古羅馬時期就開始了。但是這類的乳酪他們多半一次只能做一小批，所以少有記載。修道士不僅協助傳承了這些在地乳酪的製作方式，還貢獻了他們所發明的新種乳酪。因為到後來，一切來自修道院的食物都被算成了修道士的發明（不管那些食物是真的出自他們之手，還是只是他們接受別人的什一稅捐獻），所以如今很難區分這幾種情境之間的差異。

9 這類乳酪和其他的熟成乳酪之中，微生物的組成會隨著時間演替。

乳酸菌是最先生長的一種細菌。接著青黴菌開始代謝利用這些乳酸菌所製造出來的乳酸。在那之後，其他無法存活於有乳酸的環境中、跟人類皮膚比較親近的細菌就得以接著入住。這一連串演替的順序是有辦法預測的，起碼如果乳酪的製作程序沒有出錯的話。

10 一個額外的好處是，持續不斷地塗抹鹽滷水可以避免酪蠅的出現。

11 的確對於修道士來說，這些組成百分之三十是蛋白質、百分之三十是脂肪的乳酪，扮演的角色就像肉類一樣。

12 「蒙斯特」（Munster）在這種乳酪的產地法國阿爾薩斯地區的德語方言中，就是「修道院」的意思。

13 史蒂凡和珍妮是夫妻：他是法國人，熱愛埃普瓦斯乳酪；她是美國人，而埃普瓦斯乳酪嘛，她並不愛。史蒂凡和珍妮也不是唯一一對對於這種乳酪看法兩極的伴侶。在閱讀這段文字時，有不只一位乳酪愛好者有感而發，描述他們是採取什麼技倆，以避免另一半聞到他們最愛的那些臭乳酪（雙層保鮮盒、一人一個冰箱、地窖等等）。關於美食，有時還真是情人「鼻」裡出西施啊。

14 Ben Wolfe、Jose Bruno-Bárcena、Matthew Booker、Sevgi Sirakova Mutlu、Chad Ludington、Benoit Guénard、Jessica Hendy、Michael Dunn、Aminah Al-Attas Bradford、庄田慎矢、Tate Paulette、Matthäus Rest 和 Heather Paxson 等人都閱讀過此一章節，並提供了建議回饋。Josh Evans、David Asher、Sandor Katz 和 Kim Wejendorp 則補充了烹飪學的觀點。

## 第9章　晚餐開啟人類的文明

1 很多食物的英文其實都出自於法國文學與法文。在某次美食饗宴中，我們吃了開胃小菜（hors d'oeuvres），啜飲法式清湯（consommé），接著享用了一道主菜（entrée），裡頭的蔬菜被煸香（sautéed）過，再搭配一種肉醬（pâté），最後我們以玻璃杯（carafe）飲用紅酒。所以，當我們要來形容一場豪華晚宴時，我們只想到用 banquet 這個英文字或 fête 這個法文字，不過毫無疑問地我們選擇用 fête。

2 那天晚餐真是美妙得一生中只會遇上一次，不過四天後，我們在另一個法國小鎮又有幸遇到第二次，這次在利默伊。

3 魏蒂格當時的位子在一隻烤豬跟一桶啤酒之間，旁邊還有派對主人的雙胞胎女兒，而且不知道為什麼她們兩個把自己覺得家裡厲害的東西都拿出來，要拍賣給客人。那場派對其實是給朋友的歡送派對，位於公園邊緣的大房子。魏蒂格身為黑猩猩學者、又正好與我們相遇在那場派對上，剛好證明在萊比錫這個不大的城市擁有相當多黑猩猩研究人員，以及萊比錫的社交圈正如其他城市一樣，都有特定的交集。那場派對上的客人大多都是萊比錫國際學校的家長。

4 有時黑猩猩為了交新朋友會不辭辛勞達成目的。魏蒂格在 email 裡跟我們分享，他曾在烏干達觀察一隻松索（Sonso）黑猩猩社群裡地位最高的雄性「尼克」，當時地位僅次尼克的雄性黑猩猩「波霸」讓尼克感到備受威脅，而需要找一個盟友。有天尼克獵捕到一隻疣猴，他自己吃不到一公斤的肉就以嘘喘（pant hooting）呼叫著他想結盟的強壯雄猩猩「澤法」，這跟第一條共食原則不符，因為澤發沒有參與打獵 。大概一刻後尼克找到澤法，牠直接把獵物一分為二，然後把比較大塊的那半給了澤法，接著兩隻黑猩猩一起共餐（頭的部分給你，手的部分給我，你吃腦，我吃腿，我們來交朋友吧）。最近一次的野外調查裡，莉然・山姆尼在觀察黑猩猩採集波羅蜜時，也發現類似的事件。

5 山姆尼發現當雄性黑猩猩一起打獵時也會有催產素激增的反應，可見共食與共同取得食物都對產生愉悅感有類似的效果。文獻來源：Liran Samuni, Anna Preis, Tobias Deschner, Catherine Crockford, and Roman M. Wittig, "Reward of labor coordination and hunting success in wild chimpanzees," *Communications Biology* 1, no. 1 (2018): 1–9.

6 例如本書沒有收錄的其中一則故事，是一位丹麥的鳥類學者告訴我們的：丹麥皇家劇院曾經在動物園附近的腓特烈堡花園，於晚上排練華格納的曲目，結果動物園裡的獾㹢狓無法忍受樂曲，真的嚇到死掉了。當然動物園一定是很珍惜動物資源的，園方找科學家將皮毛與各種器官妥善的保存下來以利後續研究，然後，他們把剩下沒有做標本的部分煮來吃，而且聽說很好吃。好的，請當我們沒有講過這個故事，至少我們沒有講到做完標本後面發生的事，你懂的。

7 本章節有賴以下人員過目與評論：Matthew Booker、Ammie Kalan、Chad Ludington、Maureen McCarthy、Roman Wittig、Liran Samuni、Athena Aktipis、James Rives、August Sanchez Dunn、and Olivia Sanchez Dunn。再次感謝 Josh Evans 和 Kim Wejendorp 從料理的角度提供意見、感謝在本書全部章節提供意見的 Lisa Raschke 和 Lynne Trautwein。

# 參考文獻

[1] Hsiang Ju Lin and Tsuifeng Lin, *The Art of Chinese Cuisine* (Tuttle Publishing, 1996).

[2] Jean Anthelme Brillat-Savarin, *La physiologie du goût* [1825], ed. Jean-François Revel (Paris: Flammarion, 1982), 19.

[3] Richard Stevenson, *The Psychology of Flavour* (Oxford University Press, 2010).

[4] Gordon M. Shepherd, *Neurogastronomy: How the Brain Creates Flavor and Why It Matters* (Columbia University Press, 2011).

[5] Charles Spence, *Gastrophysics: The New Science of Eating* (Penguin UK, 2017); Ole Mouritsen and Klavs Styrbæk, *Mouthfeel: How Texture Makes Taste*, translated by Mariela Johansen (Columbia University Press, 2017).

[6] Paul A. S. Breslin, "An evolutionary perspective on food and human taste," *Current Biology* 23, no. 9 (2013): R409–18.

[7] Jonathan Silvertown, *Dinner with Darwin: Food, Drink, and Evolution* (University of Chicago Press, 2017).

[8] Ken'ichi Ikeda, "On a new seasoning," *Journal of the Tokyo Chemical Society* 30 (1909): 820–36. The paper appears to have been first referenced in an English-language paper in 1966.

[9] Jonathan P. Benstead, James M. Hood, Nathan V. Whelan, Michael R. Kendrick, Daniel Nelson, Amanda F. Hanninen, and Lee M. Demi, "Coupling of dietary phosphorus and growth across diverse fish taxa: A meta-analysis of experimental aquaculture studies," *Ecology* 95, no. 10 (2014): 2768–77.

[10] Stuart A. McCaughey, Barbara K. Giza, and Michael G. Tordoff, "Taste and acceptance of pyrophosphates by rats and mice," *American Journal of Physiology Regulatory Integrative and Comparative Physiology* 292 (2007): R2159–67.

[11] D. J. Holcombe, David A. Roland, and Robert H. Harms, "The ability of hens to regulate phosphorus intake when offered diets containing different levels of phosphorus," *Poultry Science* 55 (1976): 308–17; G. M. Siu, Mary Hadley, and Harold H. Draper, "Self-regulation of phosphate intake by growing rats," *Journal of Nutrition* 111, no. 9 (1981): 1681–85; Juan J. Villalba, Frederick D. Provenza,

Jeffery O. Hall, and C. Peterson, "Phosphorus appetite in sheep: Dissociating taste from postingestive effects," *Journal of Animal Science* 84, no. 8 (2006): 2213–23.

[12] Michael G. Tordoff, "Phosphorus taste involves T1R2 and T1R3," *Chemical Senses* 42, no. 5 (2017): 425–33; Michael G. Tordoff, Laura K. Alarcón, Sitaram Valmeki, and Peihua Jiang, "T1R3: A human calcium taste receptor," *Scientific Reports* 2 (2012): 496.

[13] Diane W. Davidson, Steven C. Cook, Roy R. Snelling, and Tock H. Chua, "Explaining the abundance of ants in lowland tropical rainforest canopies," *Science* 300, no. 5621 (2003): 969–72.

[14] Anne Fischer, Yoav Gilad, Orna Man, and Svante Pääbo, "Evolution of bitter taste receptors in humans and apes," *Molecular Biology and Evolution* 22, no. 3 (2004): 432–36.

[15] Xia Li, Weihua Li, Hong Wang, Douglas L. Bayley, Jie Cao, Danielle R. Reed, Alexander A. Bachmanov, Liquan Huang, Véronique Legrand-Defretin, Gary K. Beauchamp, and Joseph G. Brand, "Cats lack a sweet taste receptor," *Journal of Nutrition* 136, no. 7 (2006): 1932S–1934S; Peihua Jiang, Jesusa Josue, Xia Li, Dieter Glaser, Weihua Li, Joseph G. Brand, Robert F. Margolskee, Danielle R. Reed, and Gary K. Beauchamp, "Major taste loss in carnivorous mammals," *Proceedings of the National Academy of Sciences* 109, no. 13 (2012): 4956–61.

[16] Peihua Jiang, Jesusa Josue, Xia Li, Dieter Glaser, Weihua Li, Joseph G. Brand, Robert F. Margolskee, Danielle R. Reed, and Gary K. Beauchamp, "Major taste loss in carnivorous mammals," *Proceedings of the National Academy of Sciences* 109, no. 13 (2012): 4956–61.

[17] Zhao Huabin, Jian-Rong Yang, Huailiang Xu, and Jianzhi Zhang, "Pseudogenization of the umami taste receptor gene Tas1r1 in the giant panda coincided with its dietary switch to bamboo," *Molecular Biology and Evolution* 27, no. 12 (2010): 2669–73.

[18] Peihua Jiang, Jesusa Josue-Almqvist, Xuelin Jin, Xia Li, Joseph G. Brand, Robert F. Margolskee, Danielle R. Reed, and Gary K. Beauchamp, "The bamboo-eating giant panda (*Ailuropoda melanoleuca*) has a sweet tooth: Behavioral and molecular responses to compounds that taste sweet to humans," *PloS One* 9, no. 3 (2014).

[19] Shancen Zhao, Pingping Zheng, Shanshan Dong, Xiangjiang Zhan, Qi Wu, Xiaosen Guo, Yibo Hu et al., "Whole-genome sequencing of giant pandas provides insights into demographic history and local adaptation," *Nature Genetics* 45, no. 1 (2013): 67.

[20] Maude W. Baldwin, Yasuka Toda, Tomoya Nakagita, Mary J. O'Connell, Kirk C. Klasing, Takumi Misaka, Scott V. Edwards, and Stephen D. Liberles, "Evolution of sweet taste perception in hummingbirds by transformation of the ancestral umami receptor," *Science* 345, no. 6199 (2014): 929–33.

[21] Ricardo A. Ojeda, Carlos E. Borghi, Gabriela B. Diaz, Stella M. Giannoni, Michael A. Mares, and Janet K. Braun, "Evolutionary convergence of the highly adapted desert rodent *Tympanoctomys barrerae* (Octodontidae)," *Journal of Arid Environments* 41, no. 4 (1999): 443–52.

[22] David R. Pilbeam and Daniel E. Lieberman, "Reconstructing the last common ancestor of chimpanzees and humans," In *Chimpanzees and Human Evolution*, ed. M. N. Muller (Harvard University Press, 2017), 22–141.

[23] Charles Darwin, *The Descent of Man, and Selection in Relation to Sex* (John Murray, 1888).

[24] Jane Goodall, "Tool-using and aimed throwing in a community of free-living chimpanzees," *Nature* 201, no. 4926 (1964): 1264.

[25] Christophe Boesch, Ammie K. Kalan, Anthony Agbor, Mimi Arandjelovic, Paula Dieguez, Vincent Lapeyre, and Hjalmar S. Kühl, "Chimpanzees routinely fish for algae with tools during the dry season in Bakoun, Guinea," *American Journal of Primatology* 79, no. 3 (2017): e22613.

[26] Hitonaru Nishie, "Natural history of *Camponotus* ant-fishing by the M group chimpanzees at the Mahale Mountains National Park, Tanzania," *Primates* 52, no. 4 (2011): 329.

[27] Christophe Boesch, *Wild Cultures: A Comparison between Chimpanzee and Human Cultures* (Cambridge University Press, 2012).

[28] Solomon H. Katz, "An evolutionary theory of cuisine," *Human Nature* 1, no. 3 (1990): 233–59.

[29] David R. Pilbeam and Daniel E. Lieberman, "Reconstructing the last common ancestor of chimpanzees and humans," in *Chimpanzees and Human Evolution*, ed. M. N. Muller (Harvard University Press, 2017), 22–141.

[30] T. Jonathan Davies, Barnabas H. Daru, Bezeng S. Bezeng, Tristan Charles-Dominique, Gareth P. Hempson, Ronny M. Kabongo, Olivier Maurin, A. Muthama Muasya, Michelle van der Bank, and William J. Bond, "Savanna tree evolutionary ages inform the reconstruction of the paleoenvironment of our hominin ancestors," *Scientific Reports* 10, no. 1 (2020): 1–8.

[31] Jill D. Pruetz and Nicole M. Herzog, "Savanna chimpanzees at Fongoli, Senegal, navigate a fire landscape," *Current Anthropology* 58, no. S16 (2017): S337–50.

[32] Thomas S. Kraft and Vivek V. Venkataraman, "Could plant extracts have enabled hominins to acquire honey before the control of fire?" *Journal of Human Evolution* 85 (2015): 65–74; Lidio Cipriani, ed., *The Andaman Islanders* (Weidenfeld and Nicolson, 1966).

[33] Christophe Boesch, Ammie K. Kalan, Anthony Agbor, Mimi Arandjelovic, Paula Dieguez, Vincent Lapeyre, and Hjalmar S. Kühl, "Chimpanzees routinely fish for algae with tools during the dry season in Bakoun, Guinea," *American Journal of Primatology* 79, no. 3 (2017): e22613.

[34] Kathelijne Koops, Richard W. Wrangham, Neil Cumberlidge, Maegan A. Fitzgerald, Kelly L. van Leeuwen, Jessica M. Rothman, and Tetsuro Matsuzawa, "Crab-fishing by chimpanzees in the Nimba Mountains, Guinea," *Journal of Human Evolution* 133 (2019): 230–41.

[35] William H. Kimbel, Robert C. Walter, Donald C. Johanson, Kaye E. Reed, James L. Aronson, Zelalem Assefa, Curtis W. Marean, Gerald G. Eck, René Bobe, Erella Hovers, Yoel Zvi Rak, Carl Vondra, Tesfaye Yemane, D. York, Yanchao Chen, Norman M. Evensen, and Patrick E. Smith, "Late Pliocene *Homo* and Oldowan tools from the Hadar formation (Kada Hadar member), Ethiopia," in R. L. Chiochon and J. G. Fleagle, eds., *The Human Evolution Source Book* (Routledge, 2016).

[36] Melissa J. Remis, "Food preferences among captive western gorillas (*Gorilla gorilla gorilla*) and chimpanzees (*Pan troglodytes*)," *International Journal of Primatology* 23, no. 2 (2002): 231–49.

[37] Victoria Wobber, Brian Hare, and Richard Wrangham. "Great apes prefer cooked food," *Journal of Human Evolution* 55, no. 2 (2008): 340–48.

[38] Daniel Lieberman, *The Story of the Human Body: Evolution, Health, and Disease* (Vintage, 2014).

[39] Toshisada Nishida and Mariko Hiraiwa, "Natural history of a tool-using behavior by wild chimpanzees in feeding upon wood-boring ants," *Journal of Human Evolution* 11, no. 1 (1982): 73–99.

[40] Matthew R. McLennan, "Diet and feeding ecology of chimpanzees (*Pan troglodytes*) in Bulindi, Uganda: Foraging strategies at the forest–farm interface," *International Journal of Primatology* 34, no. 3 (2013): 585–614.

[41] Matthew R. McLennan, Georgia A. Lorenti, Tom Sabiiti, and Massimo Bardi, "Forest fragments become farmland: Dietary response of wild chimpanzees (*Pan troglodytes*) to fast-changing anthropogenic landscapes," *American Journal of Primatology* 82, no. 4 (2020): e23090.

[42] Julia Colette Berbesque and Frank W. Marlowe, "Sex differences in food preferences of Hadza hunter-gatherers," *Evolutionary Psychology* 7, no. 4 (2009): 147470490900700409.

[43] Hsiang Ju Lin and Tsuifeng Lin, *The Art of Chinese Cuisine* (Tuttle, 1996).

[44] Chris Organ, Charles L. Nunn, Zarin Machanda and Richard W. Wrangham, "Phylogenetic rate shifts in feeding time during the evolution of *Homo*," *Proceedings of the National Academy of Sciences* 108, no. 35 (2011): 14555–59.

[45] Victoria Wobber, Brian Hare, and Richard Wrangham, "Great apes prefer cooked food," *Journal of Human Evolution* 55, no. 2 (2008): 340–48; Felix Warneken and Alexandra G. Rosati, "Cognitive capacities for cooking in chimpanzees," *Proceedings of the Royal Society B: Biological Sciences* 282, no. 1809 (2015): 20150229.

[46] Peter S. Ungar, Frederick E. Grine, and Mark F. Teaford, "Diet in early *Homo*: A review of the evidence and a new model of adaptive versatility," *Annual Review of Anthropology* 35 (2006): 209–28.

[47] Ruth Blasco, Jordi Rosell, M. Arilla, Antoni Margalida, D. Villalba, Avi Gopher, and Ran Barkai, "Bone marrow storage and delayed consumption at Middle Pleistocene Qesem Cave, Israel (420 to 200 ka)," *Science Advances* 5, no. 10 (2019): eaav9822.

[48] Kohei Fujikura, "Multiple loss-of-function variants of taste receptors in modern humans," *Scientific Reports* 5 (2015): 12349.

[49] Thomas D. Bruns, Robert Fogel, Thomas J. White, and Jeffrey D. Palmer, "Accelerated evolution of a false-truffle from a mushroom ancestor," *Nature* 339, no. 6220 (1989): 140–42.

[50] Daniel S. Heckman, David M. Geiser, Brooke R. Eidell, Rebecca L. Stauffer, Natalie L. Kardos, and S. Blair Hedges, "Molecular evidence for the early colonization of land by fungi and plants," *Science* 293, no. 5532 (2001): 1129–33.

[51] Eva Streiblová, Hana Gryndlerova, and Milan Gryndler, "Truffle brûlé: An efficient fungal life strategy," *FEMS Microbiology Ecology* 80, no. 1 (2012): 1–8.

[52] Jeffrey B. Rosen, Arun Asok, and Trisha Chakraborty, "The smell of fear: Innate threat of 2, 5-dihydro-2, 4, 5-trimethylthiazoline, a single molecule component of a predator odor," *Frontiers in Neuroscience* 9 (2015): 292.

[53] Ken Murata, Shigeyuki Tamogami, Masamichi Itou, Yasutaka Ohkubo, Yoshihiro Wakabayashi, Hidenori Watanabe, Hiroaki Okamura, Yukari Takeuchi, and Yuji Mori, "Identification of an olfactory signal molecule that activates the central regulator of reproduction in goats," *Current Biology* 24, no. 6 (2014): 681–86.

[54] David R. Kelly, "When is a butterfly like an elephant?" *Chemistry and Biology* 3, no. 8 (1996): 595–602.

[55] Thierry Talou, Antoine Gaset, Michel Delmas, Michel Kulifaj, and Charles Montant, "Dimethyl sulphide: The secret for black truffle hunting by animals?" *Mycological Research* 94, no. 2 (1990): 277–78.

[56] Frido Welker, Jazmín Ramos-Madrigal, Petra Gutenbrunner, Meaghan Mackie, Shivani Tiwary, Rosa Rakownikow Jersie-Christensen, Cristina Chiva, Marc R. Dickinson, Martin Kuhlwilm, Marc de Manuel, Pere Gelabert, María Martinón-Torres, Ann Margvelashvili, Juan Luis Arsuaga, Eudald Carbonell, Tomas Marques-Bonet, Kirsty Penkman, Eduard Sabidó, Jürgen Cox, Jesper V. Olsen, David Lordkipanidze, Fernando Racimo, Carles Lalueza-Fox, José María Bermúdez de Castro, Eske Willerslev, and Enrico Cappellini, "The dental proteome of *Homo antecessor*," *Nature* 580 (2020): 1–4.

[57]. Paul Mellars and Jennifer C. French, "Tenfold population increase in Western Europe at the neandertal-to-modern human transition," *Science* 333, no. 6042 (2011): 623–27.

[58] Neil Shubin, *Your Inner Fish: A Journey into the 3.5-Billion-Year History of the Human Body* (Vintage, 2008).
[59] Yoshihito Niimura, "Olfactory receptor multigene family in vertebrates: From the viewpoint of evolutionary genomics," *Current Genomics* 13, no. 2 (2012): 103–14.
[60] Gordon M. Shepherd, *Neurogastronomy: How the Brain Creates Flavor and Why It Matters* (Columbia University Press, 2011).
[61] Katherine A. Houpt and Sharon L. Smith, "Taste preferences and their relation to obesity in dogs and cats," *Canadian Veterinary Journal* 22, no. 4 (1981): 77.
[62] Yoav Gilad, Victor Wiebe, Molly Przeworski, Doron Lancet, and Svante Pääbo, "Loss of olfactory receptor genes coincides with the acquisition of full trichromatic vision in primates," *PLoS Biology* 2, no. 1 (2004): e5; Yoshihito Niimura, Atsushi Matsui and Kazushige Touhara, "Acceleration of olfactory receptor gene loss in primate evolution: Possible link to anatomical change in sensory systems and dietary transition," *Molecular Biology and Evolution* 35, no. 6 (2018): 1437–50.
[63] David Zwicker, Rodolfo Ostilla-Mónico, Daniel E. Lieberman, and Michael P. Brenner, "Physical and geometric constraints shape the labyrinth-like nasal cavity," *Proceedings of the National Academy of Sciences* 115, no. 12 (2018): 2936–41.
[64] Luca Pozzi, Jason A. Hodgson, Andrew S. Burrell, Kirstin N. Sterner, Ryan L. Raaum, and Todd R. Disotell, "Primate phylogenetic relationships and divergence," *Molecular Phylogenetics and Evolution* 75 (2014): 165–83.
[65] Daniel E. Lieberman, "How the unique configuration of the human head may enhance flavor perception capabilities: An evolutionary perspective," *Frontiers in Integrative Neuroscience Conference Abstract: Science of Human Flavor Perception* (2015): doi: 10.3389/conf.fnint.2015.03.00003.
[66] Robert D. Martin, *Primate Origins and Evolution* (Chapman and Hall, 1990).
[67] Daniel E. Lieberman, "How the unique configuration of the human head may enhance flavor perception capabilities: An evolutionary perspective," *Frontiers in Integrative Neuroscience Conference Abstract: Science of Human Flavor Perception* (2015): doi: 10.3389/conf.fnint.2015.03.00003.
[68] Susann Jänig, Brigitte M. Weiß, and Anja Widdig, "Comparing the sniffing behavior of great apes," *American Journal of Primatology* 80, no. 6 (2018): e22872.
[69] Arthur W. Proetz, "The Semon Lecture: Respiratory air currents and their clinical aspects," *Journal of Laryngology and Otology* 67, no. 1 (1953): 1–27.
[70] Timothy B. Rowe and Gordon M. Shepherd, "Role of ortho-retronasal olfaction in mammalian cortical evolution," *Journal of Comparative Neurology* 524, no. 3 (2016): 471–95.
[71] Harold McGee, *Curious Cook: More Kitchen Science and Lore* (North Point, 1990).

[72] Andreas Keller and Leslie B. Vosshall, "Olfactory perception of chemically diverse molecules," *BMC Neuroscience* 17, no. 1 (2016): 55.
[73] Harold McGee, *The Curious Cook: More Kitchen Science and Lore* (Wiley, 1992).
[74] Brian Farneti, Iuliia Khomenko, Marcella Grisenti, Matteo Ajelli, Emanuela Betta, Alberto Alarcon Algarra, Luca Cappellin, Eugenio Aprea, Flavia Gasperi, Franco Biasioli, and Lara Giongo, "Exploring blueberry aroma complexity by chromatographic and direct-injection spectrometric techniques," *Frontiers in Plant Science* 8 (2017): 617.
[75] Gordon M. Shepherd, *Neuroenology: How the Brain Creates the Taste of Wine* (Columbia University Press, 2016).
[76] Yukio Takahata, Mariko Hiraiwa-Hasegawa, Hiroyuki Takasaki, and Ramadhani Nyundo, "Newly acquired feeding habits among the chimpanzees of the Mahale Mountains National Park, Tanzania," *Human Evolution* 1, no. 3 (1986): 277–84.
[77] Ibid.
[78] Ciprian F. Ardelean, Lorena Becerra-Valdivia, Mikkel Winther Pedersen, Jean-Luc Schwenninger, Charles G. Oviatt, Juan I. Macías-Quintero, Joaquin Arroyo-Cabrales, Martin Sikora, et al., "Evidence of human occupation in Mexico around the Last Glacial Maximum," *Nature* 584, no. 7819 (2020): 87–92.
[79] M. Thomas P. Gilbert, Dennis L. Jenkins, Anders Götherstrom, Nuria Naveran, Juan J. Sanchez, Michael Hofreiter, Philip Francis Thomsen, et al., "DNA from pre-Clovis human coprolites in Oregon, North America," *Science* 320, no. 5877 (2008): 786–89; Lorena Becerra-Valdivia and Thomas Higham, "The timing and effect of the earliest human arrivals in North America," *Nature* 584 (2020): 1–5.
[80] Michael R. Waters, "Late Pleistocene exploration and settlement of the Americas by modern humans," *Science* 365, no. 6449 (2019): eaat5447.
[81] Michael R. Waters, Thomas W. Stafford, H. Gregory McDonald, Carl Gustafson, Morten Rasmussen, Enrico Cappellini, Jesper V. Olsen, et al., "Pre-Clovis mastodon hunting 13,800 years ago at the Manis site, Washington," *Science* 334, no. 6054 (2011): 351–53.
[82] Michael R. Waters, "Late Pleistocene exploration and settlement of the Americas by modern humans," *Science* 365, no. 6449 (2019): eaat5447.
[83] Gary Haynes and Jarod M. Hutson, "Clovis-era subsistence: Regional variability, continental patterning," in *Paleoamerican Odyssey*, ed. K. E. Graf, C. V. Ketron, and M. R. Waters (Texas A&M University Press, 2014), 293–309.
[84] Joseph A. M. Gingerich, "Down to seeds and stones: A new look at the subsistence remains from Shawnee-Minisink," *American Antiquity* 76, no. 1 (2011): 127–44.
[85] Klervia Jaouen, Michael P. Richards, Adeline Le Cabec, Frido Welker, William Rendu, Jean-Jacques Hublin, Marie Soressi, and Sahra Talamo, "Exceptionally

high δ15N values in collagen single amino acids confirm Neandertals as high-trophic level carnivores," *Proceedings of the National Academy of Sciences* 116, no. 11 (2019): 4928–33.

[86] Michael Chazan, "Toward a long prehistory of fire," *Current Anthropology* 58, no. S16 (2017): S351–59; Alianda M. Cornélio, Ruben E. de Bittencourt-Navarrete, Ricardo de Bittencourt Brum, Claudio M. Queiroz, and Marcos R. Costa, "Human brain expansion during evolution is independent of fire control and cooking," *Frontiers in Neuroscience* 10 (2016): 167.

[87] Alston V. Thoms, "Rocks of ages: Propagation of hot-rock cookery in western North America," *Journal of Archaeological Science* 36, no. 3 (2009): 573–91.

[88] Paul S. Martin, "The Discovery of America: The first Americans may have swept the Western Hemisphere and decimated its fauna within 1000 years," *Science* 179, no. 4077 (1973): 969–74.

[89] Lenore Newman, *Lost Feast: Culinary Extinction and the Future of Food* (ECW Press, 2019).

[90] Henry Nicholls, "Digging for dodo," *Nature* 443 (2006): 138.

[91] Julian P. Hume and Michael Walters, *Extinct Birds* (A & C Black Poyser Imprint, 2012).

[92] Agnes Gault, Yves Meinard, and Franck Courchamp, "Consumers' taste for rarity drives sturgeons to extinction," *Conservation Letters* 1, no. 5 (2008): 199–207.

[93] David P. Watts and Sylvia J. Amsler, "Chimpanzee-red colobus encounter rates show a red colobus population decline associated with predation by chimpanzees at Ngogo," *American Journal of Primatology* 75, no. 9 (2013): 927–37.

[94] Jacquelyn L. Gill, John W. Williams, Stephen T. Jackson, Katherine B. Lininger, and Guy S. Robinson, "Pleistocene megafaunal collapse, novel plant communities, and enhanced fire regimes in North America," *Science* 326, no. 5956 (2009): 1100–1103; Jacquelyn L. Gill, "Ecological impacts of the late Quaternary megaherbivore extinctions," *New Phytologist* 201, no. 4 (2014): 1163–69.

[95] John D. Speth, *Paleoanthropology and Archaeology of Big-Game Hunting* (Springer, 2012).

[96] Baron Pineda, "Miskito and Misumalpan languages," in *Encyclopedia of Linguistics*, ed. Philipp Strazny (Francis & Taylor Books, 2005).

[97] Jeremy M. Koster, Jennie J. Hodgen, Maria D. Venegas, and Toni J. Copeland, "Is meat flavor a factor in hunters' prey choice decisions?" *Human Nature* 21, no. 3 (2010): 219–42.

[98] Michael D. Cannon and David J. Meltzer, "Explaining variability in Early Paleoindian foraging," *Quaternary International* 191, no. 1 (2008): 5–17.

[99] Mark Borchert, Frank W. Davis, and Jason Kreitler, "Carnivore use of an avocado orchard in southern California," *California Fish and Game* 94, no. 2 (2008): 61–74.

[100] Tim M. Blackburn and Bradford A. Hawkins, "Bergmann's rule and the mammal fauna of northern North America," *Ecography* 27, no. 6 (2004): 715–24.
[101] Katherine A. Houpt and Sharon L. Smith, "Taste preferences and their relation to obesity in dogs and cats," *Canadian Veterinary Journal* 22, no. 4 (1981): 77.
[102] S. D. Shackelford, J. O. Reagan, Keith D. Haydon, and Markus F. Miller, "Effects of feeding elevated levels of monounsaturated fats to growing-finishing swine on acceptability of boneless hams," *Journal of Food Science* 55, no. 6 (1990): 1485–87.
[103] As translated in *The Food Lover's Anthology* (The Bodleian Anthology: A Literary Compendium, compiled by Peter Hunt, Bodleian Library Publishing, 2014).
[104] Diana Noyce, "Charles Darwin, the Gourmet Traveler," *Gastronomica: The Journal of Food and Culture* 12, no. 2 (2012): 45–52.
[105] Belarmino C. da Silva Neto, André Luiz Borba do Nascimento, Nicola Schiel, Rômulo Romeu Nóbrega Alves, Antonio Souto, and Ulysses Paulino Albuquerque, "Assessment of the hunting of mammals using local ecological knowledge: An example from the Brazilian semiarid region," *Environment, Development and Sustainability* 19, no. 5 (2017): 1795–1813.
[106] Sophie D. Coe, *America's First Cuisines* (University of Texas Press, 2015).
[107] Gary Haynes and Jarod M. Hutson, "Clovis-era subsistence: Regional variability, continental patterning," *Paleoamerican Odyssey* (2013): 293–309.
[108] Laura T. Buck, J. Colette Berbesque, Brian M. Wood, and Chris B. Stringer, "Tropical forager gastrophagy and its implications for extinct hominin diets," *Journal of Archaeological Science: Reports* 5 (2016): 672–79.
[109] Hagar Reshef and Ran Barkai, "A taste of an elephant: The probable role of elephant meat in Paleolithic diet preferences," *Quaternary International* 379 (2015): 28–34.
[110] George E. Konidaris, Athanassios Athanassiou, Vangelis Tourloukis, Nicholas Thompson, Domenico Giusti, Eleni Panagopoulou, and Katerina Harvati, "The skeleton of a straight-tusked elephant (*Palaeoloxodon antiquus*) and other large mammals from the Middle Pleistocene butchering locality Marathousa 1 (Megalopolis Basin, Greece): Preliminary results," *Quaternary International* 497 (2018): 65–84.
[111] Biancamaria Aranguren, Stefano Grimaldi, Marco Benvenuti, Chiara Capalbo, Floriano Cavanna, Fabio Cavulli, Francesco Ciani, et al., "Poggetti Vecchi (Tuscany, Italy): A late Middle Pleistocene case of human–elephant interaction," *Journal of Human Evolution* 133 (2019): 32–60.
[112] Jeffrey J. Saunders and Edward B. Daeschler, "Descriptive analyses and taphonomical observations of culturally-modified mammoths excavated at 'The Gravel Pit,' near Clovis, New Mexico in 1936," *Proceedings of the Academy of Natural Sciences of Philadelphia* (1994): 1–28.

[113] Omer Nevo and Eckhard W. Heymann, "Led by the nose: Olfaction in primate feeding ecology," *Evolutionary Anthropology: Issues, News, and Reviews* 24, no. 4 (2015): 137–48.

[114] H. Martin Schaefer, Alfredo Valido, and Pedro Jordano, "Birds see the true colours of fruits to live off the fat of the land," *Proceedings of the Royal Society B: Biological Sciences* 281, no. 1777 (2014): 20132516.

[115] Kim Valenta and Omer Nevo, "The dispersal syndrome hypothesis: How animals shaped fruit traits, and how they did not," *Functional Ecology* 34, no. 6 (2020): 1158–69.

[116] Daniel H. Janzen, "Why fruits rot, seeds mold, and meat spoils," *American Naturalist* 111, no. 980 (1977): 691–713.

[117] Daniel H. Janzen, "Why tropical trees have rotten cores," *Biotropica* 8 (1976): 110–12.

[118] Daniel H. Janzen, "Herbivores and the number of tree species in tropical forests," *American Naturalist* 104, no. 940 (1970): 501–28.

[119] Daniel H. Janzen and Paul S. Martin, "Neotropical anachronisms: The fruits the gomphotheres ate," *Science* 215, no. 4528 (1982): 19–27.

[120] Guadalupe Sanchez, Vance T. Holliday, Edmund P. Gaines, Joaquín Arroyo-Cabrales, Natalia Martínez-Tagüeña, Andrew Kowler, Todd Lange, Gregory W. L. Hodgins, Susan M. Mentzer, and Ismael Sanchez-Morales, "Human (Clovis)–gomphothere (*Cuvieronius* sp.) association~ 13,390 calibrated yBP in Sonora, Mexico," *Proceedings of the National Academy of Sciences* 111, no. 30 (2014): 10972–77.

[121] Connie Barlow, *The Ghosts of Evolution: Nonsensical Fruit, Missing Partners, and Other Ecological Anachronisms* (Basic Books, 2008).

[122] Daniel H. Janzen, "How and why horses open *Crescentia alata* fruits," *Biotropica* (1982): 149–52.

[123] Guillermo Blanco, Jose Luis Tella, Fernando Hiraldo, and José Antonio Díaz-Luque, "Multiple external seed dispersers challenge the megafaunal syndrome anachronism and the surrogate ecological function of livestock," *Frontiers in Ecology and Evolution* 7 (2019): 328.

[124] Mauro Galetti, Roger Guevara, Marina C. Côrtes, Rodrigo Fadini, Sandro Von Matter, Abraão B. Leite, Fábio Labecca, T. Ribeiro, C. S. Carvalho, R. G. Collevatti, and M. M. Pires, "Functional extinction of birds drives rapid evolutionary changes in seed size," *Science* 340, no. 6136 (2013): 1086–90.

[125] Renske E. Onstein, William J. Baker, Thomas L. P. Couvreur, Søren Faurby, Leonel Herrera-Alsina, Jens-Christian Svenning, and W. Daniel Kissling, "To adapt or go extinct? The fate of megafaunal palm fruits under past global change," *Proceedings of the Royal Society B: Biological Sciences* 285, no. 1880 (2018): 20180882.

[126] David N. Zaya and Henry F. Howe, "The anomalous Kentucky coffeetree: Megafaunal fruit sinking to extinction?" *Oecologia* 161, no. 2 (2009): 221–26.

[127] Robert J. Warren, "Ghosts of cultivation past-Native American dispersal legacy persists in tree distribution," *PloS One* 11, no. 3 (2016).

[128] Maarten Van Zonneveld, Nerea Larranaga, Benjamin Blonder, Lidio Coradin, José I. Hormaza, and Danny Hunter, "Human diets drive range expansion of megafauna-dispersed fruit species," *Proceedings of the National Academy of Sciences* 115, no. 13 (2018): 3326–31.

[129] Allen Holmberg, "Cooking and eating among the Siriono of Bolivia," in Jessica Kuper, ed., *The Anthropologists' Cookbook* (Routledge, 1997).

[130] Napoleon A. Chagnon, *The Yanomamo* (Nelson Education, 2012).

[131] S. J. McNaughton and J. L. Tarrants, "Grass leaf silicification: Natural selection for an inducible defense against herbivores," *Proceedings of the National Academy of Sciences* 80, no. 3 (1983): 790–91.

[132] Brian D. Farrell, David E. Dussourd, and Charles Mitter, "Escalation of plant defense: Do latex and resin canals spur plant diversification?" *American Naturalist* 138, no. 4 (1991): 881–900.

[133] Dietland Müller-Schwarze and Vera Thoss, "Defense on the rocks: Low monoterpenoid levels in plants on pillars without mammalian herbivores," *Journal of Chemical Ecology* 34, no. 11 (2008): 1377.

[134] Yan B. Linhart and John D. Thompson, "Thyme is of the essence: Biochemical polymorphism and multi-species deterrence," *Evolutionary Ecology Research* 1, no. 2 (1999): 151–71.

[135] Daniel Intelmann, Claudia Batram, Christina Kuhn, Gesa Haseleu, Wolfgang Meyerhof, and Thomas Hofmann, "Three TAS2R bitter taste receptors mediate the psychophysical responses to bitter compounds of hops (*Humulus lupulus* L.) and beer," *Chemosensory Perception* 2, no. 3 (2009): 118–32.

[136] Benoist Schaal, Luc Marlier, and Robert Soussignan, "Human foetuses learn odours from their pregnant mother's diet," *Chemical Senses* 25, no. 6 (2000): 729–37.

[137] Sandra Wagner, Sylvie Issanchou, Claire Chabanet, Christine Lange, Benoist Schaal, and Sandrine Monnery-Patris, "Weanling infants prefer the odors of green vegetables, cheese, and fish when their mothers consumed these foods during pregnancy and/or lactation," *Chemical Senses* 44, no. 4 (2019): 257–65.

[138] R. Haller, C. Rummel, S. Henneberg, Udo Pollmer, and Egon P. Köster, "The influence of early experience with vanillin on food preference later in life," *Chemical Senses* 24 (1999):465–67; Delaunay-El Allam, Maryse, Robert Soussignan, Bruno Patris, Luc Marlier, and Benoist Schaal, "Long-lasting memory for an odor acquired at the mother's breast," *Developmental Science* 13 (2010): 849–63.

[139] Martin Jones, "Moving north: Archaeobotanical evidence for plant diet in Middle and Upper Paleolithic Europe," in *The Evolution of Hominin Diets* (Springer, 2009), 171–80.

[140] Joshua J. Tewksbury, Karen M. Reagan, Noelle J. Machnicki, Tomás A. Carlo, David C. Haak, Alejandra Lorena Calderón Peñaloza, and Douglas J. Levey, "Evolutionary ecology of pungency in wild chilies," *Proceedings of the National Academy of Sciences* 105, no. 33 (2008): 11808–11.

[141] Lovet T. Kigigha and Ebubechukwu Onyema, "Antibacterial activity of bitter leaf (*Vernonia amygdalina*) soup on *Staphylococcus aureus* and *Escherichia coli*," *Sky Journal of Microbiology Research* 3, no. 4 (2015): 41–45.

[142] Jean Bottéro, "The culinary tablets at Yale," *Journal of the American Oriental Society* 107, no. 1 (1987): 11–19.

[143] Gojko Barjamovic, Patricia Jurado Gonzalez, Chelsea Graham, Agnete W. Lassen, Nawal Nasrallah, and Pia M. Sörensen, "Food in Ancient Mesopotamia: Cooking the Yale Babylonian Culinary Recipes," in A. Lassen, E. Frahm and K. Wagensonner, eds., *Ancient Mesopotamia Speaks: Highlights from the Yale Babylonian Collection* (Yale Peabody Museum of Natural History, 2019), 108–25.

[144] Won-Jae Song, Hye-Jung Sung, Sung-Youn Kim, Kwang-Pyo Kim, Sangryeol Ryu, and Dong-Hyun Kang, "Inactivation of *Escherichia coli* O157: H7 and *Salmonella typhimurium* in black pepper and red pepper by gamma irradiation," *International Journal of Food Microbiology* 172 (2014): 125–29.

[145] Poul Rozin and Deborah Schiller, "The nature and acquisition of a preference for chili pepper by humans," *Motivation and Emotion* 4, no. 1 (1980): 77–101. The experiment is described in Paul Rozin, Lori Ebert, and Jonathan Schull, "Some like it hot: A temporal analysis of hedonic responses to chili pepper," *Appetite* 3, no. 1 (1982): 13–22.

[146] Paul Rozin and Keith Kennel, "Acquired preferences for piquant foods by chimpanzees," *Appetite* 4, no. 2 (1983): 69–77.

[147] Paul Rozin, Leslie Gruss, and Geoffrey Berk, "Reversal of innate aversions: Attempts to induce a preference for chili peppers in rats," *Journal of Comparative and Physiological Psychology* 93, no. 6 (1979): 1001.

[148] Paul Rozin, "Getting to like the burn of chili pepper: Biological, psychological and cultural perspectives," *Chemical Senses* 2 (1990): 231–69.

[149] Judith R. Ganchrow, Jacob E. Steiner, and Munif Daher, "Neonatal facial expressions in response to different qualities and intensities of gustatory stimuli," *Infant Behavior and Development* 6 (1983): 189–200.

[150] Paul Breslin, "An evolutionary perspective on food and human taste," *Current Biology* 23, no. 9 (2013): R409-418.

[151] Robert J. Braidwood, Jonathan D. Sauer, Hans Helbaek, Paul C. Mangelsdorf, Hugh C. Cutler, Carleton S. Coon, Ralph Linton, Julian Steward, and A. Leo

Oppenheim, "Symposium: Did man once live by beer alone?" *American Anthropologist* 55, no. 4 (1953): 515–26.

[152] Li Liu, Jiajing Wang, Danny Rosenberg, Hao Zhao, György Lengyel, and Dani Nadel, "Fermented beverage and food storage in 13,000 y-old stone mortars at Raqefet Cave, Israel: Investigating Natufian ritual feasting," *Journal of Archaeological Science: Reports* 21 (2018): 783–93.

[153] John Smalley, Michael Blake, Sergio J. Chavez, Warren R. DeBoer, Mary W. Eubanks, Kristen J. Gremillion, M. Anne Katzenberg, et al., "Sweet beginnings: Stalk sugar and the domestication of maize," *Current Anthropology* 44, no. 5 (2003): 675–703.

[154] Katherine R. Amato, Carl J. Yeoman, Angela Kent, Nicoletta Righini, Franck Carbonero, Alejandro Estrada, H. Rex Gaskins, et al., "Habitat degradation impacts black howler monkey (*Alouatta pigra*) gastrointestinal microbiomes," *ISME Journal* 7, no. 7 (2013): 1344–53.

[155] Paulo R. Guimarães Jr., Mauro Galetti, and Pedro Jordano, "Seed dispersal anachronisms: Rethinking the fruits extinct megafauna ate," *PLoS One* 3, no. 3 (2008).

[156] Alcohol is present in most sour fruits. Robert Dudley, "Ethanol, fruit ripening, and the historical origins of human alcoholism in primate frugivory," *Integrative and Comparative Biology* 44, no. 4 (2004): 315–23.

[157] Elisabetta Visalberghi, Dorothy Fragaszy, E. Ottoni, P. Izar, M. Gomes de Oliveira, and Fábio Ramos Dias de Andrade, "Characteristics of hammer stones and anvils used by wild bearded capuchin monkeys (*Cebus libidinosus*) to crack open palm nuts," *American Journal of Physical Anthropology* 132, no. 3 (2007): 426–44.

[158] Matthias Laska, "Gustatory responsiveness to food-associated sugars and acids in pigtail macaques, *Macaca nemestrina*," *Physiology and Behavior* 70, no. 5 (2000): 495–504.

[159] D. Glaser and G. Hobi, "Taste responses in primates to citric and acetic acid," *International Journal of Primatology* 6, no. 4 (1985): 395–98.

[160] Daniel H. Janzen, "Why fruits rot, seeds mold, and meat spoils," *American Naturalist* 111, no. 980 (1977): 691–713.

[161] Matthew A. Carrigan, Oleg Uryasev, Carole B. Frye, Blair L. Eckman, Candace R. Myers, Thomas D. Hurley, and Steven A. Benner, "Hominids adapted to metabolize ethanol long before human-directed fermentation," *Proceedings of the National Academy of Sciences* 112, no. 2 (2015): 458–63.

[162] Rotten fruits might also have contained insects and the additional protein provided by their bodies. Some primates actually appear to prefer fruits that contain insects to those that don't. Kent H. Redford, Gustavo A. Bouchardet da Fonseca, and Thomas E. Lacher, "The relationship between frugivory and insectivory in primates," *Primates* 25, no. 4 (1984): 433–40.

[163] A. N. Rhodes, J. W. Urbance, H. Youga, H. Corlew-Newman, C. A. Reddy, M. J. Klug, J. M. Tiedje, and D. C. Fisher, "Identification of bacterial isolates obtained from intestinal contents associated with 12,000-year-old mastodon remains," *Applied Environmental Microbiology* 64, no. 2 (1998): 651–58.

[164] Elizabeth Wason, "The Dead Elephant in the Room" *LSA Magazine* (2014) https://lsa.umich.edu/lsa/news-events/all-news/search-news/the-dead-elephant-in-the-room.html.

[165] Iwao Ohishi, Genji Sakaguchi, Hans Riemann, Darrel Behymer, and Bengt Hurvell, "Antibodies to *Clostridium botulinum* toxins in free-living birds and mammals," *Journal of Wildlife Diseases* 15, no. 1 (1979): 3.

[166] Daniel T. Blumstein, Tiana N. Rangchi, Tiandra Briggs, Fabrine Souza De Andrade, and Barbara Natterson-Horowitz, "A systematic review of carrion eaters' adaptations to avoid sickness," *Journal of Wildlife Diseases* 53, no. 3 (2017): 577–81.

[167] Daniel C. Fisher, "Experiments on subaqueous meat caching," *Current Research in the Pleistocene* 12 (1995): 77–80.

[168] John D. Speth, "Putrid meat and fish in the Eurasian Middle and Upper Paleolithic: Are we missing a key part of Neanderthal and modern human diet?" *PaleoAnthropology* 2017 (2017): 44–72.

[169] William Sitwell, *A History of Food in 100 Recipes* (Little, Brown, 2013).

[170] Mark Kurlansky, *Salt* (Random House, 2011).

[171] Adam Boethius, "Something rotten in Scandinavia: The world's earliest evidence of fermentation," *Journal of Archaeological Science* 66 (2016): 169–80.

[172] Sveta Yamin-Pasternak, Andrew Kliskey, Lilian Alessa, Igor Pasternak, Peter Schweitzer, Gary K. Beauchamp, Melissa L. Caldwell, et al., "The rotten renaissance in the Bering Strait: Loving, loathing, and washing the smell of foods with a (re)acquired taste," *Current Anthropology* 55, no. 5 (2014): 619–46.

[173] Hsiang Ju Lin and Tsuifeng Lin, *The Art of Chinese Cuisine* (Tuttle Publishing, 1996).

[174] Cristina Izquierdo, José C. Gómez-Tamayo, Jean-Christophe Nebel, Leonardo Pardo, and Angel Gonzalez, "Identifying human diamine sensors for death related putrescine and cadaverine molecules," *PLoS Computational Biology* 14, no. 1 (2018): e1005945.

[175] Paul Kindstedt, *Cheese and Culture: A History of Cheese and Its Place in Western Civilization* (Chelsea Green Publishing, 2012).

[176] Benjamin E. Wolfe, Julie E. Button, Marcela Santarelli, and Rachel J. Dutton, "Cheese rind communities provide tractable systems for in situ and in vitro studies of microbial diversity," *Cell* 158, no. 2 (2014): 422–33.

[177] David Asher, *The Art of Natural Cheesemaking* (Chelsea Green Publishing, 2015).

[178] Gordon M. Shepherd, *Neuroenology: How the Brain Creates the Taste of Wine* (Columbia University Press, 2016).
[179] David G. Laing and G. W. Francis, "The capacity of humans to identify odors in mixtures," *Physiology and Behavior* 46, no. 5 (1989): 809–14.
[180] Masaaki Yasuda, "Fermented tofu, tofuyo," in *Soybean—Biochemistry, Chemistry and Physiology*, ed. T. B. Ng (InTech, 2011), 299–319.
[181] From an email on February 8, 2020.
[182] Roman M. Wittig, Catherine Crockford, Tobias Deschner, Kevin E. Langergraber, Toni E. Ziegler, and Klaus Zuberbühler, "Food sharing is linked to urinary oxytocin levels and bonding in related and unrelated wild chimpanzees," *Proceedings of the Royal Society B: Biological Sciences* 281, no. 1778 (2014): 20133096.
[183] Ammie K. Kalan and Christophe Boesch, "Audience effects in chimpanzee food calls and their potential for recruiting others," *Behavioral Ecology and Sociobiology* 69, no. 10 (2015): 1701–12.
[184] Ammie K. Kalan, Roger Mundry, and Christophe Boesch, "Wild chimpanzees modify food call structure with respect to tree size for a particular fruit species," *Animal Behaviour* 101 (2015): 1–9.
[185] Martin Jones, *Feast: Why Humans Share Food* (Oxford University Press, 2007).

# 圖片來源

Figure P.1: The authors.

Figure 1.1: Data from an unpublished manuscript led by Mick Demi.

Figure 1.2: Photo by Wei Fuwen.

Figure 2.1: Photo by Liran Samuni as part of the Taï Chimpanzee Project.

Figure 2.2: Figure based on a similar figure in Robert R. Dunn, Katherine R. Amato, Elizabeth A. Archie, Mimi Arandjelovic, Alyssa N. Crittenden, and Lauren M. Nichols. "The internal, external and extended microbiomes of hominins," *Frontiers in Ecology and Evolution* 8 (2020): 25. Original data from Hjalmar S. Kühl, Christophe Boesch, Lars Kulik, Fabian Haas, Mimi Arandjelovic, Paula Dieguez, Gaëlle Bocksberger et al., "Human impact erodes chimpanzee behavioral diversity," *Science* 363, no. 6434 (2019): 1453–55.

Figure 2.3: Photo by Liran Samuni.

Figure 2.4: Photo by Alex Wild.

Figure 3.1: Photo by Daniel Mietchen, Creative Commons. https://commons.wikimedia.org/wiki/File:Iowa_Pig_(7341687640).jpg.

Figure 4.1: Photo taken by the archaeologist Gary Haynes.

Figure 4.3: Photo by Menuka Scetbon-Didi.

Figure 4.4: Data are from Jeremy M. Koster, Jennie J. Hodgen, Maria D. Venegas, and Toni J. Copeland, "Is meat flavor a factor in hunters' prey choice decisions?" *Human Nature* 21, no. 3 (2010): 219–42.

Figure 4.5: Data for the Waorani are from Sarah Papworth, E. J. Milner-Gulland, and Katie Slocombe, "The natural place to begin: The ethnoprimatology of the Waorani." *American Journal of Primatology* 75, no. 11 (2013): 1117–28.

Figure 5.1: Creative Commons photo.

Figure 5.2: Robert J. Warren, "Ghosts of cultivation past-Native American dispersal legacy persists in tree distribution," *PloS One* 11, no. 3 (2016).

Figure 6.1: Photograph by Martin Oeggerli.

Figure 6.2: Data are from Paul W. Sherman and Jennifer Billing, "Darwinian gastronomy: Why we use spices: Spices taste good because they are good for us," *BioScience* 49, no. 6 (1999): 453–63.

Figure 6.3: Data are from Paul W. Sherman and Jennifer Billing, “Darwinian gastronomy: Why we use spices: spices taste good because they are good for us,” *BioScience* 49, no. 6 (1999): 453–63.

Figure 7.1: Photo by Liz Rashee.

Figure 8.1: Photo by Jose Bruno-Bárcena.

Figure 8.3: Data from Maria Dembińska, “Diet: A comparison of food consumption between some eastern and western monasteries in the 4th–12th centuries,” *Byzantion* 55, no. 2 (1985): 431–62.

Figure 9.1: Photo by Liran Samuni, Taï Chimpanzee Project.

國家圖書館出版品預行編目資料

舌尖上的演化：追求美食如何推動人類演化、開啓人類文明 / 羅伯·唐恩 (Rob Dunn), 莫妮卡·桑切斯 (Monica Sanchez) 著. -- 初版. -- 臺北市：商周出版：英屬蓋曼群島商家庭傳媒股份有限公司城邦分公司發行, 民111.12
面： 公分
譯自：Delicious: The Evolution of Flavor and How it Made us Human
ISBN 978-626-318-518-0（平裝）
1. CST: 飲食 2. CST: 味覺生理
398.293 111019302

# 舌尖上的演化

## 追求美食如何推動人類演化、開啟人類文明

原著書名 / Delicious: The Evolution of Flavor and How it Made us Human
作　　者 / 羅伯·唐恩（Rob Dunn）、莫妮卡·桑切斯（Monica Sanchez）
譯　　者 / 方慧詩、饒益品
企畫選書 / 梁燕樵
責任編輯 / 梁燕樵

版　　權 / 吳亭儀、林易萱
行銷業務 / 周佑潔、周丹蘋、賴正祐
總 經 理 / 彭之琬
事業群總經理 / 黃淑貞
發 行 人 / 何飛鵬
法律顧問 / 元禾法律事務所　王子文律師
出　　版 / 商周出版
臺北市中山區民生東路二段141號9樓
電話：(02) 2500-7008 傳眞：(02) 2500-7759
E-mail：bwp.service@cite.com.tw
發　　行 / 英屬蓋曼群島商家庭傳媒股份有限公司城邦分公司
臺北市中山區民生東路二段141號2樓
書虫客服服務專線：(02) 2500-7718・(02) 2500-7719
24小時傳眞服務：(02) 2500-1990・(02) 2500-1991
服務時間：週一至週五09:30-12:00・13:30-17:00
郵撥帳號：19863813　戶名：書虫股份有限公司
E-mail：service@readingclub.com.tw
歡迎光臨城邦讀書花園 網址：www.cite.com.tw
香港發行所 / 城邦（香港）出版集團有限公司
香港灣仔駱克道193號東超商業中心1樓
電話：(852) 2508-6231　傳眞：(852) 2578-9337
E-mail：hkcite@biznetvigator.com
馬新發行所 / 城邦(馬新)出版集團 Cité (M) Sdn. Bhd.
41, Jalan Radin Anum, Bandar Baru Sri Petaling,
57000 Kuala Lumpur, Malaysia
電話：(603) 9057-8822　傳眞：(603) 9057-6622
E-mail：cite@cite.com.my

封面設計 / FE
排　　版 / 新鑫電腦排版工作室
印　　刷 / 韋懋印刷事業有限公司
經 銷 商 / 聯合發行股份有限公司
電話：(02) 2917-8022　傳眞：(02) 2911-0053
地址：新北市231新店區寶橋路235巷6弄6號2樓

■2022年（民111）12月初版1刷
定價 480元

Printed in Taiwan
城邦讀書花園
www.cite.com.tw


ISBN 978-626-318-518-0

請於此處用膠水黏貼

商周出版

# 讀者回函卡

線上版讀者回函卡

感謝您購買我們出版的書籍！請費心填寫此回函卡，我們將不定期寄上城邦集團最新的出版訊息。

姓名：＿＿＿＿＿＿＿＿＿＿＿＿＿＿＿＿ 性別：□男 □女

生日：西元＿＿＿＿＿＿年＿＿＿＿＿＿月＿＿＿＿＿＿日

地址：＿＿＿＿＿＿＿＿＿＿＿＿＿＿＿＿＿＿＿＿＿＿＿＿

聯絡電話：＿＿＿＿＿＿＿＿＿＿＿＿ 傳真：＿＿＿＿＿＿＿＿＿＿

E-mail ：

學歷：□ 1. 小學 □ 2. 國中 □ 3. 高中 □ 4. 大學 □ 5. 研究所以上

職業：□ 1. 學生 □ 2. 軍公教 □ 3. 服務 □ 4. 金融 □ 5. 製造 □ 6. 資訊

□ 7. 傳播 □ 8. 自由業 □ 9. 農漁牧 □ 10. 家管 □ 11. 退休

□ 12. 其他＿＿＿＿＿＿＿＿＿＿＿＿＿＿＿＿＿＿＿＿

您從何種方式得知本書消息？

□ 1. 書店 □ 2. 網路 □ 3. 報紙 □ 4. 雜誌 □ 5. 廣播 □ 6. 電視

□ 7. 親友推薦 □ 8. 其他＿＿＿＿＿＿＿＿＿＿＿＿＿＿＿＿

您通常以何種方式購書？

□ 1. 書店 □ 2. 網路 □ 3. 傳真訂購 □ 4. 郵局劃撥 □ 5. 其他＿＿＿＿

您喜歡閱讀那些類別的書籍？

□ 1. 財經商業 □ 2. 自然科學 □ 3. 歷史 □ 4. 法律 □ 5. 文學

□ 6. 休閒旅遊 □ 7. 小說 □ 8. 人物傳記 □ 9. 生活、勵志 □ 10. 其他

對我們的建議：＿＿＿＿＿＿＿＿＿＿＿＿＿＿＿＿＿＿＿＿＿＿

＿＿＿＿＿＿＿＿＿＿＿＿＿＿＿＿＿＿＿＿＿＿＿＿＿＿＿＿

＿＿＿＿＿＿＿＿＿＿＿＿＿＿＿＿＿＿＿＿＿＿＿＿＿＿＿＿



請於此處用膠水黏貼